W0263580

# Teubner Studienbücher

## Mathematik

Clegg: **Variationsrechnung**
138 Seiten. DM 12,80

Collatz: **Differentialgleichungen**
Eine Einführung unter besonderer Berücksichtigung der Anwendungen. 5. Aufl. 226 Seiten. DM 18,80 (LAMM)

Collatz/Krabs: **Approximationstheorie**
Tschebyscheffsche Approximation mit Anwendungen. 208 Seiten. DM 26,80

Constantinescu: **Distributionen und ihre Anwendung in der Physik**
144 Seiten. DM 16,80

Grigorieff: **Numerik gewöhnlicher Differentialgleichungen**
Band 1: Einschrittverfahren. 202 Seiten. DM 12,80
Band 2: Mehrschrittverfahren

Hainzl: **Mathematik für Naturwissenschaftler**
311 Seiten. DM 29,– (LAMM)

Hilbert: **Grundlagen der Geometrie**
11. Aufl. VII, 271 Seiten. DM 16,80

Jaeger/Wenke: **Lineare Wirtschaftsalgebra**
Eine Einführung
Band 1: XVI, 174 Seiten. DM 16,– (LAMM)
Band 2: IV, 160 Seiten. DM 16,– (LAMM)

Kochendörffer: **Determinanten und Matrizen**
IV, 148 Seiten. DM 12,80 (Vertrieb nur in der BRD und West-Berlin)

Stiefel: **Einführung in die numerische Mathematik**
Eine Darstellung unter Betonung des algorithmischen Standpunktes.
4. Aufl. 257 Seiten. DM 18,80 (LAMM)

Stummel/Hainer: **Praktische Mathematik**
299 Seiten. DM 26,80


## Informa[...]

Hotz: **Inf[...]** [...]**lagen**
Struktur [...]. DM 12,80 (LAMM)

Kandzia/[...]g [...]
234 Seite[...]

Wirth: **Sy[...]**
Eine Einf[...]

# Distributionen und ihre Anwendung in der Physik

Von Dr. math. F. Constantinescu
Professor an der Universität Frankfurt/M.

1974. Mit 9 Figuren

 Springer Fachmedien Wiesbaden GmbH

Prof. Dr. math. Florin Constantinescu

Geboren 1938 in Cluj (Klausenburg), Siebenbürgen,
Rumänien. Von 1954 bis 1964 Studium der Mathematik,
Physik und des Maschinenbaus an der Universität Cluj,
Rumänien. 1964 Promotion. Von 1960 bis 1968 wissen-
schaftlicher Assistent bzw. Dozent an der Universität Cluj.
Von 1968 bis 1970 A. v. Humboldt-Dozentenstipendium
am Institut für Theoretische Physik der Universität München.
1971 Habilitation auf dem Gebiet der Mathematischen
Physik an der Universität Mainz. Seit 1971 Professor an
der Universität Frankfurt am Main.

ISBN 978-3-519-02042-4      ISBN 978-3-322-93105-4 (eBook)
DOI 10.1007/978-3-322-93105-4



Satz: Wm. Clowes & Sons Ltd., Colchester, Essex, England

Umschlaggestaltung: W. Koch, Stuttgart

# Vorwort

Das vorliegende Buch stellt eine Einführung in die Theorie der Distributionen (verallgemeinerte Funktionen) und ihrer Anwendungen in der Physik dar.

Der zum Verständnis der Theorie notwendige topologische Apparat wurde auf ein Minimum reduziert. Lediglich das erste Kapitel gibt eine Einführung in die Theorie der abzählbar normierten Räume. Es wird angenommen, daß der Leser vertraut mit den elementaren Begriffen der Funktionalanalysis (Hilbert- und Banachraum) ist.

Das Buch enthält die bereits klassisch gewordenen Kapitel der Theorie der Distributionen, wie: Lokale Eigenschaften von Distributionen, Distributionen mit kompaktem Träger, temperierte Distributionen, Regularisierung divergenter Integrale, Fourier- und Fourier-Laplace-Transformation, den Satz von Paley-Wiener-Schwartz, Distributionen als Randwerte analytischer Funktionen usw. In Kapitel 11 werden Distributionen untersucht, die auf Flächen konzentriert sind; insbesondere auf dem Lichtkegel konzentrierte Distributionen. In den Kapiteln 8, 9, 10 werden verschiedene Anwendungen der Theorie der Distributionen in der relativistischen Physik (Feldtheorie) entwickelt. Kapitel 12 schließlich enthält Probleme der Theorie der Distributionen im Hilbertraum und ihre Anwendungen in der Quantenphysik (Vertauschungsrelationen, Fock-Raum, Quantenfeldtheorie usw.).

Das Buch wendet sich sowohl an Mathematiker, die auch die Anwendungen der Theorie der Distributionen in der Physik kennenlernen wollen, als auch an Physiker, die sich für die Theorie der Distributionen als Teilgebiet der mathematischen und theoretischen Physik interessieren.

Das vorliegende Buch entstand aus Vorlesungen, die ich im Jahre 1970 als Humboldt-Stipendiat an der Universität München gehalten habe. Mein besonderer Dank gilt daher an dieser Stelle Herrn Prof. Dr. W. Güttinger für die Unterstützung in meinen ersten Arbeitsjahren in Deutschland.

Meinen Kollegen an den Universitäten Mainz und Frankfurt a. Main danke ich für viele wertvolle Hinweise, die zur Verbesserung dieser Arbeit beitrugen. Besonders möchte ich mich bei Herrn W. Thalheimer, der mir bei der Fertigstellung dieses Buches ständig geholfen hat, und bei Frau G. Hose für die sorgfältige Ausführung der mühsamen Schreibarbeiten bedanken.

Frankfurt a. Main, Sommer 1973      F. Constantinescu

# Inhalt

# Symbolverzeichnis

| | | | |
|---|---|---|---|
| $\emptyset$ | 1.1 | $\mathcal{M}$ | 8.1 |
| $\tau$ | 1.1 | $x_\pm^\lambda$ | 8.3.2 |
| $\Phi$ | 1.1 | $|x|^\lambda$ | 8.3.3 |
| $\varphi$ | 1.1 | $|x|^\lambda \operatorname{sgn} x$ | 8.3.3 |
| $\{\varphi_\nu\}$ | 1.1 | $\dfrac{1}{x^n}$ | 8.3.3 |
| $\Psi$ | 1.1 | | |
| $f: X \to Y$ | 1.1 | $(x \pm i0)^\lambda$ | 8.3.4 |
| $f^{-1}$ | 1.1 | $\ln(x \pm i0)$ | 8.3.5 |
| $\hat{\Phi}$ | 1.2 | $r^\lambda$ | 8.3.6 |
| $V(\varphi)$ | 1.3 | $\otimes$ | 9.1 |
| $\mathcal{B}$ | 1.3 | $*$ | 9.2 |
| $\|\cdot\|$ | 1.4 | $P(D)$ | 9.2 |
| $\mathbb{R}$ | 2.1 | $E$ | 9.4 |
| $\mathbb{C}$ | 2.1 | $\mathcal{F}$ | 10.1, 12.3 |
| $(x_1, \ldots, x_n)$ | 2.1 | $\mathcal{F}^{-1}$ | 10.1 |
| $|x|$ | 2.1 | $\Gamma$ | 10.5 |
| $\mathcal{C}^k(\Omega)$ | 2.1 | $\mathcal{T}_n$ | 10.7 |
| $\mathcal{C}_c^k(\Omega)$ | 2.1 | $\displaystyle\int_C$ | 10.7 |
| $\mathcal{C}_c^k$ | 2.1 | $\delta_S$ | 11.1.1 |
| $K$ | 2.1 | $\nabla$ | 11.1.1 |
| $\mathcal{D}(K)$ | 2.2 | $D\begin{pmatrix} x \\ u \end{pmatrix}$ | 11.1.1 |
| $\mathcal{D}_p(K)$ | 2.2 | | |
| $\mathcal{D}$ | 2.3 | $\delta(P)$ | 11.1.3 |
| $\mathcal{C}_c^\infty$ | 2.3 | $\delta^{(k)}(x^2)$ | 11.2 |
| $S$ | 2.4 | $\delta_\pm^{(k)}(x^2)$ | 11.2 |
| $S_p$ | 2.4 | $\Box$ | 11.2 |
| $\bar{S}_p$ | 2.4 | $D^\pm(x)$ | 11.3 |
| $\mathcal{E}$ | 2.5 | $D(x)$ | 11.3 |
| $\mathcal{D}'(K)$ | 2.6 | $\delta_\pm(p^2 - m^2)$ | 11.4 |
| $\mathcal{D}'$ | 2.7 | $\delta(p^2 - m^2)$ | 11.4 |
| $\delta$ | 2.7 | $\Delta^\pm(x)$ | 11.5 |
| $S'$ | 2.7 | $\Delta(x)$ | 11.5 |
| $\mathcal{E}'$ | 2.7 | $\mathcal{H}$ | 12.1 |
| $P$ | 5.2 | $D(A)$ | 12.1 |
| $Pv$ | 5.2 | $R(A)$ | 12.1 |
| $\dfrac{1}{x \pm i0}$ | 5.3 | $\oplus, \oplus'$ | 12.3 |
| | | $a(f)$ | 12.3 |
| $\det A$ | 6.1 | $a^*(f)$ | 12.3 |
| $\Theta$ | 6.5 | $a^\#(f)$ | 12.3 |
| $\triangle$ | 6.5 | $\hat{\mathcal{F}}$ | 12.4.1 |
| $L^1$ | 7.3 | $\mathcal{W}_n(x_1, \ldots, x_n)$ | 12.4.2 |
| ess. sup | 7.3 | | |

# 1. Normierte und abzählbar normierte Räume

## 1.1. Topologische Räume

Sei $\Phi$ eine Menge und sei $\tau$ ein System von Untermengen von $\Phi$ mit folgenden Eigenschaften:

1. Die Nullmenge $\emptyset$ und die Menge $\Phi$ gehört zu $\tau$
2. Die Vereinigung beliebig vieler Mengen aus $\tau$ gehört zu $\tau$
3. Der Durchschnitt endlich vieler Mengen aus $\tau$ gehört zu $\tau$.

Wir sagen, daß $\tau$ eine Topologie auf $\Phi$ definiert, und wir nennen das Paar $(\Phi,\tau)$ einen topologischen Raum. Wenn die Topologie $\tau$ auf $\Phi$ einmal festgelegt wurde, schreiben wir $\Phi$ statt $(\Phi,\tau)$. Die Elemente (Mengen) aus $\tau$ heißen offene Mengen. Seien nun $\tau_1$ und $\tau_2$ zwei Topologien auf $\Phi$. Wir sagen, daß die Topologie $\tau_1$ schwächer als die Topologie $\tau_2$ ist, oder mit anderen Worten, daß die Topologie $\tau_2$ stärker als $\tau_1$ ist, wenn jede Menge aus $\tau_1$ eine Menge von $\tau_2$ enthält. Die Topologie $\tau_1$ heißt gröber als die Topologie $\tau_2$ (bzw. $\tau_2$ feiner als $\tau_1$), wenn jede Menge aus $\tau_1$ auch in $\tau_2$ liegt. Wenn die Topologie $\tau_1$ gleichzeitig schwächer und stärker als $\tau_2$ ist, dann sagen wir, daß die beiden Topologien $\tau_1$ und $\tau_2$ äquivalent sind.

Ein System von offenen Mengen heißt eine Basis einer Topologie, wenn sich jede offene Menge als Vereinigung von Mengen dieses Systems darstellen läßt.

Sei $\varphi \in \Phi$ und $A \subset \Phi$. Eine Teilmenge von $\Phi$, die eine offene Menge enthält, die ihrerseits den Punkt $\varphi$ (bzw. die Menge A) enthält, heißt eine Umgebung des Punktes $\varphi$ (bzw. der Menge A). Ein System w von Umbegungen eines Punktes $\varphi$ heißt eine Basis von Umgebungen von $\varphi$, wenn jede Umgebung von $\varphi$ eine Menge aus w enthält. Zwei Basen von Umgebungen von $\varphi$ heißen äquivalent, wenn jede Umgebung aus der ersten Basis eine Umgebung aus der zweiten Basis enthält und umgekehrt. Eine ähnliche Definition gilt für Basen einer Topologie. Wir erhalten eine Basis der Topologie auf $\Phi$, indem wir zu jedem Punkt von $\Phi$ eine Basis von Umgebungen auswählen und die Menge aller Umgebungen dieser Basen betrachten. Man sagt, daß $\Phi$ dem ersten Abzählbarkeitsaxiom genügt, wenn es in jedem Punkt aus $\Phi$ eine Basis von Umgebungen gibt, die nur abzählbar viele Umgebungen enthält.

Das Komplement in $\Phi$ einer offenen Menge heißt eine abgeschlossene Menge. Ein Punkt $\varphi$ heißt innerer Punkt einer Menge M, wenn eine Umgebung von $\varphi$ existiert, die in M enthalten ist. Ein Punkt $\varphi$ heißt Häufungspunkt einer Menge M, wenn für jede Umgebung V von $\varphi$ gilt $(V - \{\varphi\}) \cap M \neq \emptyset$ Die Gesamtheit aller Punkte aus M zusammen mit den Häufungspunkten von M bildet die abgeschlossene Hülle $\bar{M}$ von M. $\bar{M}$ ist eine abgeschlossene Menge, und M ist abgeschlossen dann und nur dann, wenn $M = \bar{M}$.

Eine Folge $\{\varphi_\nu\}$ heißt konvergent gegen $\varphi$ (wir schreiben $\varphi_\nu \to \varphi$ oder $\lim_{\nu \to \infty} \varphi_\nu = \varphi$) wenn jede Umgebung von $\varphi$ alle $\varphi_\nu$ mit $\nu \geqslant \nu_0$ enthält (wobei $\nu_0$ von der Umgebung abhängig ist).

Bemerkung: In einem topologischen Raum, in dem das erste Abzählbarkeitsaxiom erfüllt ist, ist jeder Häufungspunkt einer Menge stets Grenzwert einer gewissen Folge von Punkten dieser Menge. Man kann also in einem Raum, in dem das erste Abzählbarkeitsaxiom erfüllt ist, die Topologie mit Hilfe konvergenter Folgen charakterisieren. Eine Menge M heißt d i c h t in $\Phi$, wenn $\bar{M} = \Phi$. M heißt n i r g e n d w o  d i c h t, wenn $\bar{M}$ keine inneren Punkte enthält. Der Raum $\Phi$ heißt s e p a r a b e l, wenn eine in $\Phi$ dichte abzählbare Menge existiert. Der Raum $\Phi$ heißt H a u s d o r f f s c h, wenn je zwei verschiedene Punkte von $\Phi$ stets disjunkte Umgebungen besitzen. In einem Hausdorff-Raum kann eine Folge nicht gegen zwei verschiedene Punkte konvergieren.

In diesem Kapitel werden wir annehmen, daß alle topologischen Räume, die wir untersuchen, H a u s d o r f f s c h sind.

Der Raum $\Phi$ heißt k o m p a k t, wenn jede Familie von offenen Mengen, die $\Phi$ überdeckt, eine endliche Teilfamilie enthält, die $\Phi$ überdeckt. $\Phi$ heißt f o l g e n k o m p a k t, wenn jede (unendliche) Folge aus $\Phi$ eine konvergente Teilfolge enthält.

Eine Untermenge $\Psi$ von $\Phi$ heißt ein t o p o l o g i s c h e r  U n t e r r a u m von $\Phi$, wenn auf $\Psi$ die Topologie folgendermaßen definiert wird: Eine Teilmenge $M \subset \Psi$ ist genau dann offen, wenn M der Durchschnitt von $\Psi$ mit einer offenen Menge aus $\Phi$ ist. Die so erzeugte Topologie auf $\Psi$ heißt die i n d u z i e r t e  T o p o l o g i e. Eine Teilmenge $\Psi \subset \Phi$ heißt k o m p a k t, wenn jede Überdeckung von $\Psi$ durch offene Teilmengen von $\Phi$ eine endliche Teilüberdeckung enthält. $\Psi \subset \Phi$ heißt f o l g e n k o m p a k t, wenn jede Folge von Elementen aus $\Psi$ eine gegen ein Element von $\Psi$ konvergente Teilfolge enthält. $\Psi$ heißt r e l a t i v  k o m p a k t (bzw. r e l a t i v  f o l g e n k o m p a k t), wenn $\bar{\Psi}$ kompakt (bzw. folgenkompakt) ist. Eine Teilmenge $\Psi \subset \Phi$ ist genau dann kompakt (folgenkompakt), wenn $\Psi$ als topologischer Unterraum kompakt (folgenkompakt) ist.

Sei f: $X \to Y$ eine Abbildung aus einem topologischen Raum X in einen topologischen Raum Y $(x \mapsto f(x); x \in X, f(x) \in Y)$. Wir definieren: $f(A) = \{y \in Y; y = f(x), x \in A\}$, $f^{-1}(B) = \{x \in X; f(x) \in B\}$ und nennen f(A) das B i l d von $A \subset X$, $f^{-1}(B)$ das U r b i l d von $B \subset Y$ unter der Abbildung f. Man nennt f e i n e i n d e u t i g (i n j e k t i v), wenn aus $f(x) = f(x_0)$ stets $x = x_0$ folgt. f heißt eine Abbildung von X auf Y (s u r j e k t i v e Abbildung), wenn $f(X) = Y$ gilt. Die Abbildung f heißt b i j e k t i v, wenn sie injektiv und surjektiv ist. Weiter heißt f s t e t i g im Punkte $x \in X$, wenn das Urbild jeder Umgebung von f(x) eine Umgebung von x ist. f heißt s t e t i g  a u f  X, wenn f stetig in jedem Punkt von X ist. f ist genau dann auf X stetig, wenn das Urbild jeder offenen Menge aus Y eine offene Menge aus X ist.

Ist f: $X \to Y$ eine injektive Abbildung, so existiert die i n v e r s e  A b b i l d u n g, die wir mit $f^{-1}$ bezeichnen; $f^{-1}$ ordnet jedem y aus dem Bild von X das (eindeutig bestimmte) $x \in X$ mit $f(x) = y$ zu.

Wenn f eine injektive Abbildung von X auf Y ist, und wenn f und $f^{-1}$ stetig sind, heißt f eine t o p o l o g i s c h e  A b b i l d u n g (oder H o m ö o m o r p h i s m u s) von X auf Y.

## 1.2. Metrische Räume

Eine Menge $\Phi$ heißt metrischer Raum, wenn zu jedem Paar $\varphi$, $\psi$ von Punkten aus $\Phi$ eine nichtnegative Zahl $\rho(\varphi, \psi)$ existiert, so daß

1. $\rho(\varphi, \psi) = 0$ genau dann, wenn $\varphi = \psi$
2. $\rho(\varphi, \psi) = \rho(\psi, \varphi)$
3. $\rho(\varphi_1, \varphi_3) = \rho(\varphi_1, \varphi_2) + \rho(\varphi_2, \varphi_3)$

Die nichtnegative Zahl $\rho(\varphi, \psi)$ heißt der Abstand zwischen den Punkten $\varphi$ und $\psi$. Die Menge aller Punkte $\varphi$, so daß $\rho(\varphi, \varphi_0) < r$ $(\rho(\varphi, \varphi_0) \leqslant r)$ heißt die offene (abgeschlossene) Kugel mit Radius r und Zentrum $\varphi_0$. Wir erzeugen die Topologie des metrischen Raumes $\Phi$, indem wir die offenen Kugeln als eine Basis für die offenen Mengen von $\Phi$ betrachten. Der Raum $\Phi$ als metrischer Raum ist Hausdorffsch und genügt dem ersten Abzählbarkeitsaxiom. Es gilt $\varphi_\nu \to \varphi$ dann und nur dann, wenn $\rho(\varphi_\nu, \varphi) \to 0$. Eine Folge $\{\varphi_\nu\}$ heißt Cauchyfolge, wenn zu jedem $\epsilon > 0$ ein $\nu_0(\epsilon)$ existiert, so daß $\rho(\varphi_\nu, \varphi_\mu) < \epsilon$ für alle $\nu, \mu \geqslant \nu_0$. Der Raum $\Phi$ heißt vollständig, wenn jede Cauchyfolge einen Limes in $\Phi$ hat. Wenn $\Phi$ nicht vollständig ist, gibt es einen vollständigen, metrischen Raum $\hat{\Phi}$, der $\Phi$ als eine dichte Menge enthält, so daß die Metrikfunktionen $\rho$ (auf $\Phi$) und $\hat{\rho}$ (auf $\hat{\Phi}$) auf $\Phi$ zusammenfallen. $\hat{\Phi}$ heißt die Vervollständigung des metrischen Raumes $\Phi$. Ein vollständiger, metrischer Raum kann nicht eine abzählbare Vereinigung von nirgendwo dichten Mengen sein. Allgemein heißt ein topologischer Raum, der nicht die abzählbare Vereinigung nirgendwo dichter Mengen ist, ein Raum der zweiten Kategorie.

Die Begriffe kompakt und folgenkompakt stimmen für einen metrischen Raum überein. Ein kompakter, metrischer Raum ist separabel und vollständig.

## 1.3. Topologische lineare Räume

Ein Vektorraum $\Phi$ (über den reellen oder komplexen Zahlen) heißt topologischer linearer Raum, wenn $\Phi$ ein Hausdorffscher topologischer Raum ist und Addition und Skalarmultiplikation stetige Operationen sind. Die Stetigkeit der Addition und der Multiplikation mit einer Zahl bedeutet: Zu je zwei Punkten $\varphi_0$, $\psi_0$ aus $\Phi$ und zu jeder Umgebung $W_0$ von $\varphi_0 + \psi_0$ gibt es Umgebungen $V(\varphi_0)$ und $V(\psi_0)$, so daß die Menge

$$V(\varphi_0) + V(\psi_0) = \{\varphi + \psi\,;\, \varphi \in V(\varphi_0),\, \psi \in V(\psi_0)\}$$

in $W_0$ enthalten ist. Ebenso gibt es zu jeder Zahl $\lambda_0$ und zu jeder Umgebung $W_1$ von $\lambda_0\varphi_0$ eine Umgebung $V_1(\varphi_0)$ von $\varphi_0$ und eine Umgebung $\Lambda_0 = \{\lambda\,;\, |\lambda - \lambda_0| < \epsilon\}$ von $\lambda_0$, so daß die Menge

$$\Lambda_0 V_1(\varphi_0) = \{\lambda\varphi\,;\, \lambda \in \Lambda_0,\, \varphi \in V_1(\varphi_0)\}$$

in $W_1$ enthalten ist.

Für den speziellen Fall $\lambda_0 = 0$, $\varphi_0 = 0$ folgt daraus, daß es in einem linearen topologischen Raum zu jeder Nullumgebung U eine reelle Zahl $\epsilon > 0$ und eine Nullumgebung V gibt mit $U \supset U' = \bigcup_{|\lambda| < \epsilon} \lambda V$. Wir nennen W eine normale Nullemgebung, wenn $\alpha W \subset W$ für alle $\alpha \in \mathbb{R}$ mit $|\alpha| \leqslant 1$. Man sieht leicht, daß U' eine normale Nullumgebung ist. Ersetzen wir nun in einer Basis von Nullumgebungen jedes Element U durch das oben definierte U', so erhalten wir eine äquivalente Basis von normalen Nullumgebungen. In einem linearen topologischen Raum existiert also immer eine Basis von normalen Nullumgebungen.

In diesem Kapitel werden wir unter einer Nullumgebungsbasis immer eine Basis von normalen Nullumgebungen verstehen.

Durch Translation einer Basis von Umgebungen des Nullpunktes um einen beliebigen Vektor $\varphi$ ergibt sich im Raum $\Phi$ eine Basis von Umgebungen von $\varphi$. Die Topologie des Raumes $\Phi$ kann also mit Hilfe einer Basis von Umgebungen des Nullpunktes definiert werden. Es stellt sich die Frage, welche Eigenschaften ein System von Teilmengen eines linearen Raumes $\Phi$ haben muß, damit dieses System eine Basis $\mathscr{B}$ der Nullumgebungen bildet. Die folgenden Eigenschaften sind dafür hinreichend:

1. $0 \in V$ für jedes $V \in \mathscr{B}$
2. Aus $V_1, V_2 \in \mathscr{B}$ folgt, daß eine Menge $V_3 \in \mathscr{B}$ existiert, so daß $V_3 \subset V_1 \cap V_2$
3. Wenn $\varphi \neq 0$, dann existiert $V \in \mathscr{B}$, so daß $x \notin V$
4. Für jedes $V \in \mathscr{B}$ existiert $W \in \mathscr{B}$, so daß $W \pm W \subset V$
5. Wenn $x \in V$, $V \in \mathscr{B}$, dann existiert $U \in \mathscr{B}$, so daß $x + U \subset V$
6. Für jedes $V \in \mathscr{B}$ und jedes $\lambda \neq 0$ existiert $U \in \mathscr{B}$, so daß $\lambda U \subset V$
7. Für jedes $V \in \mathscr{B}$ und $\varphi \in \Phi$ existiert $\epsilon > 0$, so daß $\lambda \varphi \in V$, wenn $|\lambda| < \epsilon$
8. Zu jedem $V \in \mathscr{B}$ existiert $\epsilon > 0$, so daß $\lambda V \subset V$, wenn $|\lambda| < \epsilon$.

Ist $\Phi$ ein linearer Raum und $\mathscr{B}$ ein System von Teilmengen von $\Phi$, so daß die Bedingungen 1. bis 8. erfüllt sind, so gibt es (genau) eine Topologie auf $\Phi$ mit der $\Phi$ ein topologischer linearer Raum wird mit $\mathscr{B}$ als einer Basis von Nullumgebungen. Den Beweis findet der Leser in [4], S. 7-8; wir empfehlen jedoch, selbständig einen Beweis zu skizzieren.

Eine Folge $\{\varphi_\nu\}$ in einem linearen topologischen Raum heißt Cauchyfolge, wenn zu jeder Nullumgebung V ein $\nu_0$ existiert, so daß $\varphi_\nu - \varphi_\mu \in V$ für $\nu, \mu \geqslant \nu_0$. $\Phi$ heißt vollständig, wenn alle Cauchyfolgen einen Limes in $\Phi$ besitzen.

Eine Teilmenge M eines topologischen linearen Raumes heißt beschränkt, wenn zu jeder Nullumgebung V ein $\alpha > 0$ existiert mit $M \subset \lambda V$ für alle $\lambda \in \mathbb{R}, |\lambda| \geqslant \alpha$. Da die Nullumgebungen als normal angenommen werden können, genügt es für die Beschränktheit von M, wenn eine Zahl $\lambda$ existiert mit $M \subset \lambda V$. Eine konvergente Folge $\{\varphi_\nu\}$ ist (als eine Menge) beschränkt. Der Beweis dieser letzten Aussage bleibt als Übung für den Leser (s. [4], S. 26).

In einem topologischen linearen Raum $\Phi$ ist eine Menge M genau dann beschränkt, wenn für jede Folge $\{\varphi_\nu\}$ aus M die Folge $\{(1/\nu)\varphi_\nu\}$ gegen Null konvergiert. Der Beweis dieser Aussage bleibt auch als Übung für den Leser (s. [4], S..27).

## 1.4. Normierte Räume

Ein linearer Raum $\Phi$ heißt normierter Raum, wenn auf $\Phi$ eine nichtnegative, reellwertige Funktion $\varphi \mapsto \|\varphi\|$ definiert ist, so daß

1. $\|\varphi\| = 0$ genau dann, wenn $\varphi = 0$
2. $\|\lambda\varphi\| = |\lambda|\,\|\varphi\|$
3. $\|\varphi + \psi\| \leqslant \|\varphi\| + \|\psi\|$

$\|\varphi\|$ heißt die Norm von $\varphi$

Ein normierter Raum wird ein metrischer Raum, wenn wir $\rho(\varphi, \psi) = \|\varphi - \psi\|$ als Metrik wählen.

Seien nun $\|\cdot\|_1$ und $\|\cdot\|_2$ zwei Normen auf $\Phi$. Die zweite Norm heißt stärker als die erste Norm (oder die erste schwächer als die zweite), wenn $\|\varphi\|_1 \leqslant C\|\varphi\|_2$, $\varphi \in \Phi$, wo $C$ eine Konstante ist. Zwei Normen, für die gilt $\|\varphi\|_1 \leqslant C\|\varphi\|_2$ oder $\|\varphi\|_2 \leqslant C\|\varphi\|_1$ heißen vergleichbar. Zwei Normen heißen äquivalent, wenn jede Norm gleichzeitig stärker und schwächer als die andere ist.

Ein vollständiger normierter Raum heißt Banachraum. Jeder normierte Raum kann (als metrischer Raum) zu einem Banachraum vervollständigt werden (s. auch Abschn. 1.2).

Sei nun $\Phi$ ein linearer Raum über den komplexen Zahlen. Wir sagen, daß in $\Phi$ ein Skalarprodukt definiert ist, wenn es zu je zwei Elementen $\varphi, \psi \in \Phi$ eine komplexe Zahl $(\varphi, \psi)$ gibt, so daß

1. $(\varphi, \lambda_1\psi_1 + \lambda_2\psi_2) = \lambda_1(\varphi, \psi_1) + \lambda_2(\varphi, \psi_2)$, $(\lambda_1\varphi_1 + \lambda_2\varphi_2, \psi) = \bar{\lambda}_1(\varphi_1, \psi) + \bar{\lambda}_2(\varphi_2, \psi)$, wobei $\lambda_1$ und $\lambda_2$ komplexe Zahlen sind und der Strich die komplexe Konjugation bezeichnet.
2. $(\varphi, \psi) = \overline{(\psi, \varphi)}$
3. $(\varphi, \varphi) \geqslant 0$ und aus $(\varphi, \varphi) = 0$ folgt $\varphi = 0$

In einem Raum $\Phi$ mit Skalarprodukt kann man die Norm eines Elements einführen durch

$$\|\varphi\| = \sqrt{(\varphi, \varphi)};$$

dadurch wird ein Raum mit Skalarprodukt zu einem normierten Raum.

Die Vervollständigung $\hat{\Phi}$ eines normierten Raumes $\Phi$ entsteht durch die Hinzunahme der (formalen) Limiten der nichtkonvergenten Cauchyfolgen. Seien $\varphi_1, \varphi_2 \in \hat{\Phi}$. Dann gibt es zwei Cauchyfolgen $\{\varphi_\nu^{(1)}\} \to \varphi_1$, $\{\varphi_\nu^{(2)}\} \to \varphi_2$ für $\nu \to \infty$. Die linearen Operationen auf $\hat{\Phi}$ definiert man nun folgendermaßen:

$$\varphi_1 + \varphi_2 = \lim_{\nu \to \infty} \varphi_\nu^{(1)} + \lim_{\nu \to \infty} \varphi_\nu^{(2)} = \lim_{\nu \to \infty} (\varphi_\nu^{(1)} + \varphi_\nu^{(2)})$$

$$\lambda\varphi_1 = \lambda \lim_{\nu \to \infty} \varphi_\nu^{(1)} = \lim_{\nu \to \infty} (\lambda\varphi_\nu^{(1)})$$

Man sieht sofort, daß Addition und Skalarmultiplikation nicht über $\hat{\Phi}$ hinausführen. Entsprechend definiert man:

$$\|\varphi^{(1)}\| = \lim_{\nu \to \infty} \|\varphi_\nu^{(1)}\|$$

Ein vollständiger Raum mit Skalarprodukt heißt Hilbertraum. Ein Hilbertraum ist natürlich auch ein Banachraum. Ein topologischer Raum $\Phi$ heißt normierbar, wenn seine Topologie durch eine Norm definiert werden kann.


## 1.5. Abzählbar normierte Räume


Sei $\Phi$ ein linearer Raum. Die Normen $\| \cdot \|_1$ und $\| \cdot \|_2$ in $\Phi$ heißen koordiniert, wenn jede Folge $\{\varphi_\nu\}$, die bezüglich beider Normen eine Cauchyfolge ist und bezüglich einer der beiden Normen gegen Null konvergiert, auch bezüglich der anderen Norm gegen Null konvergiert. Seien $\| \cdot \|_1$ und $\| \cdot \|_2$ koordiniert und $\| \cdot \|_2$ stärker als $\| \cdot \|_1$. Sei weiter $\Phi_i$ ($i = 1, 2$) die Vervollständigung von $\Phi$ bezüglich der Norm $\| \cdot \|_i$. Die Abbildung $\varphi \mapsto \varphi$ von $\Phi$ auf $\Phi$, wobei der Bildraum mit der Norm $\| \cdot \|_1$ und der Urbildraum mit der Norm $\| \cdot \|_2$ versehen ist, kann zu einer eineindeutigen Abbildung von $\Phi_2$ in $\Phi_1$ erweitert werden. Man kann daher $\Phi_2$ mit einem Teilraum von $\Phi_1$ identifizieren. Wir haben also $\Phi \subset \Phi_2 \subset \Phi_1$.

Sind $\| \cdot \|_1$ und $\| \cdot \|_2$ koordiniert, so kann man eine weitere Norm, die mit $\| \cdot \|_1$ und $\| \cdot \|_2$ koordiniert ist, definieren durch:

$$\|\varphi\| = \max \left( \|\varphi\|_1, \|\varphi\|_2 \right)$$

Sei $\Phi$ ein linearer Raum und $\{\| \cdot \|_n\}$ eine Folge von Normen auf $\Phi$. Wir führen eine Topologie auf $\Phi$ ein, indem wir eine Basis von Nullumgebungen auf folgende Weise definieren

$$U_{p,\epsilon} = \{\varphi \in \Phi; \|\varphi\|_1 < \epsilon, \|\varphi\|_2 < \epsilon, \ldots, \|\varphi\|_p < \epsilon\} \tag{1.1}$$

für alle ganzen Zahlen $p \geqslant 1$ und für alle $\epsilon > 0$. Es ist leicht zu zeigen, daß die Bedingungen 1.-8. (s. (1.3)) erfüllt sind, $\Phi$ ist also ein topologischer linearer Raum und das erste Abzählbarkeitsaxiom ist offensichtlich erfüllt. Wenn die Normen $\| \cdot \|_p$, $p = 1, 2, \ldots$ auf $\Phi$ auch noch paarweise koordiniert sind, heißt der Raum $\Phi$ abzählbar normiert.

Die abzählbar normierten Räume sind für die Anwendungen besonders wichtig. Diese Räume gehören zu der allgemeineren Klasse der lokalkonvexen Räume. Ein topologischer lineares Raum heißt lokalkonvex, wenn eine Basis von Nullumgebungen existiert, deren Elemente symmetrische konvexe Mengen sind.

$M \subset \Phi$ ist konvex, wenn aus $\varphi_1, \varphi_2 \in M$ auch $\vartheta\varphi_1 + (1 - \vartheta)\varphi_2 \in M$ für $0 < \vartheta < 1$ folgt; $M$ ist symmetrisch, wenn $M = -M$ d.h. aus $\varphi \in M$ folgt $-\varphi \in M$.

Wir werden die lokalkonvexen Räume in voller Allgemeinheit nicht untersuchen, sondern uns hauptsächlich auf das Studium der abzählbar normierten Räume, sowie der Vereinigung und direkten Summe von abzählbar normierten Räumen beschränken. Die Theorie der Distributionen und ihre Anwendungen, die wir in diesem Buch beschreiben, stützen sich auf dieses Studium.

Es gilt $\varphi_\nu \to 0$ genau dann, wenn $\|\varphi_\nu\|_p \to 0$ für alle p. Die Folge $\{\varphi_\nu\}$ ist eine Cauchyfolge genau dann, wenn für jedes p, $\|\varphi_\nu - \varphi_\mu\|_p \to 0$ für $\nu, \mu \to \infty$.

Die Normen

$$\|\varphi\|_p^* = \max(\|\varphi\|_1, \ldots, \|\varphi\|_p); \quad p = 1, 2, \ldots \tag{1.2}$$

sind paarweise koordiniert und erzeugen auf $\Phi$ dieselbe Topologie wie die Normen $\|\varphi\|_p$ und es gilt:

$$\|\varphi\|_1^* \leqslant \|\varphi\|_2^* \leqslant \cdots \leqslant \|\varphi\|_p^* \leqslant \cdots$$

Deshalb können wir ohne Beschränkung der Allgemeinheit annehmen, daß in einem abzählbar normierten Raum die Normen $\|\varphi\|_p$, p = 1, 2, $\ldots$ so gewählt sind, daß

$$\|\varphi\|_1 \leqslant \|\varphi\|_2 \leqslant \cdots \leqslant \|\varphi\|_p \leqslant \cdots \tag{1.3}$$

Dadurch vereinfacht sich die Darstellung der Nullumgebungen zu $U_{p,\epsilon} = \{\varphi \in \Phi;$ $\|\varphi\|_p < \epsilon\}$. Sei $\Phi_p$ die Vervollständigung von $\Phi$ bezüglich der Norm $\|\cdot\|_p$. Dann gilt

$$\Phi_1 \supset \Phi_2 \supset \cdots \supset \Phi_p \supset \cdots \supset \Phi \tag{1.4}$$

Der folgende Satz gibt ein Vollständigkeitskriterium für $\Phi$:

**Satz 1.1.** Der Raum $\Phi$ ist genau dann vollständig, wenn er mit dem Durchschnitt der sämtlichen Räume $\Phi_p$ übereinstimmt:

$$\Phi = \bigcap_{p=1}^{\infty} \Phi_p \tag{1.5}$$

Beweis. Sei $\Phi = \bigcap_{p=1}^{\infty} \Phi_p$, und sei $\{\varphi_\nu\}$ eine Cauchyfolge in $\Phi$. Dann ist $\{\varphi_\nu\}$ eine Cauchyfolge in jedem $\Phi_p$ und deshalb $\varphi_\nu \to \varphi^{(p)}$ mit $\varphi^{(p)} \in \Phi_p$. Wir haben aber in (1.4) die Grenzwerte ein und derselben Cauchyfolge in allen $\Phi_p$; p = 1, 2, $\ldots$ identifiziert; daraus folgt, daß $\varphi^{(p)} = \varphi^*$ für alle p. Das heißt $\varphi^* \in \bigcap_p \Phi_p = \Phi$. Aus $\|\varphi_\nu - \varphi^*\|_p \to 0$ für jedes p folgt $\varphi_n \to \varphi^*$ auch in $\Phi$, also ist $\Phi$ vollständig.

Sei umgekehrt $\Phi$ vollständig und $\varphi \in \bigcap_p \Phi_p$. Zu zeigen ist, daß $\varphi$ dann auch zu $\Phi$ gehört. Weil $\Phi_p$ die Vervollständigung von $\Phi$ bezüglich der Norm $\|\cdot\|_p$ ist, gibt es ein $\varphi_p \in \Phi$, so daß $\|\varphi_p - \varphi\|_p < 1/p$. Für jedes k $\leqslant$ p folgt

$$\|\varphi - \varphi_p\|_k \leqslant \|\varphi - \varphi_p\|_p < \frac{1}{p}$$

also ist

$$\lim_{p \to \infty} \|\varphi - \varphi_p\|_k = 0$$

d.h. $\varphi_p \to \varphi$ in $\Phi_k$ für jedes k. Daher ist $\{\varphi_p\}$ insbesondere bezüglich jeder Norm eine Cauchyfolge und folglich auch eine Cauchyfolge von $\Phi$. Sei $\overline{\varphi} = \lim \varphi_p$ in $\Phi$. Dann konvergiert $\|\varphi_p - \overline{\varphi}_k\| \to 0$ für alle k und deshalb ist notwendigerweise $\overline{\varphi} = \varphi$. Somit gilt tatsächlich $\varphi \in \Phi$.

In einem abzählbar normierten Raum kann man eine Metrik einführen:

$$\rho(\varphi, \psi) = \sum_{p=1}^{\infty} \frac{1}{2^p} \frac{\|\varphi - \psi\|_p}{1 + \|\varphi - \psi\|_p} \tag{1.6}$$

Die so erzeugte metrische Topologie ist zu der ursprünglichen Topologie äquivalent. Der Beweis bleibt als Übung für den Leser (s. [4], S. 18-19).

Die Metrik (1.6) genügt außer den Bedingungen 1. bis 3. aus Abschn. 1.2 auch den zusätzlichen Bedingungen

4. $\rho(\varphi, \psi) = \rho(\varphi - \psi, 0)$
5. $\rho(\lambda_\nu \varphi, 0) \to 0$ wenn $\varphi \in \Phi$, $\lambda_\nu \to 0$ und $\rho(\lambda \varphi_\nu, 0) \to 0$ wenn $\varphi_\nu \to 0$

Ein topologischer linearer Raum $\Phi$ mit einer Metrik, die den Bedingungen 1. bis 5. genügt, heißt ein m e t r i s c h e r   l i n e a r e r   R a u m. Wenn $\Phi$ außerdem lokalkonvex und vollständig ist, heißt $\Phi$ F r é c h e t r a u m. Also sind die vollständigen abzählbar normierten Räume auch Fréchetäume.

Eine Menge M in einem topologischen linearen Raum $\Phi$ heißt a b s o r b i e r e n d, wenn zu jedem $\varphi \in \Phi$ eine Zahl $\epsilon > 0$ existiert, so daß $\lambda \varphi \in M$, wenn $|\lambda| < \epsilon$ ist.

**Satz 1.2.** Sei M eine abgeschlossene, konvexe, symmetrische und absorbierende Menge in einem Fréchetraum $\Phi$. Dann enthält M eine Nullumgebung in $\Phi$.

B e w e i s. Weil M in $\Phi$ absorbierend ist, überdeckt $\overset{\infty}{\underset{m=1}{\cup}}$ (m M) den ganzen Raum $\Phi$. $\Phi$ ist aber (s. Abschn. 1.2) ein Raum der zweiten Kategorie, also kann M nicht nirgendwo dicht sein. Es folgt, daß M = $\overline{\text{M}}$ mindestens einen inneren Punkt hat, d.h. es existiert $\varphi_0 \in M$ und eine normale Nullumgebung U, so daß $\varphi_0$ + U $\subset$ M. Weil M und U symmetrische Mengen sind, gilt

$$- \varphi_0 + U = - \varphi_0 - U \subset -M = M$$

Aus der Konvexität von M folgt, daß für $\varphi \in U$

$$\frac{(\varphi_0 + \varphi) + (-\varphi_0 + \varphi)}{2} = \varphi \in M \quad \text{also} \quad M \supset U.$$

Die normierten Räume sind in der Klasse der abzählbar normierten Räume enthalten. Die Frage nach den abzählbar normierten, aber nicht normierbaren Räumen werden wir hier nicht beantworten. Eine Charakterisierung der abzählbar normierten Räume, die sich nicht als normierte Räume auffassen lassen, findet man in [4], S. 21.

Sei $\Phi$ abzählbar normiert unter zwei Systemen von Normen

$$\|\varphi\|_1 \leqslant \|\varphi\|_2 \leqslant \cdots \|\varphi\|_p \leqslant \cdots \tag{1.7}$$

und

$$\|\varphi\|_1' \leqslant \|\varphi\|_2' \leqslant \cdots \|\varphi\|_p' \leqslant \cdots \tag{1.8}$$

Das erste System wird s c h w ä c h e r als das zweite (und das zweite System s t ä r k e r als das erste) genannt, wenn jede Norm des ersten Systems schwächer als eine gewisse

Norm des zweiten Systems ist. Ist das erste System schwächer als das zweite, so konvergiert jede Folge $\{\varphi_\nu\}$, die bezüglich der Topologie, die durch die Normen aus (1.8) erklärt ist, konvergiert auch bezüglich der Topologie (1.7).

Umgekehrt gilt:

**Satz 1.3.** Konvergiert jede Folge $\{\varphi_\nu\}$, die bezüglich der Topologie (1,8) konvergiert, auch bezüglich der Topologie (1.7), so ist das erste System von Normen schwächer als das zweite System von Normen.

Beweis. Wir führen den Beweis indirekt, nehmen also das Gegenteil an. Dann gibt es ein p, so daß die Norm $\|\cdot\|_p$ nicht schwächer ist als jede Norm des zweiten Systems. Das bedeutet, daß es zu jedem $\nu$ ein Element $\varphi_\nu$ gibt mit

$$\|\varphi_\nu\|_p > \nu\|\varphi_\nu\|_\nu' \tag{1.9}$$

Durch Multiplikation der Elemente $\varphi_\nu$ mit passenden Zahlen kann erreicht werden, daß $\|\varphi_\nu\|_p = 1$ wird. Aus (1.9) folgt dann für ein festes $q < \nu$

$$\|\varphi_\nu\|_q' \leqslant \|\varphi_\nu\|_\nu' < \frac{1}{\nu} \to 0$$

Weil wir $\nu$ beliebig groß wählen können, strebt die Folge $\{\varphi_\nu\}$ bezüglich jeder Norm des zweiten Systems gegen Null und auf Grund der Voraussetzung streben die $\varphi_\nu$ dann auch bezüglich jeder Norm des ersten Systems gegen Null. Dies ist jedoch unmöglich, weil $\|\varphi_\nu\|_p = 1$ ist. Damit ist der Satz bewiesen.

Die zwei Systeme von Normen (1.7) und (1.8) heißen äquivalent, wenn (1.7) sowohl stärker als auch schwächer als (1.8) ist.

Offensichtlich ist eine Menge B in einem abzählbar normierten Raum genau dann beschränkt, wenn für alle $\varphi \in$ B gilt $\|\varphi\|_p \leqslant C_p$, p = 1, 2, . . ., wo $C_p$ Konstante sind. Es ist interessant zu bemerken, daß in einem abzählbar normierten, nicht normierbaren, Raum die Menge $\{\varphi; \|\varphi\|_p < C\}$ für ein gewisses p nicht beschränkt ist. Insbesondere sind in einem solchen Raum die Nullumgebungen nicht beschränkt. Dieses Ergebnis werden wir im folgenden nicht benützen und deshalb bringen wir hier keinen Beweis. (Einen Beweis kann man in [4], S. 24-25 finden.)

## 1.6. Stetige lineare Funktionale

Sei $\Phi$ ein linearer Raum. Ein lineares Funktional f ist eine Abbildung $f(\varphi) = (f,\varphi)$ von $\Phi$ in die reellen oder komplexen Zahlen, so daß

$$(f, \lambda\varphi + \mu\psi) = \lambda(f,\varphi) + \mu(f,\psi) \tag{1.10}$$

Sei nun $\Phi$ ein topologischer linearer Raum. Offensichtlich ist f stetig auf $\Phi$ genau dann, wenn man zu jedem $\epsilon > 0$ eine Nullumgebung U in $\Phi$ bestimmen kann, so daß $|(f,\varphi)| < \epsilon$ für alle $\varphi \in$ U. Diese Ungleichung bedeutet, daß jedes lineare stetige Funktional auf einer gewissen Umgebung der Null beschränkt ist (d.h. die Menge der Zahlen $(f,\varphi)$ mit $\varphi \in$ U ist beschränkt).

Es ist leicht zu sehen, daß umgekehrt jedes lineare Funktional, das auf einer Umgebung der Null beschränkt ist, auch stetig ist. In der Tat, ist das lineare Funktional f auf einer Umgebung U der Null beschränkt, $|(f,\varphi)| < M$ für $\varphi \in U$, so ist $|(f,\varphi)| < \epsilon$ auf der Nullumgebung $(\epsilon/M)U$ für jedes $\epsilon > 0$.

Das stetige lineare Funktional f heißt b e s c h r ä n k t, wenn f(M) beschränkt für alle beschränkten Mengen M von $\Phi$ ist. Bekanntlich ist f auf einem normierten Raum $\Phi$ genau dann stetig, wenn es beschränkt ist (es genügt eigentlich zu fordern, daß f beschränkt auf der Einheitskugel ist).

Für allgemeine topologische lineare Räume gilt

**Satz 1.4.** Jedes stetige lineare Funktional f ist auf jeder beschränkten Menge beschränkt. Gilt im Raum $\Phi$ das erste Abzählbarkeitsaxiom, so ist das beschränkte lineare Funktional f auch stetig.

B e w e i s. Der erste Teil des Satzes folgt unmittelbar aus der Tatsache, daß f auf einer gewissen Umgebung der Null beschränkt ist und aus der Definition einer beschränkten Menge in einem linearen topologischen Raum.

Sei nun f beschränkt, $U_1 \supset U_2 \supset \cdots$ eine abzählbare Nullumgebungsbasis (eine solche Basis existiert auf Grund des ersten Abzählbarkeitsaxioms); zu zeigen ist, daß f auf mindestens einer Nullumgebung beschränkt ist. Nehmen wir an, f sei auf keiner Nullumgebung beschränkt. Dann gibt es eine Folge $\{\varphi_\nu\}$, $\varphi_\nu \in U_\nu$, so daß $(f,\varphi_\nu) \to \infty$ für $\nu \to \infty$. Andererseits gilt aber $\varphi_\nu \to 0$, d.h. die Menge $\{\varphi_\nu\}$, $\nu = 1, 2, \ldots$ ist beschränkt. Zusammen mit der Beschränktheit von f ergibt dies einen Widerspruch, f ist also auf einer Nullumgebung beschränkt und somit stetig.

In Räumen, in denen das erste Abzählbarkeitsaxiom erfüllt ist, kann man die Topologie mit Hilfe konvergenter Folgen beschreiben. In Hausdorffschen topologischen linearen Räumen, in denen das Axiom erfüllt ist, ist es möglich, auch die Stetigkeit eines linearen Funktionals mit Hilfe von Folgen zu erklären, wie der folgende Satz zeigt:

**Satz 1.5.** Ist das Funktional f stetig, dann gilt $(f,\varphi_\nu) \to 0$ für $\varphi_\nu \to 0$. Wenn der Raum $\Phi$ dem ersten Abzählbarkeitsaxiom genügt und stets $(f,\varphi_\nu) \to 0$ für jede Folge $\varphi_\nu \to 0$, dann ist f stetig.

B e w e i s. Der erste Teil des Satzes ist offensichtlich. Der Beweis des Satzer 1.4 mit trivialen Änderungen ist gleichzeitig ein Beweis des zweiten Teiles des Satzes 1.5.

Nun wollen wir zeigen, daß ein stetiges lineares Funktional, das über einen dichten Teilraum eines topologischen linearen Raumes mit dem ersten Abzählbarkeitsaxiom definiert ist, sich eindeutig auf den ganzen Raum stetig fortsetzen läßt.

**Satz 1.6.** Sei f ein stetiges lineares Funktional, das auf einem dichten linearen Teilraum $\Phi_0$ des Raumes $\Phi$, der dem ersten Abzählbarkeitsaxiom genügt, definiert ist. Dann kann man f eindeutig zu einem stetigen linearen Funktional auf $\Phi$ fortsetzen.

B e w e i s. Auf Grund des ersten Teiles des Satzes 1.5 können wir f auf $\Phi$ folgendermaßen definieren: $(f,\varphi) = \lim_{\nu \to \infty} (f,\varphi_\nu)$, wobei $\{\varphi_\nu\}$ eine Folge in $\Phi_0$ ist, die gegen $\varphi \in \Phi$ konver-

giert. Es genügt nun auf Grund des zweiten Teils des Satzes 1.5 zu zeigen, daß $(f,\psi_\nu) \to 0$
für jede Folge $\{\psi_\nu\}$ aus $\Phi$ mit $\psi_\nu \to 0$. Sei $\mathfrak{U} = \{U_i, i = 1, 2, \ldots\}$ eine Nullumgebungsbasis mit $U_1 \supset U_2 \supset \cdots$. Dann sieht man leicht, daß die Menge $\mathfrak{U}' = \{W + W; W \in \mathfrak{U}\}$
eine äquivalente Basis von Nullumgebungen bildet (s. Abschn. 1.3). Da $\psi_\nu \in \Phi$, gibt es
eine Folge $\{\varphi_\mu^{(\nu)}\}$, $\varphi_\mu^{(\nu)} \in \Phi_0$ und $\varphi_\mu^{(\nu)} \in \psi_\nu + U_\mu$, $U_\mu \in \mathfrak{U}$ $(\mu, \nu = 1, 2, \ldots)$, also
$\lim\limits_{\mu \to \infty} \varphi_\mu^{(\nu)} = \psi_\nu$. Nach Definition ist $(f,\psi_\nu) = \lim\limits_{\mu \to \infty} (f,\varphi_\mu^{(\nu)})$, d.h. zu $\epsilon = 1/\nu$ gibt es ein $\mu_0(\nu)$,
so daß $|(f,\psi_\nu) - (f,\varphi_\mu^{(\nu)})| < 1/\nu$ für alle $\mu \geqslant \mu_0$. Sei nun $U \in \mathfrak{U}$. Da $\psi_\nu \to 0$, gilt $\psi_\nu \in U$ für
fast alle $\nu$. Andererseits gibt es aber zu $U \in \mathfrak{U}$ ein $\mu_1(U)$, so daß $\varphi_\mu^{(\nu)} \in \psi_\nu + U \subset U +$
$U \in \mathfrak{U}'$ für alle $\mu \geqslant \mu_1$ und fast alle $\nu$. Jetzt können wir eine Teilfolge $\{\varphi_{k_\nu}^{(\nu)}\}$ auswählen
mit $k_\nu = \max (\mu_0(\nu), \mu_1(U))$. Für diese Teilfolge gilt offenbar: $\lim\limits_{\nu \to \infty} \varphi_{k_\nu}^{(\nu)} = 0$ und
$|(f,\psi_\nu) - (f,\varphi_{k_\nu}^{(\nu)})| < 1/\nu$. Wir erhalten also

$$|(f,\psi_\nu)| \leqslant |(f,\psi_\nu) - (f,\varphi_{k_\nu}^{(\nu)})| + |(f,\varphi_k^{(\nu)})| \to 0$$

Bis jetzt haben wir stetige lineare Funktionale über topologischen linearen Räumen
diskutiert. Sei nun $\Phi$ abzählbar normiert. Wenn f ein stetiges lineares Funktional auf $\Phi$
ist, dann ist f auf einer gewissen Nullumgebung beschränkt, also gibt es $p \geqslant 1$, so daß

$$|(f,\varphi)| \leqslant C \|\varphi\|_p, \varphi \in \Phi, \tag{1.11}$$

wobei C eine von $\varphi$ unabhängige Konstante ist.

Umgekehrt, wenn (1.10) gilt, so ist f beschränkt auf einer Nullumgebung in $\Phi$ und
deshalb auch stetig. Die kleinste Zahl p, so daß (1.10) gilt, heißt Ordnung von f. Also
sind alle stetigen linearen Funktionale in abzählbar normierten Räumen von endlicher
Ordnung.


## 1.7. Der Satz von Hahn-Banach


Der Satz 1.6 beschäftigte sich mit der Erweiterung eines stetigen linearen Funktionals,
das auf einem dichten Teilraum $\Phi_0$ eines topologischen linearen Raumes $\Phi$ schon
definiert ist. Lassen wir bei unserer Betrachtung beliebige topologische lineare Räume
zu, so kann durchaus der Fall eintreten, daß das Nullfunktional das einzige stetige lineare
Funktional ist. Durch den Satz von Hahn-Banach wird gewährleistet, daß in lokalkonvexen Räumen dergleichen nicht eintreten kann. Wir werden diesen wichtigen Satz aus
der Theorie der lokalkonvexen Räume in seiner allgemeinen Form in diesem Buch nicht
benutzen und wollen ihn deshalb nur für normierte Räume formulieren.

**Satz 1.7.** (Satz von Hahn-Banach für normierte Räume). Sei H ein linearer Teilraum
eines normierten Raumes $\Phi$ und sei f ein lineares Funktional auf H, so daß $|(f,\varphi)| \leqslant M\|\varphi\|$
auf ganz H gilt wo M eine positive Zahl ist. Dann kann f zu einem stetigen linearen
Funktional F auf $\Phi$ fortgesetzt werden mit $|(F,\psi)| \leqslant M\|\psi\|$, $\psi \in \Phi$. Ist $\varphi_0 \in \Phi$, so gibt
es ein stetiges lineares Funktional $f_0$ mit $(f_0,\varphi_0) = \|\varphi_0\|$.

Den Beweis dieses Satzes findet man z.B. in [16] S. 118.

Es sei bemerkt, daß der Satz von Hahn-Banach eine einfache Konsequenz in abzählbar normierten Räumen hat. Ist H ein linearer Teilraum des abzählbar normierten Raumes $\Phi$ und f ein stetiges lineares Funktional auf H, so läßt sich f auf Grund des Satzes 1.7 auf $\Phi$ so fortsetzen, daß die Ungleichung (1.11) auf dem ganzen Raum $\Phi$ gültig ist. Im folgenden werden wir auch die Tatsache benutzen, daß zu einem linearen Funktional auf einem Unterraum, der nicht dicht im linearen topologischen Raum $\Phi$ liegt, im allgemeinen mehrere Fortsetzungen möglich sind und dies an Beispielen erläutern.

## 1.8. Der Dualraum. Starke und schwache Topologie im Dualraum

In der Menge der stetigen linearen Funktionale auf einem topologischen linearen Raum $\Phi$ führen wir die Operationen der Addition und Multiplikation mit einer Zahl ein:

$$(\lambda f + \mu g, \varphi) = \lambda(f, \varphi) + \mu(g, \varphi) \tag{1.12}$$

wo f,g stetige lineare Funktionale und $\lambda$, $\mu$ reelle bzw. komplexe Zahlen sind. Der so entstandene Vektorraum heißt Dualraum von $\Phi$ und wird mit $\Phi'$ bezeichnet. Wenn $\Phi$ ein normierter Raum ist, dann wird $\Phi'$ ebenfalls zu einem normierten Raum, wenn wir die Norm von f folgendermaßen einführen:

$$\|f\| = \sup_{\|\varphi\| \leqslant 1} (f, \varphi) = \sup_{\|\varphi\| = 1} (f, \varphi) \tag{1.13}$$

Aus (1.13) folgt, daß

$$|(f, \varphi)| \leqslant \|f\| \|\varphi\| \tag{1.13'}$$

für $\varphi$ beliebig aus $\Phi$.

Sei nun $\Phi$ ein abzählbar normierter Raum und sei $\Phi'_p$ der Dualraum von $\Phi_p$. Es ist offensichtlich, daß die Gesamtheit aller stetigen linearen Funktionale, deren Ordnung $\leqslant p$ ist, einen Teilraum in $\Phi'$ bilden, der mit $\Phi'_p$ übereinstimmt. Man kann also die Elemente aus $\Phi'_p$ mit den Elementen aus $\Phi'$, deren Ordnung $\leqslant p$ ist, identifizieren:

$$\begin{aligned}
&\Phi'_1 \subset \Phi'_2 \subset \cdots \subset \Phi'_p \subset \cdots \subset \Phi' \\
&\Phi' = \overset{\infty}{\underset{p=1}{\cup}} \Phi'_p
\end{aligned} \tag{1.14}$$

Sei f von der Ordnung p. Dann hat f als Element des Raumes $\Phi'_q$, $q \geqslant p$ die Norm

$$\|f\|_q = \sup_{\|\varphi\|_q \leqslant 1} |(f, \varphi)|$$

und deshalb hat man

$$\|f\|_p \geqslant \|f\|_{p+1} \geqslant \cdots \tag{1.15}$$

Bekanntlich ist eine Menge B in einem Banachraum $\Phi$ beschränkt genau dann, wenn

$$|f(B)| \equiv \sup_{\varphi \in B} |(f, \varphi)| < \infty \tag{1.16}$$

ist für jedes $f \in \Phi'$. Den Beweis dieser Aussage über normierte Räume werden wir hier nicht bringen (Beweis s. z.B. in [16]).

In einem abzählbar normierten Raum gilt ein ähnlicher Satz:

**Satz 1.8.** Eine Menge B in einem vollständigen abzählbar normierten Raum $\Phi$ ist genau dann beschränkt wenn $|f(B)| \equiv \sup_{\varphi \in B} |(f,\varphi)| < \infty$ für alle $f \in \Phi'$.

Beweis. Sei B eine beschränkte Menge in $\Phi$ und $f \in \Phi'$. Es gibt dann $p \geqslant 1$, so daß $f \in \Phi'_p$. Weil die Menge B beschränkt in jedem normierten Raum $\Phi_p$ ist folgt, daß $|f(B)| < \infty$.

Umgekehrt, wenn für jedes f in jedem Raum $\Phi'_p$, $|f(B)| < \infty$, dann ist B eine beschränkte Menge in jedem Raum $\Phi_p$ (auf Grund des oben erwähnten Ergebnisses für normierte Räume). Das bedeutet aber, daß B in $\Phi$ beschränkt ist.

Sei $\Phi$ ein topologischer linearer Raum. Wir definieren die starken Nullumgebungen in $\Phi'$ folgendermaßen:

$$V(A,\epsilon) = \{f; |f(A)| < \epsilon\} \tag{1.17}$$

wobei A eine beschränkte Menge in $\Phi$ und $\epsilon$ eine positive Zahl ist.

Die Bedingungen 1. bis 8. (s. Abschn. 1.1) sind erfüllt, also wird eine Topologie auf $\Phi'$ definiert, indem man die starken Umgebungen (1.17) als eine Basis der Umgebungen der Null nimmt. Wir empfehlen dem Leser als Übung zu zeigen, daß die Bedingungen 1. bis 8. erfüllt sind (s. [4], S. 35-36). Die so eingeführte Topologie auf $\Phi'$ heißt die starke Topologie auf $\Phi'$.

Die starke Topologie läßt sich im allgemeinen nicht durch Angabe eines abzählbaren Systems von Umgebungen der Null definieren. Deshalb kann man die starke Topologie nicht durch Konvergenz von (abzählbaren) Folgen charakterisieren. Für die normierten Räume stimmt diese Topologie, wie man leicht sieht, mit der Topologie, die durch die Norm $\|f\|$ definiert wird (Normtopologie), überein. Bekanntlich ist in diesem Fall $\Phi'$ vollständig. Eine analoger Satz gilt auch für topologische lineare Räume:

**Satz 1.9.** Genügt der Raum $\Phi$ dem ersten Abzählbarkeitsaxiom, so ist der zu $\Phi$ gehörende Dualraum $\Phi'$ bezüglich der starken Topologie vollständig.

Beweis. Sei $f_\nu$ eine Cauchyfolge in der starken Topologie von $\Phi'$ (die Topologie auf $\Phi'$ mit der Nullumgebung (1.17)). Insbesondere ist dann $(f_\nu,\varphi)$, $\nu = 1, 2, \ldots$ für jedes $\varphi \in \Phi$ eine Cauchyfolge von reellen Zahlen. Daraus folgt, daß die Folge $(f_\nu,\varphi)$ für jedes $\varphi \in \Phi$ einen Grenzwert für $\nu \to \infty$ hat. Wir bezeichnen ihn mit $(f,\varphi)$. Offenbar ist das Funktional f mit $(f,\varphi) = \lim_{\nu \to \infty} (f_\nu,\varphi)$ ein lineares Funktional. Wir wollen zeigen, daß f auch stetig ist. Auf jeder beschränkten Menge A aus $\Phi$ ist die Folge $(f_\nu,\varphi)$, $\nu = 1, 2, \ldots$ beschränkt und konvergiert gleichmäßig gegen $(f,\varphi)$. Daher ist $|f(A)| < \infty$. Auf Grund des Satzes 1.4 folgt, daß f stetig ist.

Andererseits konvergiert $f_\nu$ stark gegen f, der Satz ist damit bewiesen.

Nun wollen wir die stark beschränkten Mengen in $\Phi'$ näher betrachten. In Übereinstimmung mit der allgemeinen Definition der beschränkten Menge (s. Abschn. 1.3) ist

$B \subset \Phi'$ stark beschränkt genau dann, wenn es zu jeder starken Umgebung U der Null in $\Phi'$ ein $\lambda > 0$ derart gibt, daß $\lambda B \subset U$. Der folgende Satz gibt eine andere Charakterisierung der beschränkten Mengen.

**Satz 1.10.** Eine Menge $B' \subset \Phi'$ ist genau dann stark beschränkt, wenn sie auf jeder beschränkten Menge $A \subset \Phi$ beschränkt ist, d.h. genau dann, wenn

$$B'(A) \equiv \sup_{f \in B'} |f(A)| < \infty \qquad (1.18)$$

für jede beschränkte Menge A.

Beweis. Sei $B'$ stark beschränkt. Für jede starke Nullumgebung $V(A,1)$ (A-beschränkt in $\Phi$) gibt es $\lambda > 0$, so daß

$$B' \subset \lambda V(A,1)$$

Daraus folgt, daß $B'(A) < \lambda$.

Gilt umgekehrt für jede beschränkte Menge $A \subset \Phi$: $B'(A) < \infty$, so ist $B'$ in $\mu V$, $\mu > B'(A)/\epsilon$ enthalten, wobei $V = V(A,\epsilon)$ irgendeine Nullumgebung in $\Phi'$ ist. Das bedeutet aber, daß $B'$ beschränkt in $\Phi'$ ist.

Der folgende Satz, der in einem Raum $\Phi$ mit dem ersten Abzählbarkeitsaxiom gilt besagt, daß eine Menge von Funktionalen f, die zu einer stark beschränkten Menge $B \subset \Phi'$ gehören, nicht nur auf den beschränkten Mengen $A \subset \Phi$, sondern auch auf einer gewissen Nullumgebung von $\Phi$ beschränkt ist. Es sei daran erinnert, daß die Nullumgebungen in einem topologischen linearen Raum (z.B. abzählbar normierte Räume) im allgemeinen nicht beschränkt sind (s. Abschn. 1.5).

**Satz 1.11.** Genügt der Raum $\Phi$ dem ersten Abzählbarkeitsaxiom, so ist jede stark beschränkte Menge $B' \subset \Phi'$ auf einer gewissen Nullumgebung aus $\Phi$ beschränkt.

Beweis. Es sei $U_1 \supset U_2 \supset U_3 \ldots$ eine Basis der Nullumgebungen in $\Phi$. Wäre die Behauptung des Satzes falsch, so gäbe es eine Folge $\{\varphi_\nu\} \to 0$, $\varphi_\nu \in U_\nu$ und eine Folge $\{f_\nu\} \subset B'$, so daß $|(f_\nu,\varphi_\nu)| \to \infty$. Diese Tatsache widerspricht aber Satz 1.10, da die Folge $\{\varphi_\nu\}$ als konvergente Folge in $\Phi$ auch beschränkt ist. Auf Grund des Satzes 1.10 folgt unmittelbar, daß die Umkehrung des Satzes 1.11 auch gültig ist.

In diesem Abschnitt werden wir im folgenden die starke und schwache Topologie in Dualräumen über abzählbar normierten Räumen näher betrachten.

**Satz 1.12.** Ist $\Phi$ ein abzählbar normierter Raum, so ist eine Menge $B' \subset \Phi'$ genau dann stark beschränkt, wenn $B'$ in einem gewissen $\Phi'_p$ enthalten ist und bezüglich der Norm von $\Phi'_p$ beschränkt ist.

Beweis. Sei $B' \subset \Phi'_p$ und $B'$ bezüglich der Norm $\| \cdot \|'_p$ in $\Phi'_p$ beschränkt. Es folgt, daß $B'$ auf der Menge $\{\varphi; \varphi \in \Phi, \|\varphi\|_p \leqslant 1\}$ beschränkt ist. Diese Menge ist aber eine Nullumgebung in $\Phi$, und die Umkehrung des Satzes 1.11 zeigt, daß $B'$ in $\Phi'$ stark beschränkt ist.

Umgekehrt, wenn $B'$ stark beschränkt ist, so ist $B'$ auf Grund des Satzes 1.11 auch auf einer gewissen Nullumgebung aus $\Phi$ beschränkt. Sei diese Umgebung

$$U \equiv U_{p,\epsilon} = \{\varphi; \varphi \in \Phi, \|\varphi\|_p < \delta\}$$

und $B'(U) < M$. Das bedeutet aber, daß jedes $f \in B'$ zum Raum $\Phi_p$ gehört und in $\Phi'_p$ eine Norm hat, die kleiner als $M/\delta$ ist.

Die schwache Topologie des Raumes $\Phi'$ wird durch eine Basis von schwachen Umgebungen der Null definiert. Die schwachen Umgebungen sind

$$V \equiv V(\varphi_1, \ldots, \varphi_m; \epsilon) = \{f; f \in \Phi', |(f,\varphi_1)| < \epsilon, \ldots, |(f,\varphi_m)| < \epsilon\} \qquad (1.19)$$

wobei $\varphi_1, \ldots, \varphi_m$ Elemente aus $\Phi$ und $\epsilon$ eine positive Zahl sind. Der Unterschied zwischen den starken und schwachen Umgebungen der Null in $\Phi'$ besteht darin, daß die Menge A aus (1.17) im Falle der schwachen Umgebungen durch eine endliche Menge $\{\varphi_1, \ldots, \varphi_m\}$ ersetzt ist.

Abgesehen von einigen trivialen Fällen genügt auch diese Topologie nicht dem ersten Abzählbarkeitsaxiom, so daß auch hier die Grenzübergänge nicht vollständig mit Hilfe abzählbarer Folgen beschrieben werden können. Dennoch werden wir die schwache Konvergenz einer Folge im Dualraum sehr oft benützen: Eine Folge von Funktionalen $f_\nu$ konvergiert genau dann schwach gegen ein Funktional f, wenn

$$(f_\nu,\varphi) \to (f,\varphi) \qquad (1.20)$$

für jedes $\varphi \in \Phi$.

In einem Banachraum $\Phi$ gilt folgendes Lemma über schwach konvergente Folgen:

**Lemma:** Wenn eine Folge $\{f_\nu\}$ von linearen Funktionalen aus $\Phi'$ schwach gegen das Funktional $f_0 \in \Phi'$ konvergiert, so ist die Folge $\{\|f_\nu\|\}$ beschränkt.

**Beweis:** Wir nehmen das Gegenteil an, d.h. die Menge $\{|(f_\nu,\varphi)|\}$ sei auf keiner Umgebung $\|\varphi - \varphi_0\| < \epsilon$ $(\varphi_0 \in \Phi)$ in $\Phi$ beschränkt. Dann wäre $|(f_\nu,\varphi)| \leqslant C$ für alle $\nu$ und alle $\varphi$ mit $\|\varphi - \varphi_0\| < \epsilon$. Für beliebiges $y \in \Phi$, $y \neq 0$ würde das Element $y' = (\epsilon/\|y\|)y + \varphi_0$ zu dieser Umgebung gehören, und wir hätten $|(f_\nu,y')| \leqslant C$, woraus folgt:

$$\frac{\epsilon}{\|y\|} |(f_\nu,y)| - |(f_\nu,\varphi_0)| \leqslant \left| \frac{\epsilon}{\|y\|} (f_\nu,y) + (f_\nu,\varphi_0) \right| \leqslant C$$

und damit

$$|(f_\nu,y)| \leqslant \frac{C + |(f_\nu,\varphi_0)|}{\epsilon} \|y\|$$

Wegen der Konvergenz von $\{(f_\nu,\varphi_0)\}$ ist die Folge $\{|(f_\nu,\varphi_0)|\}$ beschränkt. Deswegen gilt in der letzten Ungleichung $|(f_\nu,y)| \leqslant C_0\|y\|$ ($C_0$ eine Konstante) und mit (1.11) und Satz 1.11 folgt $\|f_\nu\| \leqslant \alpha (\nu = 1, 2, \ldots)$ im Widerspruch zur Annahme. $\{|(f_\nu, \varphi)|\}$ ist also auf keiner Umgebung von $\Phi$ beschränkt. Sei nun $S_0 = \{\varphi \in \Phi; \|\varphi - \varphi_0\| \leqslant \epsilon_0\}$ eine abgeschlossene Umgebung (von $\varphi_0$) in $\Phi$. Da $\{|(f_\nu,\varphi)|\}$ nicht beschränkt auf $S_0$ ist, existiert ein Funktional $f_{\nu_1}$ und ein Punkt $\varphi_1$, so daß $|(f_{\nu_1},\varphi_1)| > 1$. Diese Ungleichung gilt (wegen der Stetigkeit von f) auf einer ganzen (abgeschlossenen) Umgebung $S_1(\varphi_1,\epsilon_1) \subset S_0$. Mit der gleichen Argumentation findet man ein Funktional $f_{\nu_2}$ und $\varphi_2 \in S_1$, so daß $|(f_{\nu_2},\varphi_2)| > 2$ in einer Umgebung $S_2(\varphi_2,\epsilon_2) \subset S_1$ usw. Läßt man nun $\epsilon_n \to 0$ für $n \to \infty$, so gibt es wegen der Vollständigkeit einen Punkt $\psi \in \Phi$, so daß $\psi \in S_n$ für alle $n$ und damit gilt: $|(f_{\nu_n},\varphi)| > n$ im Gegensatz dazu, daß $\{(f_\nu,\varphi)\}$ konvergiert für jedes $\varphi \in \Phi$. Damit ist das Lemma bewiesen (s. auch [16], S. 146).

Mit diesen Hilfsmitteln können wir nun ein Kriterium für die schwache Konvergenz in Banachräumen formulieren:

Sei $\Phi$ ein Banachraum; eine Folge $\{f_\nu\}$ linearer Funktionale aus $\Phi'$ konvergiert genau dann schwach gegen das Nullfunktional, wenn die Folge $\{\|f_\nu\|\}$ beschränkt ist und $(f_\nu,\varphi) \to 0$ für alle $\varphi$ aus einer dichten Teilmenge H von $\Phi$.

Beweis: Wegen des vorangegangenen Lemmas müssen wir nur noch eine Richtung zeigen. Sei $M = \sup\limits_{\nu} \|f_\nu\|$, $\varphi$ ein beliebiges Element von $\Phi$, $\varphi_0 \in H$ mit $\|\varphi - \varphi_0\| < \epsilon/2M$. Dann gilt:

$$|(f_\nu,\varphi)| \leqslant |(f_\nu,\varphi) - (f_\nu,\varphi_0)| + |(f_\nu,\varphi_0)|$$
$$= |(f_\nu, \varphi - \varphi_0)| + |(f_\nu,\varphi_0)| \leqslant M\|\varphi - \varphi_0\| + |(f_\nu,\varphi_0)|$$

Für alle $\nu \geqslant \nu_0$ ist aber $|(f_\nu,\varphi_0)| < \epsilon/2$ und so folgt

$$|(f_\nu,\varphi)| < \frac{\epsilon}{2} + \frac{\epsilon}{2} = \epsilon.$$

Ein analoges Konvergenzkriterium (für die schwache Konvergenz) gilt auch in abzählbar normierten Räumen.

**Satz 1.13.** Sei $\Phi$ abzählbar normiert und sei $\{f_\nu\}$ eine stark beschränkte Folge, so daß $(f_\nu,\varphi) \to 0$, $\nu \to \infty$, für jedes $\varphi \in A$, A dicht in $\Phi$. Dann konvergiert die Folge $\{f_\nu\}$ für $\nu \to \infty$ schwach gegen das Nullfunktional.

Beweis. Auf Grund des Satzes 1.12 bildet $\{f_\nu\}$ eine beschränkte Menge in einem gewissen Raum $\Phi'_p$; d.h. $\|f_\nu\|'_p \leqslant M$ ($\|\cdot\|'_p$ ist hier die Norm in $\Phi'_p$). Da die Menge A in $\Phi$ bezüglich der Topologie von $\Phi$ dicht ist, ist sie insbesondere bezüglich der Norm $\|\cdot\|_p$ dicht. Sei $\varphi \in \Phi$; man kann daher $\varphi$ durch $\varphi_\epsilon \in A$ so approximieren, daß $\|\varphi - \varphi_\epsilon\|_p \leqslant \epsilon/2M$. Es sei weiterhin $\nu_0$ so gewählt, daß $|(f_\nu,\varphi_\epsilon)| \leqslant \epsilon/2$, für $\nu > \nu_0$. Dann gilt

$$|(f_\nu,\varphi)| \leqslant |(f_\nu,\varphi_\epsilon)| + |(f_\nu, \varphi - \varphi_\epsilon)| \leqslant \frac{\epsilon}{2} + M\frac{\epsilon}{2M} = \epsilon$$

woraus $(f_\nu,\varphi) \to 0$ für $\nu \to \infty$ folgt, was zu zeigen war.

Offensichtlich ist eine Menge $B' \subset \Phi'$ schwach beschränkt dann und nur dann, wenn

$$\sup\limits_{f \in B'} |(f,\varphi)| < \infty \tag{1.21}$$

für jedes $\varphi \in \Phi$. Eine stark beschränkte Menge ist offensichtlich auch schwach beschränkt.

Umgekehrt gilt

**Satz 1.14.** Sei $\Phi$ ein vollständiger, abzählbar normierter Raum. Dann ist jede schwach beschränkte Menge in $\Phi'$ auch stark beschränkt.

Beweis. Sei $B'$ in $\Phi'$ schwach beschränkt und sei $F = \{\varphi; \varphi \in \Phi, |(f,\varphi)| \leq 1$ für alle $f \in B'\}$. F ist eine abgeschlossene konvexe, symmetrische und absorbierende Menge in $\Phi$ (weil $B'$ schwach beschränkt ist). Auf Grund des Satzes 1.2 enthält dann F eine Nullumgebung $U \in \Phi$. Aus der Definition von F folgt, daß $B'$ beschränkt auf $U \subset F$ ist und auf Grund der Umkehrung des Satzes 1.11 folgt weiter, daß $B'$ beschränkt auf jeder beschränkten Menge aus $\Phi$ ist. Die starke Beschränktheit von $B'$ erhält man jetzt auf Grund des Satzes 1.10.

Weil eine schwach konvergente Folge in einem abzählbar normierten Raum auch schwach beschränkt ist, gilt auch

**Korollar.** Ist $\Phi$ ein vollständiger, abzählbar normierter Raum, so ist jede schwach konvergente Folge $\{f_\nu\}$ in $\Phi'$ auch stark beschränkt.

**Satz 1.15.** Ist $\Phi$ ein vollständiger abzählbar normierter Raum, so ist der zu $\Phi$ gehörende Dualraum $\Phi'$ bezüglich der schwachen Topologie vollständig.

Beweis. Sei $\{f_\nu\}$ eine schwache Cauchyfolge. Dann existiert der Grenzwert $\lim_{\nu \to \infty} (f_\nu, \varphi)$ für jedes $\varphi$ und diesen Grenzwert bezeichnen wir durch $(f,\varphi)$. Offenbar ist das so entstandene Funktional f eindeutig und linear. Nach dem Korollar und Satz 1.14 folgt, daß $|f_\nu(A)| < C$ für jede beschränkte Menge $A \subset \Phi$. Es folgt $|f(A)| \leq C$, also ist f auch stetig auf Grund des Satzes 1.4. Andererseits (wegen der Definition von f) hat man $f_\nu \to f$ im Sinne der schwachen Konvergenz. Der Satz ist also bewiesen.

**Satz 1.16.** Sei $\Phi$ ein vollständiger abzählbar normierter Raum. Eine Folge $\{f_\nu\}$ aus $\Phi'$ konvergiert genau dann schwach gegen ein Funktional $f \in \Phi'$, wenn alle $f_\nu \in \Phi'_p$ für ein $p \geq 1$ und $(f_\nu, \varphi) \to (f,\varphi)$ für alle $\varphi \in \Phi_p$, d.h. $f_\nu$ in $\Phi'_p$ schwach gegen f konvergiert.

Beweis. Gelte $f_\nu \to f$ schwach in $\Phi'$. Dann bildet die Folge $\{f_\nu\}$ eine schwach beschränkte Menge in $\Phi'$, die nach Satz 1.14 auch stark beschränkt ist. Auf Grund des Satzes 1.12 ist dann $\{f_\nu\}$ in einem $\Phi'_p$ enthalten und bildet dort eine beschränkte Menge. Ohne die Allgemeinheit zu beschränken können wir annehmen, daß f zu demselben Raum $\Phi'_p$ gehört (s. (1.14)). Außerdem konvergieren die Zahlen $(f_\nu, \varphi)$ gegen $(f,\varphi)$ für jedes $\varphi \in \Phi$. Die Menge $\Phi$ liegt aber dicht in $\Phi_p$, so daß auf Grund des schwachen Konvergenzkriteriums für die stetigen linearen Funktionale in einem normierten Raum (dieses Konvergenzkriterium wurde vor dem Satz 1.13 angegeben) folgt $(f_\nu, \varphi) \to (f,\varphi)$ für alle Elemente $\varphi \in \Phi_p$. — Die Umkehrung ist offensichtlich.


## 1.9. Starke und schwache Topologie im Grundraum

Mit Hilfe der starken und schwachen Topologie im Dualraum $\Phi'$ kann man zwei neue Topologien im Grundraum einführen.

1. die starke Topologie in $\Phi$, die mittels der starken Nullumgebungen $\phi$ definiert wird:

$$V \equiv V(B',\epsilon) = \{\varphi; \varphi \in \Phi, |(f,\varphi)| < \epsilon, \quad \text{für alle} \quad f \in B'\} \tag{1.22}$$

wobei $\epsilon$ eine positive Zahl und $B'$ eine stark beschränkte Menge aus $\Phi'$ ist.

2. die schwache Topologie in $\Phi$ die durch die schwachen Nullumgebungen in $\Phi$ geliefert wird:

$$\begin{aligned} W &\equiv W(f_1, \ldots, f_m; \epsilon) \\ &= \{\varphi; \varphi \in \phi, |(f_1,\varphi)| < \epsilon, \ldots, |(f_m,\varphi)| < \epsilon\} \end{aligned} \tag{1.23}$$

wobei $f_1, \ldots, f_m$ m Elemente aus $\Phi'$ sind.

Im allgemeinen Fall erhalten wir also drei Topologien im Grundraum: die ursprüngliche, die starke und die schwache Topologie. Offenbar ist die schwache Topologie schwächer als die starke Topologie, da die Rolle der stark beschränkten Mengen in (1.22) von einer endlichen Menge übernommen wird.

Wir wollen nun zeigen, daß in einem vollständigen abzählbar normierten Raum die starke Topologie mit der ursprünglichen übereinstimmt.

**Satz 1.17.** Ist $\Phi$ ein vollständiger abzählbar normierter Raum, so stimmt die starke Topologie mit der ursprünglichen Topologie überein.

Beweis. Zunächst wollen wir zeigen, daß jede Nullumgebung $U \equiv U_{p,\epsilon} = \{\varphi; \|\varphi\|_p < \epsilon\}$ in $\Phi$ auch eine starke Nullumgebung ist.

Wir betrachten die starke Nullumgebung (siehe Satz 1.12)

$$U^* = \{\varphi; |(f,\varphi)| < \epsilon, \quad f \in B'\} \tag{1.24}$$

mit

$$B' = \{f; f \in \Phi'_p, \|f\|_p = 1\} \tag{1.25}$$

Es ist klar (wegen der Ungleichung $|(f,\varphi)| \leqslant \|f\|_p \|\varphi\|_p$ (vgl. (1.13')), daß $U \subset U^*$. Sei nun $\varphi^*$ in $U^*$ gegeben. Aus (1.24) folgt $|(f,\varphi^*)| < \epsilon$ für $f \in B'$. Auf Grund des Satzes 1.7 gilt nun, daß in $B'$ ein gewisses f existiert mit $\|\varphi^*\|_p = (f,\varphi^*) < \epsilon$, also $\varphi^* \in U$. Wir haben somit gezeigt, daß $U = U^*$.

Sei umgekehrt V eine starke Umgebung der Null in $\Phi$, d.h.

$$V = \{\varphi; |(f,\varphi)| < \epsilon \quad \text{für alle} \quad f \in B'\} \tag{1.26}$$

mit $B'$ stark beschränkt in $\Phi'$. Auf Grund des Satzes 1.12 gibt es ein $\Phi'_p$, so daß $B' \subset \Phi'_p$ und $\|f\|_p \leqslant C$ für alle $f \in B'$, wobei C eine Konstante ist.

Verschärfen wir nun die Bedingungen an V, so erhalten wir eine neue Menge $V_0 \subset V$ durch die zusätzliche Forderung

$$V_0 = \{\varphi \in \Phi; |(f,\varphi)| < \epsilon \quad \text{für alle} \quad f \in \Phi'_p \text{ mit } \|f\|_p \leqslant C\}$$

woraus man leicht durch einfache Umformulierung

$$V_0 = \left\{ \varphi \in \Phi; \ |(f,\varphi)| < \frac{\epsilon}{C} \quad \text{für alle} \quad f \in \Phi'_p \ \text{mit} \ \|f\|_p \leqslant 1 \right\}$$

bekommt. Damit ist $V_0$ eine Nullumgebung in der ursprünglichen Topologie, denn $U = \{\varphi \in \Phi; \ \|\varphi\|_p < \epsilon/C\}$ ist in $V_0$ enthalten.

**Satz 1.18.** In einem vollständigen abzählbar normierten Raum $\Phi$ stimmt die Klasse der schwach beschränkten Mengen mit der Klasse der (stark) beschränkten Mengen überein.

Beweis. Offenbar ist jede stark beschränkte Menge aus $\Phi$ auch schwach beschränkt. Sei umgekehrt A eine schwach beschränkte Menge in $\Phi$. Das bedeutet, daß es zu jeder schwachen Nullumgebung W eine Zahl $\lambda > 0$ gibt derart, daß $A \subset \lambda W$ ist. Wir betrachten die schwache Umgebung

$$W \equiv W(f_0; \epsilon) = \{\varphi; \ \varphi \in \phi, \ |(f_0,\varphi)| < \epsilon\}$$

Daraus folgt, daß die Menge der Werte des Funktionals $f_0$ auf der Menge A durch die Zahl $\lambda\epsilon$ beschränkt ist. Da nun $f_0$ ein beliebiges Funktional ist, genügt es, Satz 1.8 und Satz 1.17 anzuwenden um zu zeigen, daß A auch stark beschränkt ist.

**Korollar.** In einem vollständigen abzählbar normierten Raum sind die schwach konvergenten Folgen (stark) beschränkt.


## 1.10. Die Vereinigung und die direkte Summe abzählbar normierter Räume


**1.10.1. Die Vereinigung abzählbar normierter Räume.** Sei $\{\Phi^{(m)}\}$ eine Folge topologischer linearer Räume mit der Eigenschaft

$$\Phi^{(1)} \subset \Phi^{(2)} \subset \cdots \subset \Phi^{(m)} \subset \cdots$$

Wir setzen voraus, daß die Topologie jedes Raumes $\Phi^{(m)}$ stärker als die Topologie ist, die auf $\Phi^{(m)}$ durch den Raum $\Phi^{(m+1)}$ induziert wird (s. Abschn. 1.1). Sei weiter

$$\Phi = \bigcup_{m=1}^{\infty} \Phi^{(m)} \tag{1.27}$$

die Vereinigung aller Räume $\Phi^{(m)}$. $\Phi$ ist ein linearer Raum. In $\Phi$ führen wir den Begriff der Konvergenz einer Folge und den Begriff der Beschränktheit einer Menge ein: Die Folge $\{\varphi_\nu\}$ konvergiert in $\Phi$ gegen $\varphi$ genau dann, wenn $\varphi_\nu$ ($\nu = 1, 2, \ldots$) und $\varphi$ in einem gewissen Raum $\Phi^{(m)}$ enthalten sind und $\{\varphi_\nu\}$ bezüglich der Topologie dieses Raumes gegen $\varphi$ konvergiert. Der lineare Raum $\Phi$ wird damit allerdings noch kein topologischer Raum, weil auf $\Phi$ keine Topologie erklärt wurde.

Eine Menge $B \subset \Phi$ heißt beschränkt, wenn sie ganz in einem gewissen Raum $\Phi^{(m)}$ enthalten ist und bezüglich der Topologie von $\Phi^{(m)}$ beschränkt ist.

Ein lineares Funktional f über dem Raum $\Phi$ heiße **stetig**, wenn es über jedem Raum $\Phi^{(m)}$ stetig ist. Die Menge aller stetigen linearen Funktionale wird durch $\Phi'$ bezeichnet. Man kann nun in $\Phi'$ zwei Konvergenzbegriffe einführen:

1. $f_\nu \to 0$ schwach, wenn $(f_\nu, \varphi) \to 0$ für alle $\varphi \in \Phi$.
2. $f_\nu \to 0$ stark, wenn $(f_\nu, \varphi) \to 0$ gleichmäßig auf jeder beschränkten Menge aus $\Phi$.

Eine Menge $B' \subset \Phi'$ heiße schwach (bzw. stark) beschränkt, wenn für jedes $\varphi \in \Phi$ (bzw. für jede beschränkte Menge $B \subset \Phi$) die Menge der Zahlen $\{(f, \varphi); f \in B'\}$ (bzw. $\{(f, \varphi); f \in B', \varphi \in B\}$) beschränkt ist. Aus dem Satz 1.14 folgt, daß in $\Phi'$ die schwache Beschränktheit auch die starke Beschränktheit impliziert, wenn die $\Phi^{(m)}$ vollständige abzählbar normierte Räume sind.

Eine Folge $\{\varphi_\nu\}$ aus $\Phi$ heiße **Cauchyfolge**, wenn $\{\varphi_\nu\}$ eine Cauchyfolge im früher definierten Sinne in einem gewissen Raum $\Phi^{(m)}$ ist. Die Definition der **Vollständigkeit** im Raum $\Phi$ ist die übliche. Auf Grund der Sätze 1.4 und 1.5 folgt: Wenn jeder Raum $\Phi^{(m)}$ dem ersten Abzählbarkeitsaxiom genügt, dann ist ein lineares Funktional f aus $\Phi'$ genau dann stetig, wenn $(f, \varphi_\nu) \to 0$ für $\varphi_\nu \to 0$ oder wenn f beschränkt auf $\Phi$ ist.

**Satz 1.19.** Sind die Räume $\Phi^{(m)}$ vollständige, abzählbar normierte Räume, so ist $\Phi$ vollständig.

Beweis. Dieser Satz folgt unmittelbar aus der Definition einer Cauchyfolge in $\Phi$.

**Satz 1.20.** Sind die Räume $\Phi^{(m)}$ vollständige, abzählbar normierte Räume, so ist $\Phi'$ bezüglich der schwachen Konvergenz vollständig.

Beweis. Sei $\{f_\nu\}$ eine schwache Cauchyfolge in $\Phi'$; das bedeutet wegen der Vollständigkeit der reellen Zahlen, daß $\lim_{\nu \to \infty} (f_\nu, \varphi)$ für jedes $\varphi \in \Phi$ existiert: $(f, \varphi) = \lim_{\nu \to \infty} (f_\nu, \varphi)$. Das Funktional $(f, \varphi)$ ist linear und stetig auf allen Räumen $\Phi^{(m)}$ wegen Satz 1.15. Das bedeutet aber, daß f auf ganz $\Phi$ stetig ist.

**1.10.2. Die direkte Summe abzählbar normierter Räume.** Seien $\Phi^{(m)}$ $(m = 1, 2, \ldots)$ abzählbar normierte Räume. Wir betrachten die linearen Räume

$$\bar{\Phi}^{(m)} = \sum_{i=1}^{m} \Phi^{(i)} \tag{1.28}$$

Der Raum $\bar{\Phi}^{(m)}$ besteht aus Elementen der Form $(\varphi_1, \varphi_2, \ldots, \varphi_m, 0, 0, \ldots)$, wobei $\varphi_i \in \Phi^{(i)}$ $(i = 1, 2, \ldots, m)$. Wir identifizieren $(\varphi_1, \varphi_2, \ldots, \varphi_m)$ mit $(\varphi_1, \ldots, \varphi_m, 0, 0, \ldots)$. Im Raum $\bar{\Phi}^{(m)}$ kann man die linearen Operationen einführen, indem man komponentenweise addiert und skalar multipliziert. Damit wird $\bar{\Phi}^{(m)}$ ein linearer Raum. Auf dem Raum $\bar{\Phi}^{(m)}$ kann man nun die folgenden Normen definieren:

$$\overline{\|\varphi\|}_{a_i, i_k} = \sum_{i=1} a_i \|\varphi_i\|_{i_k} \tag{1.29}$$

wobei $\varphi = (\varphi_1, \varphi_2, \ldots, \varphi_m) \in \bar{\Phi}^{(m)}$, $a_i$ feste reelle positive Zahlen $(i = 1, \ldots, m)$ und $\|\cdot\|_{i_k}$ eine Norm in $\Phi^{(i)}$ $(k = 1, 2, \ldots)$. Es folgt unmittelbar, daß die $\overline{\|\cdot\|}_{a_i, i_k}$ Normen auf $\bar{\Phi}^{(m)}$ sind. Jede Norm $\overline{\|\cdot\|}_{a_i,i_k}$ ist aber, wie man leicht nachprüft, zu der Norm $\|\cdot\|_{1,i_k}$ ($a_i = 1$; $i = 1, 2, \ldots, m$) äquivalent. Damit wird $\bar{\Phi}^{(m)}$ ein abzählbar normierter Raum. Es gilt $\bar{\Phi}^{(m)} \subset \bar{\Phi}^{(m+1)}$, und die Topologie, die mit Hilfe der Normen (1.29) definiert wurde, stimmt mit der Topologie, die durch $\bar{\Phi}^{(m+1)}$ auf $\bar{\Phi}^{(m)}$ induziert wird, überein. Wir können also die Vereinigung der abzählbar normierten Räume $\bar{\Phi}^{(m)}$ im Sinne von Abschn. 1.10.1 bilden:

$$\bar{\Phi} = \bigcup_{m=1}^{\infty} \bar{\Phi}^{(m)} \tag{1.30}$$

Wir schreiben auch

$$\bar{\Phi} = \sum_{m=1}^{\infty} \Phi^{(m)} \tag{1.31}$$

und $\bar{\Phi}$ heißt die d i r e k t e  S u m m e der abzählbar normierten Räume $\Phi^{(m)}$. Die Elemente aus $\bar{\Phi}$ sind also Elemente der Form $(\varphi_1, \varphi_2, \ldots, \varphi_m, \ldots)$ wobei $\varphi_m \in \Phi^{(m)}$ und unter den $\varphi_1, \varphi_2, \ldots, \varphi_m, \ldots$ nur endlich viele ungleich Null sind.

Die Definition einer konvergenten Folge sowie einer beschränkten Menge in $\bar{\Phi}$ lassen sich nun aus Abschn. 1.10.1 unmittelbar übertragen. Insbesondere gelten für die direkte Summe abzählbar normierter Räume die Sätze 1.19 und 1.20 aus Abschn. 1.10.1, wenn lediglich $\Phi$ durch $\bar{\Phi}$ ersetzt wird.

Wir bemerken, daß durch unsere Definition der direkten Summe k e i n topologischer Raum erzeugt wird. Man kann die Vereinigung und die direkte Summe abzählbar normierter Räume als topologische lineare Räume erzeugen, wenn man sich des Begriffs des i n d u k t i v e n  L i m e s lokalkonvexer Räume bedient ([2], S. 20). In diesem Buch werden wir eine solche Konstruktion nicht benützen; daher bringen wir hierzu keine weiteren Einzelheiten.

## 1.11.  Lineare Operatoren

Seien $\Phi$, $\Psi$ topologische lineare Räume. Eine Abbildung $A: \Phi \to \Psi$ heißt l i n e a r e r Operator, wenn $A(\lambda\varphi + \mu\psi) = \lambda A\varphi + \mu A\psi$ wobei $\varphi$, $\psi \in \Phi$ und $\lambda, \mu \in \mathbb{C}$. Der lineare Operator A heißt s t e t i g, wenn es zu jeder Nullumgebung $V \subset \Psi$ eine Nullumgebung $U \subset \Phi$ gibt, mit $A\varphi \in V$ für alle $\varphi \in U$.

Der lineare Operator A heißt beschränkt, wenn er beschränkte Mengen aus $\Phi$ in beschränkte Mengen aus $\Psi$ überführt.

**Satz 1.21.**  Ein stetiger linearer Operator ist beschränkt. Gilt im Raum $\Phi$ das erste Abzählbarkeitsaxiom, so ist jeder beschränkte lineare Operator $A: \Phi \to \Psi$ stetig.

B e w e i s.  Es sei A ein stetiger linearer Operator und $B_1$ eine beschränkte Menge in $\Phi$. Sei $B_2 = AB_1 \subset \Psi$. Wir wollen zeigen, daß $B_2$ beschränkt in $\Psi$ ist. Wäre $B_2$ nicht beschränkt, so würde eine Nullumgebung $V \subset \Psi$ existieren, in der keine der Mengen $(1/\nu)B_2$ ganz enthalten ist (s. Abschn. 1.3); d.h. es würde eine Folge $\{\varphi_\nu\}$ aus $B_1$ existieren mit der Eigenschaft, daß die Elemente $(1/\nu)A\varphi_\nu = (1/\nu)\psi_\nu$ nicht in der Umgebung $V$ enthalten sind. Es gilt aber $(1/\nu)\varphi_\nu \to 0$ in $\Phi$ (s. Abschn. 1.3), so daß die Elemente $(1/\nu)\varphi_\nu$ von einem gewissen $\nu_0$ ab in einer beliebigen Nullumgebung $U \subset \Phi$ enthalten sind. Wegen der Stetigkeit von $A$ kann die Umgebung $U$ so gewählt werden, daß $AU \subset V$ gilt. Dieser Widerspruch zeigt, daß $B_2 = AB_1$ beschränkt ist. Sei umgekehrt $A$ beschränkt. Wäre der Operator $A$ nicht stetig, so gäbe es zu einer Nullumgebung $V \subset \Psi$ und jeder Nullumgebung $U_\nu \subset \Phi$ ein Element $\varphi_\nu \in (1/\nu)U_\nu$ mit der Eigenschaft, daß $A\varphi_\nu$ nicht zu $V$ gehört. Die Folge $\nu\varphi_\nu \in U_\nu$, $(\nu = 1, 2, \ldots)$ konvergiert gegen Null (ist also beschränkt in $\Phi$), da wir wieder o.B.d.A. annehmen können, daß $U_1 \subset U_2 \subset \cdots$, während die Folge $\varphi_\nu = \nu A\varphi_\nu$ $= A(\nu\varphi_\nu)$ nicht beschränkt ist. In der Tat gibt es keine reelle Zahl $\lambda$, so daß $\{\nu A\varphi\} \subset \lambda V$. Der erhaltene Widerspruch zeigt, daß der zweite Teil des Satzes 1.21 richtig ist.

In Räumen mit dem ersten Abzählbarkeitsaxiom gilt auch

**Satz 1.22.** Für die Stetigkeit eines linearen Operators $A$ ist es notwendig und in Räumen $\Phi$ mit dem ersten Abzählbarkeitsaxiom auch hinreichend, daß aus $\varphi_\nu \to 0$ (in $\Phi$) stets

$\psi_\nu = A\varphi_\nu \to 0$ (in $\Psi$) folgt.

Beweis. Es sei $A$ stetig und es gelt $\varphi_\nu \to 0$ in $\Phi$. Sei $V$ eine gegebene Nullumgebung in $\Psi$. Auf Grund der Stetigkeit von $A$ gibt es eine Nullumgebung $U \subset \Phi$, so daß $AU \subset V$. Von einem gewissen $\nu_0$ ab gilt $\varphi_\nu \in U$, woraus $A\varphi_\nu \in V$ folgt. Das bedeutet aber $\psi_\nu = A\varphi_\nu \to 0$ in $\Psi$. Sei umgekehrt $B_1 \subset \Phi$ eine beschränkte Menge im Raum $\Phi$ mit dem ersten Abzählbarkeitsaxiom. Wäre die Menge $B_2 = AB_1$ nicht beschränkt, so gäbe es eine Nullumgebung $V \subset \Psi$ und eine Folge $\psi_\nu$ $(= A\varphi_\nu)$ aus $B_2$, derart, daß die Elemente $(1/\nu)\psi_\nu$ nicht zu $V$ gehören (s. Abschn. 1.3). Andererseits gilt aber $(1/\nu)\varphi_\nu \in (1/\nu)B_1$ und folglich $(1/\nu)\varphi_\nu \to 0$. Daher gilt auf Grund der Voraussetzung $(1/\nu)\psi_\nu \to 0$, also ein Widerspruch. Aus dem Satz 1.21 folgt, daß der lineare Operator $A$ stetig ist. Natürlich kann man als Spezialfall in den Sätzen 1.21, 1.22 $\Psi$ durch $\Phi$ ersetzen.

Sei nun $\Phi = \bigcup_{m=1}^{\infty} \Phi^{(m)}$ die Vereinigung der abzählbar normierten Räume $\Phi^{(m)}$ (s. Abschn. 1.10). Ein linearer Operator $A$, der auf dem Raum $\Phi = \bigcup_{m=1}^{\infty} \Phi_\infty^{(m)}$ definiert ist und diesen in einen anderen Raum $\Psi = \bigcup_{m=1}^{\infty} \Psi^{(m)}$ ($\Psi$ ist die Vereinigung der abzählbar normierten Räume $\Psi^{(m)}$) abbildet, soll stetig genannt werden, wenn aus $\varphi_\nu \to 0$ in $\Phi$ stets $\psi_\nu = A\varphi_\nu \to 0$ in $\Psi$ folgt. $A$ soll weiter beschränkt heißen, wenn er jede beschränkte Menge $B_1 \subset \Phi$ in eine beschränkte Menge $B_2 = AB_1 \subset \Psi$ abbildet. Es gilt

**Satz 1.23.** Seien $\Phi = \bigcup_{m=1}^{\infty} \Phi^{(m)}$ und $\Psi = \bigcup_{m=1}^{\infty} \Psi^{(m)}$ Vereinigungen abzählbar normierter Räume. Wir setzen voraus, daß in jedem Raum $\Phi^{(m)}$ das erste Abzählbarkeitsaxiom erfüllt ist. Ein linearer Operator $A$ ist genau dann stetig, wenn er beschränkt ist.

Der Beweis des Satzes 1.23 besteht aus einer einfachen Anwendung des Satzes 1.21 unter Berücksichtigung der Eigenschaften von $\Phi$ und $\Psi$ (s. Abschn. 1.10).

# 2. Die Testfunktionenräume

## 2.1. Bezeichnungen

Wir führen hier einige Bezeichnungen ein, die sich im folgenden als nützlich erweisen werden.

Sei wie gewöhnlich der reelle bzw. komplexe n-dimensionale euklidische Raum durch $\mathbb{R}^n$ bzw. $\mathbb{C}^n$ bezeichnet. Ein Element aus $\mathbb{R}^n$ bzw. $\mathbb{C}^n$ wird durch ein n-tupel $x = (x_1, \ldots, x_n)$ bzw. $z = (z_1, \ldots, z_n)$ repräsentiert. Wir schreiben weiter $z = x + iy$ für $z \in \mathbb{C}^n$, mit $x = (x_1, \ldots, x_n)$, $y = (y_1, \ldots, y_n)$, $z_j = x_j + iy_j$ $(j = 1, \ldots, n)$. Es sei weiter

$$|x| = \left( \sum_{j=1}^{n} x_j^2 \right)^{1/2}, \quad |z| = \left( \sum_{j=1}^{n} |z_j|^2 \right)^{1/2}$$

$$D^\alpha = \frac{\partial^{|\alpha|}}{\partial x_1^{\alpha_1} \ldots \partial x_n^{\alpha_n}}, \quad |\alpha| = \alpha_1 + \cdots + \alpha_n \tag{2.1}$$

$$x^\alpha = x_1^\alpha \ldots x_n^\alpha, \quad \alpha! = \alpha_1! \ldots \alpha_n!$$

Der Leser muß hier unbedingt zwischen $|x|$ und $|\alpha|$ unterscheiden.

Wir bezeichnen mit $\mathscr{C}^k(\Omega)$ $(0 \leqslant k \leqslant \infty)$, $\Omega$ ein Gebiet im $\mathbb{R}^n$, die Klasse der k-mal stetig differenzierbaren Funktionen auf $\Omega$.

Mit $\mathscr{C}_c^k(\Omega)$ bezeichnen wir die Klasse der Funktionen aus $\mathscr{C}^k(\Omega)$, die außerhalb eines Kompaktums aus $\Omega$ verschwinden.

Sei $f(x)$ eine Funktion, die auf $\mathbb{R}^n$ definiert ist. Die Abschließung der Menge $\{x, f(x) \neq 0\}$ heißt Träger der Funktion $f(x)$ und wird mit supp $f(x)$ bezeichnet.

$\mathscr{C}_c^k(\mathbb{R}^n) = \mathscr{C}_c^k$ ist dann die Klasse der Funktionen aus $\mathscr{C}^k(\mathbb{R}^n)$ mit kompaktem Träger.

Die Klasse $\mathscr{C}_c^k(K)$ ($K$ eine kompakte Menge aus $\mathbb{R}^n$, $0 \leqslant k \leqslant \infty$), besteht aus denjenigen Funktionen aus $\mathscr{C}^k(\mathbb{R}^n)$, die außerhalb $K$ verschwinden.

Wir erinnern daran, daß $K$ eine kompakte Menge aus $\mathbb{R}^n$ ist genau dann, wenn $K$ beschränkt und abgeschlossen ist.

Um Fälle, die für uns nicht interessant sind zu vermeiden, beschränken wir uns bei der Auswahl von $K$ in der Definition von $\mathscr{C}_c^k(K)$ auf die Abschließung eines beschränkten Gebietes im $\mathbb{R}^n$. Auf den Räumen $\mathscr{C}_c^k(K)$ und $\mathscr{C}_c^k(\Omega)$ gibt es vom Standpunkt der Analysis aus natürliche Topologien, die wir in diesem Buch nur teilweise (vgl. hierzu Abschn. 2.2) betrachten werden (mehr darüber kann man z.B. in [27] finden).

## 2.2. Der Testraum $\mathscr{D}(K)$

Sei wieder $\mathscr{C}_c^p(K)$ der lineare Raum aller Funktionen der Klasse $\mathscr{C}^p(\mathbb{R}^n)$, die außerhalb $K$ identisch verschwinden ($K$ ist, wie oben erwähnt, die Abschließung eines beschränkten Gebietes im $\mathbb{R}^n$). In diesem Raum führen wir die folgende Norm ein

$$\|\varphi\|_p = \sup_{|\alpha| \leqslant p} \sup_{x \in K} |D^\alpha \varphi(x)| \qquad (2.2)$$

(das zweite Supremum kann natürlich über alle $x \in \mathbb{R}^n$ genommen werden, da $\varphi$ außerhalb K identisch verschwindet).

Es ist leicht zu zeigen, daß $\|\cdot\|_p$ eine Norm auf $\mathscr{C}_c^p(K)$ definiert. $\mathscr{C}_c^p(K)$ wird damit ein normierter Raum.

**Hilfssatz 2.1.** $\mathscr{C}_c^p(K)$ $(p < \infty)$ ist vollständig.

Beweis. Sei $\{\varphi_\nu\}$ eine Cauchyfolge in $\mathscr{C}_c^p(K)$; für jedes $\epsilon > 0$, $|\alpha| \leqslant p$ und $x \in K$ existiere also $\nu, \nu'$ groß genug, so daß

$$|D^\alpha \varphi_\nu(x) - D^\alpha \varphi_{\nu'}(x)| \leqslant \|\varphi_\nu - \varphi_{\nu'}\| \leqslant \epsilon \qquad (2.3)$$

Aus (2.3) und auf Grund der Tatsache, daß alle Funktionen $\varphi_\nu$ den Träger in K haben folgt, daß $D^\alpha \varphi_\nu \to D^\alpha \varphi_0$ gleichmäßig auf K, wobei $D^\alpha \varphi_0(x) = 0$ außerhalb K, d.h. $\varphi_0 \in \mathscr{C}_c^p(K)$. Der Raum $\mathscr{C}_c^p(K)$ ist also vollständig.

Sei $\mathscr{D}(K)$ der lineare Raum aller Funktionen der Klasse $\mathscr{C}^\infty(K)$ (Raum der beliebig oft differenzierbare Funktionen auf K), die außerhalb des Kompaktums $K \subset \mathbb{R}^n$ identisch verschwinden (also $\mathscr{D}(K) = \mathscr{C}_c^\infty(K)$); K ist wiederum die Abschließung eines beschränkten Gebietes des $\mathbb{R}^n$. Sei $a = (a_1, \ldots, a_n)$ und

$$K = K_a \equiv \{x \in \mathbb{R}^n; \quad |x_1| \leqslant a_1, \ldots, |x_n| \leqslant a_n\} \qquad (2.4)$$

wir bezeichnen dann $\mathscr{D}(K)$ mit $\mathscr{D}(a)$. Auf $\mathscr{D}(K)$ (K ein beliebiges Kompaktum) führen wir das System von abzählbar vielen Normen

$$\|\varphi\|_p = \sup_{|\alpha| \leqslant p} \sup_{x \in K} |D^\alpha \varphi(x)| = \sup_{|\alpha| \leqslant p} \sup_{x \in K} \frac{\partial^{|\alpha|} \varphi}{\partial x_1^{\alpha_1} \ldots \partial x_n^{\alpha_n}}, \quad \varphi(x) \in \mathscr{D}(K) \quad (2.5)$$

ein, wobei $p = 0, 1, 2, \ldots$.

Es ist nun leicht zu zeigen, daß $\|\cdot\|_p$ $(p = 0, 1, 2, \ldots)$ tatsächlich Normen sind. Die $\|\cdot\|_p$ bilden eine nichtfallende Folge, weil natürlich $\|\varphi\|_p \leqslant \|\varphi\|_{p+1}$ für alle $\varphi \in \mathscr{D}(K)$ und $p = 0, 1, 2, \ldots$ gilt.

**Hilfssatz 2.2.** Für alle natürlichen Zahlen $p, q \geqslant 0$ sind die Normen $\|\cdot\|_p$ und $\|\cdot\|_q$ koordiniert.

Beweis. Sei $\{\varphi_\nu\} \subset \mathscr{D}(K)$ eine Folge mit $\|\varphi_\nu\|_q \to 0$ und $\|\varphi_\nu - \varphi_{\nu'}\|_p \leqslant \epsilon$ mit $\epsilon > 0$ (für $\nu, \nu'$ groß genug). Wir wollen zeigen, daß $\|\varphi_\nu\|_p \to 0$. Selbstverständlich können wir annehmen, daß $p > q$, andernfalls ist die Behauptung trivial. Wir zeigen zunächst den Satz für den Fall $p = q + 1$, der Rest folgt durch eine einfache Induktion. Es gilt dann: $D^\alpha \varphi_\nu \to 0$ für $|\alpha| \leqslant q$ und $D^\alpha \varphi_\nu \to \varphi_0$ für $|\alpha| = q + 1$ gleichmäßig auf $\mathbb{R}^n$. Nach einem Satz der elementaren Analysis ist dann $\varphi_0 = 0$, d.h. $\|\varphi_\nu\|_{q+1} \to 0$.

Sei nun $\mathscr{D}_p(K)$ die vollständige Hülle des Raumes $\mathscr{D}(K)$ bezüglich der Norm $\|\cdot\|_p$. Wegen Hilfssatz 2.1 ist der Raum $\mathscr{D}_p(K)$ ein linearer Teilraum des Raumes $\mathscr{C}_c^p(K)$; man kann zeigen, daß sogar $\mathscr{D}_p(K) = \mathscr{C}_c^p(K)$ ([4], S. 16). Wir benötigen dieses Ergebnis für unsere Zwecke jedoch nicht. Weil $\mathscr{D}(K) = \bigcap_{p=1}^{\infty} \mathscr{C}_c^p(K)$ und $\mathscr{D}(K) \subset \mathscr{D}_p(K) \subset \mathscr{C}_c^p(K)$ erhält man

$$\mathscr{D}(K) = \bigcap_{p=1}^{\infty} \mathscr{D}_p(K) \tag{2.6}$$

Wir haben damit den folgenden Satz bewiesen:

**Satz 2.1.** Der Raum $\mathscr{D}(K)$ ist ein vollständiger abzählbar normierter Raum.

Da $\mathscr{D}(K)$ abzählbar normiert ist (also ist in $\mathscr{D}(K)$ das erste Abzählbarkeitsaxiom erfüllt), kann man die Topologie auf $\mathscr{D}(K)$ auch durch konvergente Folgen charakterisieren. Unmittelbar aus (2.5) folgt:

Eine Folge $\{\varphi_\nu\}$ in $\mathscr{D}(K)$ konvergiert genau dann gegen eine Funktion $\varphi(x) \in \mathscr{D}(K)$, wenn für jedes $\alpha$ die Folge $\{D^\alpha \varphi_\nu(x)\}$ für $\nu \to \infty$ gleichmäßig gegen $D^\alpha \varphi(x)$ konvergiert.

Die Elemente von $\mathscr{D}(K)$ werden **Testfunktionen aus** $\mathscr{D}(K)$ genannt. Als Beispiel einer Testfunktion aus $\mathscr{D}(a)$ möge die Funktion:

$$\varphi(x) = \begin{cases} \exp\left(-\dfrac{a^2}{a^2 - r^2}\right) & \text{für} \quad r < a \\ 0 & \text{für} \quad r \geqslant a \end{cases}$$

dienen mit $r = |x| = \sqrt{\sum_{i=1}^{n} x_i^2}$.


## 2.3. Der Testraum $\mathscr{D}$


Wir betrachten die Räume $\mathscr{D}(a)$, mit $a = (a, a, \ldots, a)$ und $(a = 1, 2, \ldots)$. Die Vereinigung der Räume $\mathscr{D}(a)$ (im Sinne der Vereinigung abzählbar normierter Räume aus Abschn. 1.10) besteht aus allen beliebig oft differenzierbaren Funktionen $\varphi(x) = \varphi(x_1, \ldots, x_n)$, die jeweils außerhalb eines beschränkten Gebietes (das von der betrachteten Funktion abhängt) identisch gleich Null sind. Diese Vereinigung bezeichnen wir durch

$$\mathscr{D} = \bigcup_a \mathscr{D}(a) \tag{2.7}$$

(Wir bemerken, daß mengentheoretisch $\mathscr{D} = \mathscr{C}_c^\infty$ ist, s. Abschn. 2.1.)

Die Konvergenz einer Folge in $\mathscr{D}$ ist folgendermaßen definiert (s. Abschn. 1.10).

Eine Folge $\{\varphi_\nu\}$ aus $\mathscr{D}$ konvergiert gegen Null, wenn alle Funktionen $\varphi_\nu(x)$ zu ein und demselben Raum $\mathscr{D}(a)$ gehören, (d.h. alle $\varphi_\nu(x)$ sind außerhalb ein und desselben beschränkten Gebietes identisch Null) und die Folge $\{\varphi_\nu(x)\}$ im Raum $\mathscr{D}(a)$ gegen Null konvergiert.

Die Bedingung, daß die Folge $\{\varphi_\nu(x)\}$ im Raum $\mathscr{D}(a)$ gegen Null konvergiert bedeutet, daß die $\varphi_\nu(x)$ zusammen mit ihren Ableitungen beliebiger Ordnung gleichmäßig gegen Null streben.

Die Elemente von $\mathscr{D}$ werden **Testfunktionen aus** $\mathscr{D}$ genannt.

## 2.4. Der Testraum S

Der Raum S besteht aus allen im $\mathbb{R}^n$ definierten Funktionen, die zusammen mit ihren Ableitungen für $|x| \to \infty$ schneller gegen Null streben als eine beliebige Potenz von $1/|x|$. In S führen wir das abzählbare System von Normen

$$\|\varphi\|_p = \sup_{|\alpha| \leqslant p} \sup_{x \in \mathbb{R}^n} (1 + |x|)^p |D^\alpha \varphi(x)| \tag{2.8}$$

ein.

In (2.8) hat man

$$(1 + |x|)^p = \left(1 + \sqrt{\sum_{j=1}^n x_j^2}\right)^p$$

Der Leser kann leicht zeigen, daß die Normen (2.8) zu den Normen

$$\|\varphi\|_p = \sup_{\alpha \leqslant p} \sup_{x \in \mathbb{R}^n} (1 + |x_1|)^p \dots (1 + |x_n|)^p |D^\alpha \varphi(x)| \tag{2.8'}$$

äquivalent sind.

Die Struktur der Normen (2.5) und (2.8) ist ähnlich bis auf einen Faktor $M_p(x) = (1 + |x|)^p$, der in (2.8) den schnellen Abfall (schneller als eine beliebige Potenz von $|x|^{-1}$) der Funktionen aus S sichert.

**Satz 2.2.** Der Raum S ist ein vollständiger abzählbar normierter Raum.

Beweis. Sei $\bar{S}_p$ die Menge der p-mal stetig differenzierbaren Funktionen auf $\mathbb{R}^n$, so daß $(1 + |x|)^p D^\alpha \varphi(x)$, $|\alpha| \leqslant p$, im ganzen $\mathbb{R}^n$ stetig und beschränkt ist. $\bar{S}_p$ wird ein linearer normierter Raum, wenn man die Norm durch

$$\|\varphi\|_p = \sup_{\alpha \leqslant p} \sup_{x \in \mathbb{R}^n} (1 + |x|)^p |D^\alpha \varphi(x)| \tag{2.9}$$

erklärt. Durch eine leichte Rechnung überzeugt man sich, daß

$$S = \bigcap_{p=1}^\infty \bar{S}_p$$

Nach Satz 1.1 müssen wir zunächst zeigen, daß $\bar{S}_p$ vollständig ist. Sei also $\{\varphi_\nu\}$ eine Cauchyfolge in $\bar{S}_p$. Dann gilt für jedes $|\alpha| \leqslant p$, $x \in \mathbb{R}^n$ und $\nu, \nu'$ groß genug

$$|D^\alpha \varphi_\nu(x) - D^\alpha \varphi_{\nu'}(x)| \leqslant (1 + |x|)^p |D^\alpha \varphi_\nu(x) - D^\alpha \varphi_{\nu'}(x)| \leqslant \|\varphi_\nu - \varphi_{\nu'}\| \leqslant \epsilon \tag{2.10}$$

Also konvergiert $\{\varphi_\nu\}$ mit allen Ableitungen gleichmäßig auf $\mathbb{R}^n$ gegen eine Funktion $\varphi_0$. Nach einem Satz der Analysis ist dann $\varphi_0 \in \mathscr{C}^p(\mathbb{R}^n)$ und $D^\alpha \varphi_\nu \to D^\alpha \varphi_0$. Lassen wir in (2.10) $\nu' \to \infty$ gehen, so erhalten wir:

$$(1 + |x|)^p |D^\alpha \varphi_\nu(x) - D^\alpha \varphi_0(x)| \leqslant \epsilon$$

und damit

$$(1 + |x|)^p |D^\alpha \varphi_0(x)| \leqslant \epsilon + \|\varphi_\nu\|_p$$

Wir haben also gezeigt, daß $(1 + |x|)^p |D^\alpha \varphi_0(x)|$ beschränkt ist, mit anderen Worten, $\varphi_0 \in \bar{S}_p$. $\bar{S}_p$ ist daher vollständig. Da S ein Teilraum jedes der Räume $\bar{S}_p$ ist, liegt auch die Vervollständigung von S bezüglich der Norm $\| \cdot \|_p$, $S_p$, in $\bar{S}_p$. Wir haben also $S = \bigcap_{p=1}^{\infty} \bar{S}_p$ und $S \subset S_p \subset \bar{S}_p$ und daher $S = \bigcap_{p=1}^{\infty} S_p$. Daraus folgt aber nach Satz 1.1 die Vollständigkeit von S.

Trivialerweise gilt für jedes $\varphi \in S$: $\|\varphi\|_1 \leqslant \|\varphi\|_2 \leqslant \cdots \leqslant \|\varphi\|_p \ldots$. Es bleibt uns daher noch als letztes zu zeigen, daß für jedes p, q die Normen $\| \cdot \|_p$ und $\| \cdot \|_q$ koordiniert sind. Sei also $\{\varphi_\nu\}$ eine Folge in S und es gelte $\|\varphi_\nu\|_q \to 0$ für $\nu \to \infty$ und $\|\varphi_\nu - \varphi_{\nu'}\|_p \leqslant \epsilon$ wenn $\nu$, $\nu'$ groß genug sind. Da $(1 + |x|)^q \geqslant 1$, folgt aus $\|\varphi_\nu\|_q \to 0$, daß $\varphi_\nu(x) \to 0$ für jedes $x \in \mathbb{R}^n$. Ist andererseits $\varphi_0 = \lim_{\nu \to \infty} \varphi_\nu$ in der Norm $\| \cdot \|_p$, so gilt $\varphi_\nu(x) \to \varphi_0(x)$ für alle $x \in \mathbb{R}^n$, d.h. $\varphi_0(x) = 0$. Dann wird aber

$$(1 + |x|)^p |D^\alpha \varphi_\nu(x)| \leqslant \epsilon$$

für $m \leqslant p$, also $\|\varphi_\nu\|_p \to 0$ für $\nu \to \infty$, da $\epsilon$ beliebig war.

Der Raum S ist abzählbar normiert, also kann man seine Topologie über die Konvergenz von Folgen charakterisieren:

Eine Folge $\{\varphi_\nu\}$ von Funktionen aus S konvergiert gegen eine Funktion $\varphi \in S$, genau dann, wenn $\{\varphi_\nu(x)\}$ und die Ableitungen beliebiger Ordnung der Funktionen $\varphi_\nu(x)$ gegen $\varphi(x)$ und die entsprechende Ableitung gleichmäßig auf $\mathbb{R}^n$ konvergieren und in $\nu$ gleichmäßige Abschätzungen der Form

$$|x|^\beta |D^\alpha \varphi_\nu(x)| < C_{\beta\alpha} \tag{2.11}$$

gültig sind.

Offenbar gilt $\mathscr{D} \subset S$. Wir wollen aber noch mehr zeigen:

**Satz 2.3.** Die Menge der Testfunktionen aus $\mathscr{D}$ liegt dicht in S.

Beweis. Sei $e_1(x)$ eine Funktion aus $\mathscr{D}$, die im Würfel $\{|x_j| \leqslant 1 | j = 1, \ldots, n\}$ gleich Eins ist, und außerhalb des Würfels $|x_j| \leqslant 2, j = 1, 2, \ldots, n$ verschwindet[1]. Sei weiter $e_\nu(x) = e_1(x/\nu)$ und $\varphi(x) \in S$. Die Funktionen $\varphi_\nu(x) = \varphi(x) e_\nu(x)$ gehören zu $\mathscr{D}$ und konvergieren gegen $\varphi(x)$ im Sinne der Konvergenz in S, wie man leicht nachprüft.

**Satz 2.4.** Seien $\varphi_\nu(x)$, $\varphi(x) \in \mathscr{D}$ $(\nu = 1, 2, \ldots)$. Konvergiert $\{\varphi_\nu(x)\}$ gegen $\varphi(x)$ in $\mathscr{D}$ (im Sinne Konvergenz auf der Vereinigung von abzählbar normierten Räumen aus Abschn. 1.10.1), so konvergiert $\{\varphi_\nu(x)\}$ gegen $\varphi(x)$ im Sinne der Topologie auf S.

Beweis. Es konvergiere $\varphi_\nu(x) \to \varphi(x)$ in $\mathscr{D}$. Dann gibt es ein $a = (a_1, \ldots, a_n)$, so daß $\varphi_\nu(x)$, $\varphi(x) \in \mathscr{D}(a)$ und weiter

$$\sup_{|\alpha| \leqslant p} \sup_{|x| \leqslant a} |D^\alpha \varphi_\nu(x) - D^\alpha \varphi(x)| \leqslant \frac{\epsilon}{(1 + |a|)^p}$$

---

[1]) Die Existenz einer solchen Funktion wird in Abschn. 4.1 bewiesen.

für genügend großes $\nu$ und weiter

$$\sup_{|\alpha| \leqslant p} \sup_{|x| \leqslant a} (1 + |x|)^p |D^\alpha \varphi_\nu(x) - D^\alpha \varphi(x)| \leqslant \epsilon$$

d.h. $\varphi_\nu(x) \to \varphi(x)$ in S.

Man nennt die Elemente von S auch schnell fallende Testfunktionen.

## 2.5. Der Testraum $\mathscr{E}$

Sei $\mathscr{E}$ die Menge aller Funktionen auf $\mathbb{R}^n$, die beliebig oft differenzierbar sind. $\mathscr{E}$ stimmt also mengentheoretisch mit $\mathscr{C}^\infty(\mathbb{R}^n)$ überein. Auf $\mathscr{E}$ führen wir die folgenden Normen ein:

$$\|\varphi\|_p = \sup_{|\alpha| \leqslant p} \sup_{|x| \leqslant p} |D^\alpha \varphi(x)|, \quad p = 1, 2, \ldots \tag{2.12}$$

Es bleibt für den Leser zu zeigen (analog dem Beweis für den Raum $\mathscr{D}(K)$), daß gilt:

**Satz 2.5.** Der Raum $\mathscr{E}$ ist ein vollständiger abzählbar normierter Raum.

Der Leser kann nun ($\mathscr{E}$ ist abzählbar normiert!) die notwendigen und hinreichenden Bedingungen für die Konvergenz einer Folge in $\mathscr{E}$ aus (2.12) herleiten.

Die folgenden Sätze lassen sich ebenfalls leicht ableiten:

**Satz 2.6.** Die Menge der Testfunktionen aus $\mathscr{D}$ liegt dicht in $\mathscr{E}$.

**Satz 2.7.** Sei $\varphi_\nu(x), \varphi(x) \in \mathscr{D}$ ($\nu = 1, 2, \ldots$). Konvergiert $\{\varphi_\nu(x)\}$ gegen $\varphi(x)$ in $\mathscr{D}$, so konvergiert $\{\varphi_\nu(x)\}$ gegen $\varphi(x)$ auch in $\mathscr{E}$.

Die Elemente aus $\mathscr{E}$ werden Testfunktionen aus $\mathscr{E}$ genannt.

# 3. Die Distributionenräume

## 3.1. Der Distributionenraum $\mathscr{D}'(K)$

Wir betrachten den Dualraum $\mathscr{D}'(K)$ von $\mathscr{D}(K)$. $\mathscr{D}'(K)$ besteht aus allen stetigen linearen Funktionalen auf $\mathscr{D}(K)$. Die Stetigkeit eines linearen Funktionals aus $\mathscr{D}'(K)$ ist äquivalent (s. Abschn. 1.6) mit der Beschränktheit auf einer Nullumgebung aus $\mathscr{D}(K)$ und auch äquivalent mit der Beschränktheit auf allen beschränkten Mengen aus $\mathscr{D}(K)$. Weil $\mathscr{D}(K)$ abzählbar normiert ist, kann man die Stetigkeit eines linearen Funktionals auch mit Hilfe der Konvergenz in $\mathscr{D}(K)$ ausdrücken:

$f \in \mathscr{D}'(K)$ ist stetig genau dann, wenn aus $\varphi_\nu \to 0$ in $\mathscr{D}(K)$ stets $(f, \varphi_\nu) \to 0$ folgt.

Die Elemente aus $\mathscr{D}'(K)$ heißen Distributionen aus $\mathscr{D}'(K)$. Wir bringen nun einige Beispiele von Distributionen aus $\mathscr{D}'(K_a) \equiv \mathscr{D}'(a)$ ($K_a = \{x; |x_i| \leqslant a_i, i = 1, \ldots, n\}$).

**Beispiele.** Es sei f(x) eine Funktion, die auf $K_a$ (Lebesgue-)integrierbar ist. Das Integral

$$(f,\varphi) = \int\limits_{K_a} f(x)\varphi(x)\,dx \tag{3.1}$$

ist ein stetiges lineares Funktional auf $\mathscr{D}(a)$. Die Stetigkeit folgt daraus, daß die entsprechenden Grenzübergänge unter dem Integralzeichen vollzogen werden können.

Wir betrachten nun den eindimensionalen Fall. Sei $\mu(x)$ eine Funktion von endlicher Variation auf $-a \leqslant x \leqslant a$. Das Stieltjes-Integral

$$\int\limits_{-a}^{a} D^p\varphi(x)\,d\mu(x) \tag{3.2}$$

ist ebenfalls ein stetiges lineares Funktional auf $\mathscr{D}(a)$.

Man kann sogar zeigen, daß (3.2) die allgemeinste Form der linearen stetigen Funktionale auf $\mathscr{D}(a)$ darstellt. Wir werden hier den Beweis (s. [4] S. 31) nicht bringen, da wir eine andere, anschaulichere Darstellung der stetigen linearen Funktionale über $\mathscr{D}(a)$ (für $n \geqslant 1$) vorziehen werden.

## 3.2. Der Distributionenraum $\mathscr{D}'$

Die Menge der stetigen linearen Funktionale über $\mathscr{D}$ wird mit $\mathscr{D}'$ bezeichnet. Die Elemente aus $\mathscr{D}'$ heißen Distributionen aus $\mathscr{D}'$ oder einfach Distributionen.

Ein lineares Funktional $f \in \mathscr{D}'$ ist stetig, wenn es über jedem $\mathscr{D}(a)$ stetig ist (s. Abschn. 1.10).

Wir wollen nun einige Beispiele von Distributionen bringen. Es sei f(x) eine in jedem beschränkten Gebiet des Raumes $\mathbb{R}^n$ (Lebesgue-)integrierbare Funktion. Solche Funktionen werden wir lokal (Lebesgue-)integrierbar nennen. Sei weiter

$$(f,\varphi) = \int\limits_{\mathbb{R}^n} f(x)\varphi(x)\,dx, \quad \varphi(x) \in \mathscr{D} \tag{3.3}$$

Man prüft leicht nach, daß (3.3) ein stetiges lineares Funktional ist (aus $\varphi_\nu(x) \to \varphi(x)$ in $\mathscr{D}$ folgt $(f,\varphi_\nu) \to (f,\varphi)$).

Ein Funktional aus $\mathscr{D}'$, das sich in der Form (3.3) schreiben läßt, heißt regulär. Die Funktionale aus $\mathscr{D}'$, die nicht regulär sind, heißen singulär.

Reguläre Funktionale werden wir in Abschn. 8 näher untersuchen.

Ein berühmtes Beispiel einer singulären Distribution ist das Dirac-Maß, das mit $\delta$ bezeichnet wird (manchmal auch Dirac- oder $\delta$-„Funktion" genannt). Das Dirac-Maß $\delta(x - x_0)$ im Punkte $x_0$ wird als eine Distribution eingeführt, die jeder Funktion $\varphi(x) \in \mathscr{D}$ ihren Wert $\varphi(x_0)$ im Punkt $x_0$ zuordnet

$$(\delta(x - x_0),\varphi) = \varphi(x_0) \tag{3.4}$$

Wir wollen nun zeigen, daß $\delta(x - x_0)$ kein reguläres Funktional ist, daß also die Schreibweise

$$\int_{\mathbb{R}^n} \delta(x - x_0)\varphi(x)\, dx = \varphi(x_0) \tag{3.4'}$$

die in der Physik häufig benützt wird, nur als eine formale Schreibweise interpretiert werden kann. Sei der Einfachheit halber $x_0 = 0$ und nehmen wir an, daß eine lokalintegrierbare Funktion $f(x)$ existiert, so daß

$$\int f(x)\varphi(x)\, dx = \varphi(0) \text{ für jedes } \varphi \in \mathscr{D} \tag{3.5}$$

Sei $\varphi(x) = \varphi(x,a)$ durch (2.8) definiert. Dann gilt

$$\int_{\mathbb{R}^n} f(x)\varphi(x,a)\, dx = \varphi(0,a) = e^{-1} \tag{3.6}$$

Für $a \to 0$ konvergiert das Integral in (3.6) gegen Null, was der Gleichung (3.6) widerspricht.

## 3.3  Der Distributionenraum $S'$

Die Menge der stetigen linearen Funktionale auf S bezeichnet man mit $S'$ (Dualraum von S). Weil in S das erste Abzählbarkeitsaxiom erfüllt ist, kann man die Stetigkeit der linearen Funktionale mit Hilfe der Konvergenz ausdrücken:

Ein lineares Funktional auf S ist stetig genau dann, wenn aus $\varphi_\nu \to 0$ in S stets $(f,\varphi_\nu) \to 0$ folgt.

Jedes lineare stetige Funktional auf S ergibt durch Einschränkung auf $\mathscr{D}$ wieder ein lineares stetiges Funktional. Also sind die Elemente aus $S'$ Distributionen. Man nennt solche Distributionen temperiert. Aus dem Satz 2.3 und 2.4 folgt, daß $S' \subset \mathscr{D}'$.

Als Beispiel einer regulären temperierten Distribution betrachten wir das Integral

$$(f,\varphi) = \int_{\mathbb{R}^n} f(x)\varphi(x)\, dx, \tag{3.7}$$

wo $f(x)$ eine (Lebesgue-)integrierbare Funktion ist, so daß es ein Polynom $P(x)$ gibt mit $|f(x)| \leqslant P(x)$ für alle $x$ (d.h. das Integral existiert).

Selbstverständlich ist das Diracsche Maß auch eine temperierte Distribution.

## 3.4.  Der Distributionenraum $\mathscr{E}'$

Mit $\mathscr{E}'$ wird der Dualraum von $\mathscr{E}$ bezeichnet. Auf Grund der Sätze 2.6 und 2.7 folgt, daß jedes Element aus $\mathscr{E}'$ (d.h. jedes stetige lineare Funktional auf $\mathscr{E}$) eine Distribution ist, $\mathscr{E}' \subset \mathscr{D}'$. Weiter ist in $\mathscr{E}$ das erste Abzählbarkeitsaxiom erfüllt, also hat man:

Ein lineares Funktional auf $\mathscr{E}$ ist genau dann stetig, wenn aus $\varphi_\nu(x) \to 0$ in $\mathscr{E}$ stets $(f,\varphi_\nu) \to 0$ folgt.

# 4. Lokale Eigenschaften von Distributionen

## 4.1. Zerlegung der Einheit

In dem folgenden Hilfssatz wird eine ganze Klasse der Testfunktionen aus $\mathscr{D} \equiv \mathscr{D}(\mathbb{R}^n)$ konstruiert.

**Hilfssatz 4.1.** Sei K eine kompakte Menge in $\mathbb{R}^n$ (d.h. eine abgeschlossene und beschränkte Menge) und U eine offene Menge, die K enthält. Es existiert stets eine Testfunktion $\varphi(x) \in \mathscr{D}$ die auf K gleich Eins und außerhalb U gleich Null ist, während ihre Werte in den übrigen Punkten zwischen Null und Eins liegen.

Beweis. Für jedes $\epsilon > 0$, sei

$$\rho_\epsilon(x) = \begin{cases} 0 & \text{wenn } |x| \geqslant \epsilon \\[2ex] \dfrac{k}{\epsilon^n} \exp\left(-\dfrac{\epsilon^2}{\epsilon^2 - x^2}\right) & \text{wenn } |x| < \epsilon \end{cases} \qquad (4.1)$$

wobei

$$\frac{1}{k} = \int\limits_{|x| \leqslant 1} \exp\left(\frac{1}{|x|^2 - 1}\right) dx \qquad (4.2)$$

ist. Ist G eine offene und beschränkte Menge, so daß $K \subset G \subset \bar{G} \subset U$ und $\chi(x)$ die charakteristische Funktion von G, dann können wir (für $\epsilon$ klein genug)

$$\varphi(\kappa) = \int_{\mathbb{R}^n} \chi(\xi) \rho_\epsilon(\kappa - \xi)\, d\xi$$

nehmen.

Wir wollen nun den Satz über die Zerlegung der Einheit beweisen.

**Definition.** Eine abzählbare Überdeckung $\{U_j\}$, $j = 1, 2, \ldots$ des n-dimensionalen Raumes $\mathbb{R}^n$ durch beschränkte Gebiete $U_j$, $j = 1, 2, \ldots$ heißt lokal endlich, wenn jeder Punkt $x \in \mathbb{R}^n$ höchstens von einer endlichen Anzahl der Menge $U_j$ überdeckt wird.

**Satz 4.1.** Es sei $\{U_j\}$, $j = 1, 2, \ldots$ eine lokal endliche Überdeckung des Raumes $\mathbb{R}^m$. Dann gibt es Funktionen $e_j(x) \in \mathscr{C}_c^\infty$, $j = 1, 2, \ldots$ mit den folgenden Eigenschaften

a)  $0 \leqslant e_j(x) \leqslant 1$
b)  $e_j(x) = 0$ außerhalb des Gebietes $U_j$ ($j = 1, 2, \ldots$)
c)  $\Sigma\, e_j(x) \equiv 1$ für alle $x \in \mathbb{R}^n$

Für jedes x ist die Anzahl der Summanden in c) endlich, da die Überdeckung $\{U_j\}$ lokal endlich ist.

Die Gesamtheit der Funktionen $e_j(x)$, $j = 1, 2, \ldots$ nennt man eine Zerlegung der Einheit bezüglich der Überdeckung $\{U_j\}$.

Beweis. Um den Satz 4.1 zu beweisen, werden wir zunächst eine neue Überdeckung $\{V_j\}$, $j = 1, 2, \ldots$ des ganzen Raumes $\mathbb{R}^n$ bilden, wobei das Gebiet $V_j$ zusammen mit seiner abgeschlossenen Hülle $\bar{V}_j$ in $U_j$ enthalten ist.

Dazu nehmen wir an, die Gebiete $V_1, \ldots, V_{j-1}$ seien bereits so konstruiert, daß $\bar{V}_i \subset U_i$ $(i = 1, \ldots, j - 1)$ gilt und $V_1, \ldots, V_{j-1}, U_j, U_{j+1}, \ldots$ eine lokal endliche Überdeckung des Raumes $\mathbb{R}^n$ bilden. Dann ist das Komplement des Gebietes $V_1 \cup \cdots \cup V_{j-1} \cup U_{j+1} \cup \cdots$ eine abgeschlossene Menge $F_j$ die gänzlich in $U_j$ liegt. Als $V_j$ kann man nun jedes Gebiet wählen, das $F_j$ enthält und in $U_j$ zusammen mit seiner abgeschlossenen Hülle enthalten ist usw.

Da die Menge $\bar{V}_j$ kompakt ist, existiert auf Grund des Hilfssatzes 4.1 eine Funktion $h_j(x) \in \mathscr{C}_c^\infty$, deren Werte überall zwischen 0 und 1 liegen und in $V_j$ gleich 1 und außerhalb $U_j$ gleich 0 sind. Wir setzen

$$h(x) = \sum_{j=1}^{\infty} h_j(x), \quad e_j(x) = \frac{h_j(x)}{h(x)}, \quad j = 1, 2, \ldots \tag{4.3}$$

Die Funktionen $e_j(x)$, $j = 1, 2, \ldots$ genügen den Bedingungen a) bis c).

Bemerkungen. 1. Man kann den Satz 4.1 unter schwächeren Voraussetzungen viel allgemeiner formulieren (s. [27], S. 164). Für unsere Zwecke genügt die Formulierung, die wir angegeben haben.

2. Es sei $e_j(x)$, $j = 1, 2, \ldots$ eine Zerlegung der Einheit bezüglich der lokal endlichen Überdeckung $\{U_j\}$ des Raumes $\mathbb{R}^n$. Dann gilt für jede Testfunktion $\varphi(x)$

$$\varphi(x) = \sum_{j=1}^{\infty} \varphi_j(x) \tag{4.4}$$

wobei $\varphi_j(x) = \varphi(x)e_j(x)$ eine Testfunktion ist, die außerhalb des Gebietes $U_j$ verschwindet. Wir bemerken, daß für ein festes $x \in \mathbb{R}^n$ die Anzahl der Summanden in (4.4) endlich ist, da unsere Überdeckung lokal endlich gewählt wurde.

3. Die Anzahl von Funktionen $\varphi_i(x)$ in (4.4) ist (unabhängig von x) endlich, wenn man über die Überdeckung $\{U_j\}$ zusätzlich voraussetzt, daß jedes Kompaktum $K \subset \mathbb{R}^n$ nur mit endlich vielen Gebieten $U_j$ einen nichtleeren Durchschnitt hat.

Wir werden sehen, daß im allgemeinen die Distributionen nicht in allen Punkten Werte besitzen (siehe Beispiele in Abschn. 5.1 und 5.2). Jedoch kann man lokale Eigenschaften der Distributionen definieren. Wir sagen:

Die Distribution f ist in einer Umgebung U eines Punktes x gleich Null, wenn für jede Testfunktion $\varphi$, die außerhalb von U verschwindet, stets $(f, \varphi) = 0$ gilt. Man sagt ferner, daß die Distribution f im Gebiet G gleich Null ist, wenn $(f, \varphi) = 0$ für jede Testfunktion $\varphi$ gilt, deren Träger ganz in G enthalten ist[1]).

---

[1]) Sei G ein Gebiet in $\mathbb{R}^n$. Wir möchten hier bemerken, daß die Menge der Funktionen $\varphi \in \mathscr{D}$, deren Träger ganz in G enthalten ist (diese Menge wird durch $\mathscr{D}(G) \equiv \mathscr{C}_c^\infty(G)$ bezeichnet) weniger Elemente enthält als die Menge der Funktionen $\varphi \in \mathscr{D}$, die außerhalb G verschwinden (auch wenn G beschränkt ist).

**Satz 4.2.** **Die Distribution f ist gleich Null im Gebiet G genau dann, wenn f gleich Null in einer gewissen (offenen) Umgebung jedes Punktes aus G ist.**

Beweis. Es genügt zu zeigen, daß das Verschwinden von f in G aus dem Verschwinden von f in den Umgebungen folgt. Die Gesamtheit dieser Umgebungen bildet eine Überdeckung der Menge G. Sei nun $\varphi(x)$ eine beliebige Funktion aus $\mathscr{D}$ mit kompaktem Träger K in G. Auf Grund des Satzes von Heine-Borel [21], S. 3, können wir annehmen, daß die gerade konstruierte Überdeckung der Menge G eine abzählbare Überdeckung $\{U_j\}$ enthält mit der Eigenschaft, daß jedes Kompaktum aus $\mathbb{R}^n$ nur mit endlich vielen Umgebungen $U_j$ einen nichtleeren Durchschnitt hat. Entsprechend der Bemerkung 2 nach dem Satz 4.1 kann man $\varphi(x) = \sum\limits_{j=1}^{N} \varphi_j(x)$ schreiben, wobei N eine ganz Zahl ist und $\varphi_j(x)$ den Träger in $U_j$ hat. Es folgt also

$$(f,\varphi) = \sum_{j=1}^{N} (f,\varphi_j) = 0$$

und damit ist unser Satz bewiesen.

Aus dem Satz 4.2 folgt, daß Distributionen, die in einer gewissen Umgebung eines jeden Punktes übereinstimmen, identisch sind. In diesem Sinne ist jede Distribution durch ihr lokales Verhalten eindeutig bestimmt.


## 4.2. Der Träger einer Distribution


Nun wollen wir den Begriff des Trägers einer Distribution einführen:

Die Menge aller Punkte x aus $\mathbb{R}^n$, so daß f in keiner Umgebung von x gleich Null ist, heißt Träger der Distribution f. Es ist offenbar, daß der Träger einer Distribution eine abgeschlossene Menge ist. Der Träger von $f \in \mathscr{D}'$ wird durch supp f bezeichnet. Wenn supp f eine beschränkte Menge aus $\mathbb{R}^n$ ist sagt man, daß f einen kompakten Träger hat.

Das Dirac-Maß ist ein Beispiel einer Distribution mit kompaktem Träger (der Träger von $\delta(x - x_0)$ ist die Menge $\{x_0\}$). Für weitere Beispiele siehe Abschn. 6.5.

Aus dem Satz 4.2 folgt das

**Korollar.** Wenn die Testfunktion $\varphi(x)$ in einem gewissen Gebiet, das supp f enthält, verschwindet, dann ist $(f,\varphi) = 0$ für alle $\varphi \in \mathscr{D}$.

Aus Abschn. 3.2 wissen wir bereits, daß jede lokal-(Lebesgue-)integrierbare Funktion f(x) im $\mathbb{R}^n$ eine (reguläre) Distribution erzeugt. Wir wollen nun zeigen, daß in diesem Fall der Begriff des Trägers einer (regulären) Distribution eine natürliche Definition für den Träger einer lokal-integrierbaren Funktion induziert.

**Hilfssatz 4.3.** (Lemma von Du Bois-Reymond). Die lokal integrierbare Funktion f(x) (aufgefaßt als Distribution) verschwindet im Gebiet G im Sinne des Verschwindens von Distributionen genau dann, wenn f(x) = 0 fast überall in G.

Den Beweis des Hilfssatzes 4.3 findet man in jedem Buch über die elementare (Lebesgue-)Integrationstheorie (z.B.s. [30], S. 72).

Aus Hilfssatz 4.3 folgt sofort:

**Satz 4.4.** Jede reguläre Distribution wird eindeutig (bis auf Werte auf einer Menge vom Maß Null) durch eine lokal integrierbare Funktion definiert.

Die Einbettung der Klassen von fast überall gleichen, lokal integrierbaren Funktionen in die Menge der regulären Distributionen ist daher eineindeutig; wir können also die lokal integrierbare Funktion und die durch sie definierte reguläre Distribution identifizieren.

**Satz 4.5.** Sei $\{f_\nu\}$ eine Folge von (Lebesgue-)meßbaren Funktionen, so daß $|f_\nu(x)| \leq g(x)$ für eine lokal-(Lebesgue-)integrierbare Funktion g, und es gelte fast überall

$$\lim_{\nu \to \infty} f_\nu(x) = f(x)$$

Dann gilt $f \in \mathscr{D}'$ und $f_\nu \to f$ im Sinne der Konvergenz von $\mathscr{D}'$.

Beweis. Durch Anwendung des Satzes von Lebesgue (s. [30], S. 10) auf die Funktionen $|f_\nu(x)\varphi(x)|$, $\varphi \in \mathscr{D}$, erhalten wir:

$$\lim_{\nu \to \infty} \int |f_\nu(x)\varphi(x)|\, dx = \int |f(x)\varphi(x)|\, dx \leq \int g(x)|\varphi(x)|\, dx$$

woraus die Konvergenz des Integrals $\int f(x)\varphi(x)\, dx = (f,\varphi)$ folgt. f definiert daher eine reguläre Distribution in und $\lim_{\nu \to \infty} (f_\nu,\varphi) = (f,\varphi)$ für alle $\varphi \in \mathscr{D}$.

Bemerkungen. 1. Der Leser kann sich leicht überzeugen, daß die Forderung $|f_\nu(x)| \leq g(x)$ in Satz 4.5 durch andere Bedingungen ersetzt werden kann. Zum Beispiel gilt der Satz 4.5, wenn die Folge $f_\nu(x)$, $\nu = 1, 2, \ldots$ lokal integrierbarer Funktionen gleichmäßig auf jedem Kompaktum (im $\mathbb{R}^n$) gegen eine Funktion f(x) konvergiert. In der Tat hat man in diesem Fall die Möglichkeit des Grenzüberganges unter dem Integralzeichen:

$$(f_\nu,\varphi) = \int f_\nu(x)\varphi(x)\, dx \to \int f(x)\varphi(x)\, dx = (f,\varphi), \quad \varphi \in \mathscr{D}$$

für $\nu \to \infty$.

2. Es kann (unter schwächeren Voraussetzungen als in Satz 4.4) durchaus eintreten, daß eine Folge regulärer Distributionen gegen eine singuläre Distribution konvergiert. Beispiele dafür sind in Abschn. 5 enthalten.

Wir beenden diesen Abschnitt mit der Bemerkung, daß sich aus dem Hilfssatz 4.1 auch das folgende interessante Ergebnis ableiten läßt:

**Satz 4.6.** Sei f(x) eine stetige Funktion auf $\mathbb{R}^n$. Man kann f(x) gleichmäßig auf $\mathbb{R}^n$ (d.h. gleichmäßig auf allen beschränkten Gebieten des $\mathbb{R}^n$) mit Funktionen aus $\mathscr{C}_c^\infty(\mathbb{R}^n)$ approximieren.

Beweis. Die Funktionen

$$\varphi_\epsilon(x) = \int_{\mathbb{R}^n} f(\xi)\rho_\epsilon(x - \xi)\,d\xi \tag{4.5}$$

liefern für $\epsilon \to 0$ ($\epsilon > 0$) die gewünschte Approximation ($\rho_\epsilon(x)$ wurde durch (4.1) definiert).

Wir bemerken: Wenn die stetige Funktion $f(x)$ einen kompakten Träger hat, dann sind die Funktionen $\varphi_\epsilon(x)$ aus $\mathscr{C}_c^\infty(\mathbb{R}^n) = \mathscr{D}(\mathbb{R}^n)$, und ihre Träger sind in einer $\epsilon$-Umgebung des Trägers von $f(x)$ enthalten.


## 5. Einfache Beispiele von Distributionen


### 5.1. Das Diracsche Maß


Wir haben in Abschn. 3.2 schon gesehen, daß das Diracsche Maß eine singuläre Distribution ist. Das Diracsche Maß $\delta \equiv \delta(x)$ wird durch die folgende Gleichung definiert:

$$(\delta, \varphi) = \varphi(0), \quad \varphi \in \mathscr{D} \tag{5.1}$$

Wir haben supp $\delta = \{0\}$ also $\delta(x) = 0$ für $x \in (-\infty, 0) \cup (0, \infty)$. Als Distribution mit kompaktem Träger kann man $\delta$ auch als Element in $\mathscr{E}'$ betrachten (s. Abschn. 3.4 und 7.1).

Wir werden nun zeigen, daß sich das Diracsche Maß als Grenzwert (im Sinne von $\mathscr{D}'$) einer Folge von Funktionen gewinnen läßt. Es gilt

$$\lim_{\epsilon \to 0} \int \rho_\epsilon(x)\varphi(x)\,dx = \varphi(0), \quad \varphi \in \mathscr{D} \tag{5.2}$$

wobei $\rho_\epsilon(x)$ die Funktion ist, die durch (4.1) definiert wurde. In der Tat, auf Grund der Stetigkeit von $\varphi(x)$ gibt es für jedes $\eta > 0$ ein $\epsilon_0 > 0$, so daß $|\varphi(x) - \varphi(0)| < \eta$, wenn $|x| < \epsilon_0$. Für $\epsilon \leqslant \epsilon_0$ bekommt man

$$\left|\int \rho_\epsilon(x)\varphi(x)\,dx - \varphi(0)\right| \leqslant \int \rho_\epsilon(x)|\varphi(x) - \varphi(0)|\,dx < \eta \int \rho_\epsilon(x)\,dx = \eta \tag{5.3}$$

Die Behauptung folgt nun aus (5.3), da $\eta$ beliebig klein gewählt werden kann.

In der Physik wird gewöhnlich $\delta(x)$ zur Beschreibung der Ladungsdichte einer Einheitsladungsverteilung, die im Ursprung konzentriert ist, benützt. Die Gesamtladung erhält man also, indem man über den ganzen Raum $\mathbb{R}^n$ „integriert"

$$\int_{\mathbb{R}^n} \delta(x)\,dx = 1 \tag{5.4}$$

Diese Gleichung müßte man eigentlich im Rahmen der Distributionstheorie in der Form

$$(\delta, 1) = 1 \tag{5.4'}$$

schreiben. Die Testfunktion $\varphi(x) \equiv 1$ gehört nicht zu $\mathscr{D}$, jedoch gehört sie zu $\mathscr{E}$; also ist (5.4$'$) sinnvoll, weil $\delta(x)$ auch als Distribution aus $\mathscr{E}'(\mathbb{R}^n)$ aufgefaßt werden darf.

## 5.2.  Der Hauptwert

Nun führen wir ein lineares Funktional auf $\mathscr{D}(\mathbb{R}^1)$ durch die folgende Formel ein ($\epsilon > 0$)

$$\left(P\frac{1}{x}, \varphi\right) = Pv \int \frac{\varphi(x)}{x}\, dx = \lim_{\epsilon \to 0} \left( \int_{-\infty}^{-\epsilon} \frac{\varphi(x)}{x}\, dx + \int_{\epsilon}^{\infty} \frac{\varphi(x)}{x}\, dx \right)$$

$$= \lim_{\epsilon \to 0} \int_{|x| > \epsilon} \frac{\varphi(x)}{x}\, dx \tag{5.5}$$

Den Grenzwert auf der rechten Seite von (5.5) nennt man den (Cauchyschen) Hauptwert des Integrals $\int (\varphi(x)/x)\, dx$.

Sei $\varphi \in \mathscr{D}(\mathbb{R}^1)$. Dann gibt es ein $a > 0$, so daß supp $\varphi \subset (-a,a)$. Dann gilt

$$\left| \left( P\frac{1}{x}, \varphi \right) \right| = \left| Pv \int \frac{\varphi(x)}{x}\, dx \right| = \left| Pv \int_{-a}^{a} \frac{\varphi(0) + x\varphi'(\xi)}{x}\, dx \right|$$

$$\leqslant \int_{-a}^{a} |\varphi'(\xi)|\, dx \leqslant 2\, a \max_{x \in \mathbb{R}^1} |\varphi'(x)| \tag{5.6}$$

wobei $\xi = \xi(x) \in (-a, a)$.

Auf Grund der Gleichung (5.6) kann man schließen, daß das Funktional $P\dfrac{1}{x}$ auf $\mathscr{D}(\mathbb{R}^1)$ auch stetig ist; also ist $P\dfrac{1}{x}$ eine Distribution in $\mathscr{D}(\mathbb{R}^1)$. Die Distribution $P\dfrac{1}{x}$ ist gleich der Funktion $1/x$ auf jedem offenen Gebiet aus $\mathbb{R}^1$, das den Ursprung $x = 0$ nicht enthält (im Sinne der Definition aus 4.1). Die Distribution $P\dfrac{1}{x}$ heißt Hauptwert von $1/x$.

Bemerkt sei, daß wir $P\dfrac{1}{x}$ einfach durch $1/x$ bezeichnen, wenn keine Mißverständnisse zu befürchten sind.

## 5.3.  Die Sokhotsky–Plemelj-Formeln

Wir wollen in diesem Abschnitt die folgenden sog. Sokhotsky-Plemelj-Gleichungen ableiten

$$\frac{1}{x + i0} = -i\pi\delta(x) + P\frac{1}{x}$$

$$\frac{1}{x - i0} = i\pi\delta(x) + P\frac{1}{x} \tag{5.7}$$

In (5.7) ist $\dfrac{1}{x \pm i0}$ der Grenzwert (in $\mathscr{D}'(\mathbb{R}^1)$) der Funktion $\dfrac{1}{x \pm i\epsilon}$, $\epsilon > 0$, für $\epsilon \to +0$. Wir wollen hier die erste Relation (5.7) ableiten. Die zweite Relation (5.7) beweist man analog. Wir wollen also zeigen, daß ($\epsilon > 0$)

$$\lim_{\epsilon \to 0} \int \frac{\varphi(x)}{x + i\epsilon}\, dx = -i\pi\varphi(0) + \mathrm{Pv}\int \frac{\varphi(x)}{x}\, dx \quad \text{für jedes } \varphi(x) \in \mathscr{D}(\mathbb{R}^1). \tag{5.8}$$

Sei $a > 0$, so daß $\operatorname{supp}\varphi \subset (-a, a)$; es gilt

$$\lim_{\epsilon \to 0} \int \frac{\varphi(x)}{x + i\epsilon} = \lim_{\epsilon \to 0} \int \frac{x - i\epsilon}{x^2 + \epsilon^2}\, \varphi(x)\, dx$$

$$= \varphi(0) \lim_{\epsilon \to 0} \int_{-a}^{a} \frac{x - i\epsilon}{x^2 + \epsilon^2}\, dx + \lim_{\epsilon \to 0} \int_{-a}^{a} \frac{x - i\epsilon}{x^2 + \epsilon^2}\, (\varphi(x) - \varphi(0))\, dx$$

$$= -i\pi\varphi(0) + \mathrm{Pv}\int \frac{\varphi(x)}{x}\, dx.$$

Diese Gleichung zeigt, daß $\lim \dfrac{1}{x + i\epsilon}$ in $\mathscr{D}'(\mathbb{R}^1)$ existiert und die erste Relation von (5.7) gültig ist. Die Sokhotsky–Plemelj–Relationen haben Anwendungen in der Quantenphysik. Wenn $P\,\dfrac{1}{x}$ durch $1/x$ bezeichnet wird (s. Bemerkung am Ende von Abschn. 5.2), dann lassen sich (5.7) auf folgende Weise schreiben

$$\frac{1}{x \pm i0} = \mp i\pi\delta(x) + \frac{1}{x} \tag{5.7'}$$

Bemerkung. Der Leser kann sich selbst überzeugen, daß die Distributionen $\delta(x)$, $P\dfrac{1}{x}, \dfrac{1}{x \pm i0}$ auch temperierte Distributionen (also Elemente aus $S'$) sind. An dieser Stelle sei daran erinnert, daß der lineare Raum $\mathscr{D}$ dicht in $S$ liegt und die Konvergenz $\varphi_\nu \to 0$ in $\mathscr{D}$ (für $\nu \to \infty$) diese Konvergenz auch in $S$ zur Folge hat. Aus diesem Grund (s. auch Abschn. 3.3) folgt, daß $S' \subset \mathscr{D}'$.


# 6. Das Rechnen mit Distributionen

## 6.1. Lineare Transformation der unabhängigen Variablen

Sei $f(x)$ eine lokal-(Lebesgue-)integrierbare Funktion in $\mathbb{R}^n$ und sei $x = Ay + b$ mit $\det A \neq 0$ eine nichtsinguläre lineare Abbildung des Raumes $\mathbb{R}^n$ in sich selbst. Dann gilt für jedes $\varphi \in \mathscr{D}$

$$(f(Ay + b), \varphi(y)) = \int f(Ay + b)\varphi(y)\,dy$$

$$= \frac{1}{|\det A|} \int f(x)\varphi\,[A^{-1}(x - b)]\,dx$$

$$= \frac{1}{|\det A|}\,(f,\varphi[A^{-1}(x - b)]) \tag{6.1}$$

Sei nun $f \equiv f(x)$ eine Distribution aus $\mathscr{D}'$. Wir definieren die Distribution $f(Ay + b)$ folgendermaßen

$$(f(Ay + b), \varphi(y)) = \left(f, \frac{\varphi[A^{-1}(x - b)]}{|\det A|}\right), \quad \varphi \in \mathscr{D}. \tag{6.2}$$

Die Gleichung (6.2) ist also eine natürliche Verallgemeinerung der Gleichung (6.1), die für lokal integrierbare Funktionen gilt.

Die Abbildung $\varphi(x) \mapsto \dfrac{\varphi[A^{-1}(x - b)]}{|\det A|}$ ist linear und stetig von $\mathscr{D}$ in $\mathscr{D}$ und deshalb gehört $f(Ay + b)$ zu $\mathscr{D}'$. Unter der Stetigkeit einer linearen Abbildung $T: \mathscr{D} \mapsto \mathscr{D}$ verstehen wir dabei die Tatsache, daß $T\varphi_\nu \to 0$, wenn $\varphi_\nu \to 0$ ($\varphi_\nu \in \mathscr{D}$, $\nu = 1, 2, \ldots$) (s. auch Abschn. 1.11).

Als Spezialfälle von (6.2) haben wir

$$(f(cy), \varphi(y)) = \frac{1}{|c^n|}\left(f, \varphi\left(\frac{x}{c}\right)\right), \text{ c-Konstante}$$

und

$$(f(y + b), \varphi(y)) = (f, \varphi(x - b))$$

Die Distribution $f(x + b)$ heißt die Translation der Distribution $f$ um den Vektor $b$. Zum Beispiel ist $\delta(x - x_0)$ die Translation um $-x_0$ der Distribution $\delta(x)$. Es gilt

$$(\delta(x - x_0), \varphi) = (\delta, \varphi(x + x_0)) = \varphi(x_0), \quad \varphi \in \mathscr{D} \tag{6.3}$$

In der Physik wird die Gleichung (6.3) auch in der Form

$$\int_{\mathbb{R}^n} \delta(x - x_0)\varphi(x)\,dx = \varphi(x_0), \quad \varphi \in \mathscr{D} \tag{6.4}$$

geschrieben. Unter der formalen Schreibweise (6.4) versteht man immer die Gleichung (6.3).

Die Sokhotsky-Plemelj-Formeln (5.17) lassen sich mit Hilfe einer Translation leicht verallgemeinern:

$$\frac{1}{x - x_0 \pm i0} = \mp i\pi\delta(x - x_0) + P\,\frac{1}{x - x_0} \tag{6.5}$$

### 6.2. Die Multiplikation von Distributionen mit unendlich oft differenzierbaren Funktionen

Sei $f(x)$ eine lokal integrierbare Funktion und $a \equiv a(x)$ eine Funktion der Klasse $\mathscr{C}^\infty(\mathbb{R}^n)$ (unendlich oft differenzierbar). Dann gilt für jedes $\varphi \in \mathscr{D}$

$$(af, \varphi) = (f, a\varphi), \quad \varphi \in \mathscr{D} \tag{6.6}$$

Die Gleichung (6.6) betrachten wir als Definition für das Produkt einer Distribution $f$ aus $\mathscr{D}'$ mit der unendlich oft differenzierbaren Funktion $a$.

**Hilfssatz 6.1.** Die Multiplikation einer Distribution mit einer beliebig oft differenzierbaren Funktion ist eine stetige lineare Abbildung von $\mathscr{D}'$ in $\mathscr{D}'$.

Beweis. Nach unserer Definition in Abschn. 1.10 ist ein lineares Funktional über $\mathscr{D}$ genau dann stetig, wenn für jede Folge $\{\varphi_\nu\}$ in $\mathscr{D}$ mit $\varphi_\nu \to 0$ für $\nu \to \infty$ stets folgt: $(f, \varphi_\nu) \to 0$. Sei also $a$ eine beliebig oft differenzierbare Funktion und $\varphi_\nu \to 0$ in $\mathscr{D}$ für $\nu \to \infty$. Dann gilt

$$\lim_{\nu \to \infty} (af, \varphi_\nu) = \lim_{\nu \to \infty} (f, a\varphi_\nu) = 0$$

weil $a\varphi_\nu \to 0$ in $\mathscr{D}$ und $f \in \mathscr{D}'$ stetig ist.

**Beispiele** für die Multiplikation von Distributionen mit beliebig oft differenzierbaren Funktionen:

1. 
$$a(x)\delta(x) = a(0)\delta(x) \tag{6.7}$$

denn für alle $\varphi \in \mathscr{D}'$ gilt:

$$(a\delta, \varphi) = (\delta, a\varphi) = a(0)\varphi(0) = a(0)(\delta, \varphi) = (a(0)\delta, \varphi)$$

2. 
$$xP\frac{1}{x} = 1 \tag{6.8}$$

denn für alle $\varphi \in \mathscr{D}(\mathbb{R})$ gilt

$$\left(xP\frac{1}{x}, \varphi\right) = \left(P\frac{1}{x}, x\varphi\right) = \mathrm{Pv} \int \frac{x\varphi(x)}{x}\, dx$$

$$= \int \varphi(x)\, dx = (1, \varphi)$$

**Satz 6.1.** Sei $f \in \mathscr{D}'$, $\eta$ eine beliebig oft differenzierbare Funktion, die gleich Eins auf einer offenen Menge ist, die supp $f$ enthält. Dann gilt: $f = \eta f$.

Beweis. Sei $\varphi \in \mathscr{D}$. Die Träger der Distribution $f$ und der Funktion $(1 - \eta)\varphi$ sind disjunkt. Auf Grund des Korollars zu Satz 4.2 folgt,

$$(f - f\eta, \varphi) = ((1 - \eta)f, \varphi) = (f, (1 - \eta)\varphi) = 0$$

für alle $\varphi \in \mathscr{D}$, also $f - f\eta = 0$.

## 6.3. Die Multiplikation von Distributionen

Man erkennt sofort, daß in der Definition (6.6) die Differenzierbarkeit der Funktion $\varphi(x)$ entscheidend war. Obwohl man Beispiele finden kann, in denen sich sogar singuläre Distributionen miteinander multiplizieren lassen, kann man im allgemeinen keine natürliche Multiplikation für die Distributionen definieren, die assoziativ und kommutativ ist (Satz von L. Schwartz; s. [23], S. 117). Unter „natürlich" verstehen wir etwa, daß die Multiplikation einer Distribution mit einer unendlich oft differenzierbaren Funktion ein Spezialfall dieser neuen Definition sein sollte.

Nehmen wir an, daß es allgemein eine assoziative und kommutative Multiplikation der Distributionen gebe. Mit Hilfe von (6.7) und (6.8) würden wir dann erhalten:

$$0 = 0P\,\frac{1}{x} = (x\delta(x))P\,\frac{1}{x} = (\delta(x)x)P\,\frac{1}{x} = \delta(x)\left(xP\,\frac{1}{x}\right) = \delta(x) \tag{6.9}$$

was aber ein Widerspruch ist.

In (10.9) werden wir interessante Beispiele bringen, in denen singuläre Distributionen aus gewissen Klassen sich assoziativ und kommutativ multiplizieren lassen.

## 6.4. Die Differentiation von Distributionen

Sei $f \in \mathscr{C}^p(\mathbb{R}^n)$ und $\alpha = (\alpha_1, \ldots, \alpha_n)$, so daß $|\alpha| \leqslant p$. Für jedes $\varphi \in \mathscr{D}$ gilt dann

$$(D^\alpha f, \varphi) = \int D^\alpha f(x)\varphi(x)\,dx = (-1)^{|\alpha|} \int f(x)D^\alpha\varphi(x)\,dx = (-1)^{|\alpha|}(f, D^\alpha\varphi)$$

da $\varphi$ (und alle Ableitungen) außerhalb einer kompakten Menge verschwindet.
Die Gleichung

$$(D^\alpha f, \varphi) = (-1)^{|\alpha|}(f, D^\alpha\varphi) \tag{6.10}$$

sehen wir als Definition für die (verallgemeinerte) Ableitung $D^\alpha$ der Distribution $f \in \mathscr{D}'$ an. Das durch (6.10) definierte Funktional ist offensichtlich linear. Dieses Funktional ist auch stetig, da für jede Folge $\{\varphi_\nu\}$ in $\mathscr{D}$, $\varphi_\nu \to 0$ für $\nu \to \infty$, gilt

$$\lim_{\nu \to \infty} (D^\alpha f, \varphi_\nu) = (-1)^{|\alpha|}\lim_{\nu \to \infty} (f, D^\alpha\varphi_\nu) = 0$$

Ist nun $f(x)$ eine lokal integrierbare Funktion aus $\mathscr{C}^p(\mathbb{R}^n)$ ($p$ natürliche Zahl), dann stimmt die gewöhnliche Ableitung $D^\alpha f, |\alpha| \leqslant p$ der Funktion $f(x)$ mit der Ableitung der Distribution $f \equiv f(x)$ im Sinne von Distributionen (die verallgemeinerte Ableitung) überein. Aus der Definition (6.10) folgt unmittelbar

**Satz 6.2.** Die Distributionen sind beliebig oft differenzierbar (im Sinne von Distributionen).

Weitere Eigenschaften der (verallgemeinerten) Differentiation sind:

a)  Es sei f aus $\mathscr{D}'$. Es gilt

$$\frac{\partial}{\partial x_1}\left(\frac{\partial f}{\partial x_2}\right) = \frac{\partial}{\partial x_2}\left(\frac{\partial f}{\partial x_1}\right) \tag{6.11}$$

Für die gewöhnliche Differentiation der Funktionen ist (6.11) im allgemeinen nicht richtig.

b)  Sei $f \in \mathscr{D}'(\mathbb{R})$ und $a(x) \in \mathscr{C}^\infty(\mathbb{R})$. Es gilt die Leibnizsche Formel für die Differentiation eines Produktes

$$\frac{d^m}{dx^m}(af) = a\frac{d^m f}{dx^m} + \binom{m}{1}\frac{da}{dx}\frac{d^{m-1}}{dx^{m-1}} + \cdots + \binom{m}{m-1}\frac{d^{m-1}a}{dx^{m-1}}\frac{df}{dx} + \frac{d^m a}{dx^m}f \tag{6.12}$$

wobei $\binom{m}{k}$, $k = 1, \ldots, m - 1$ die Binomialkoeffizienten sind und m eine natürliche Zahl.

c)  Sei $f \in \mathscr{D}'$. Es gilt für jedes $\alpha = (\alpha_1, \ldots, \alpha_n)$

$$\operatorname{supp} D^\alpha f \subset \operatorname{supp} f \tag{6.13}$$

Der Träger einer Distribution kann sich also bei der Differentiation nicht vergrößern. Der Beweis von (6.13) bleibt für den Leser.

d)  Die Differentiation von Distributionen ist eine stetige Abbildung von $\mathscr{D}'$ in $\mathscr{D}'$. Darunter verstehen wir, daß $D^\alpha f_\nu \to D^\alpha f$ in $\mathscr{D}'$, wenn $f_\nu \to f$ in $\mathscr{D}'$ (für $\nu \to \infty$). In der Tat, für $\varphi \in \mathscr{D}$ hat man auch $D^\alpha \varphi \in \mathscr{D}$ und

$$(D^\alpha f_\nu, \varphi) = (-1)^{|\alpha|}(f_\nu, D^\alpha \varphi) \to (-1)^{|\alpha|}(f, D^\alpha \varphi) = (D^\alpha f, \varphi)$$

wenn nur $f_\nu \to f$ in $\mathscr{D}'$.


## 6.5.  Einige Anwendungen


Wir wollen nun einige Anwendungen der Rechnung mit Distributionen vorführen. Natürlich werden eine Reihe von weiteren Anwendungen in den nächsten Kapiteln behandelt werden.

1.  Wir wollen zunächst zeigen, daß das Dirac-Maß die Ableitung einer lokal integrierbaren Funktion ist, der sog. Heavisideschen Funktion $\Theta(x)$;

$$\Theta(x) = \begin{cases} 0 & \text{für} \quad x \leqslant 0 \\ 1 & \text{für} \quad x > 0 \end{cases} \tag{6.14}$$

Die entsprechende Distribution wird ebenfulls mit $\Theta \equiv \Theta(x)$ bezeichnet. Sei $\varphi \in \mathscr{D}$, dann gilt:

$$(\Theta'(x), \varphi(x)) = (\Theta, -\varphi') = -\int_0^\infty \varphi'(x)\, dx = \varphi(0)$$

also ist

$$\Theta'(x) = \delta(x) \tag{6.15}$$

Analog gilt $\Theta'(x - x_0) = \delta(x - x_0)$, wobei $x_0$ eine reelle Zahl ist.

2.  Wir wollen nun die reguläre Distribution $\ln |x|$ ($\ln |x|$ ist eine lokal integrierbare Funktion) im Sinne von Distributionen differenzieren. Sei $\varphi \in \mathscr{D}$. Es gilt

$$\left(\frac{d}{dx} \ln |x|, \varphi(x)\right) = (\ln |x|, -\varphi'(x)) = -\int_{-\infty}^{\infty} \ln |x| \varphi'(x)\, dx$$

$$= -\lim_{\epsilon \to +0} \int_{|x|>\epsilon} \ln |x| \varphi'(x)\, dx = -\lim_{\epsilon \to +0} \left\{ \ln |x| \varphi(x)|_{-\infty}^{\epsilon} \right.$$

$$\left. + \ln |x| \varphi(x)|_{\epsilon}^{\infty} - \int_{|x|>\epsilon} \frac{\varphi(x)}{x}\, dx \right\} = \lim_{\epsilon \to 0} \int_{|x|>\epsilon} \frac{\varphi(x)}{x}\, dx$$

$$= \mathrm{Pv} \int \frac{\varphi(x)}{x}\, dx$$

Somit ist

$$\frac{d \ln |x|}{dx} = P \frac{1}{x} \tag{6.16}$$

3.  Wenn man das Diracsche Maß $\delta(x)$ im Sinne von Distributionen differenziert, bekommt man

$$(D^{\alpha}\delta(x), \varphi(x)) = (-1)^{|\alpha|}(\delta(x), D^{\alpha}\varphi(x)) = (-1)^{|\alpha|}D^{\alpha}\varphi(0) \tag{6.17}$$

Alle Ableitungen des Diracschen Maßes $\delta(x)$ sind im Ursprung konzentriert und dieselbe Eigenschaft trifft für eine endliche Summe der Ableitungen des Diracschen Maßes $\delta(x)$ zu. In Abschn. 7.4 werden wir zeigen, daß auch die Umkehrung dieser Behauptung gültig ist; d.h. jede Distribution, die im Ursprung konzentriert ist, kann als eine endliche Summe der Ableitungen des Diracschen Maßes $\delta(x)$ dargestellt werden. Ein analoger Satz gilt für Distributionen, die in einem Punkt $x_0 \neq 0$ konzentriert sind (s. Abschn. 7.4).

4.  Wir betrachten die Funktion $\ln (x + iy)$, wo $y > 0$ ist. Es gilt

$$\ln (x + iy) = \ln |x + iy| + i \arg (x + iy)$$

wobei arg der Hauptwert zwischen $-\pi$ und $\pi$ ist. Wir bekommen also für $y \to +0$

$$\ln (x + i0) = \lim \ln |x + iy| = \ln |x| + i\pi\Theta(-x) \tag{6.18}$$

Nun wollen wir die Ableitung von $\ln (x + i0)$ im Sinne der Distributionen berechnen

$$\frac{d}{dx} \ln (x + i0) = \frac{d}{dx} \ln |x| + i \frac{d}{dx} \Theta(-x)$$

Wegen (6.16) folgt

$$\frac{d}{dx} \ln(x + i0) = P\frac{1}{x} - i\pi\delta(x) = \frac{1}{x + i0} \tag{6.19}$$

weil (s. (6.15)) $\frac{d}{dx}\Theta(-x) = -\delta(x)$ ist.

**5.** Wir bemerken weiter, daß die Funktion $1/r$, $r^2 = x_1^2 + x_2^2 + x_3^2$, im $\mathbb{R}^3$ lokal integrierbar ist. Wir wollen (im Sinne von Distributionen) den Ausdruck $\Delta\frac{1}{r}$ berechnen, wo $\Delta$ der Laplace-Operator im $\mathbb{R}^3$ ist. Es gilt für $\varphi \in \mathscr{D}(\mathbb{R}^3)$

$$\left(\Delta\frac{1}{r}, \varphi\right) = \left(\frac{1}{r}, \Delta\varphi\right) = \iiint \frac{\Delta\varphi}{r}\, dv = \lim_{\epsilon \to +0} \iiint_{r \geqslant \epsilon} \frac{\Delta\varphi}{r}\, dv \quad \text{für} \quad \epsilon > 0$$

Auf das Integral $\displaystyle\iiint_{r \geqslant \epsilon} \frac{\Delta\varphi}{r}\, dv$ wenden wir die Greensche Formel an für den Bereich $\epsilon' \leqslant r \leqslant R$, wo $R$ der Radius einer Kugel ist, die den Träger von $\varphi$ enthält. Wir erhalten

$$\iiint_{r \geqslant \epsilon} \frac{\Delta\varphi}{r}\, dv = \iiint_{r \geqslant \epsilon} \varphi\Delta\frac{1}{r}\, dv - \iint_{r = \epsilon} \frac{\partial\varphi}{\partial r}\frac{1}{r}\, d\sigma + \iint_{r = \epsilon} \varphi\frac{\partial}{\partial r}\frac{1}{r}\, d\sigma$$

wobei $d\sigma$ das Flächenelement der Kugel $r = \epsilon$ ist. Weil $1/r$ außerhalb einer Kugel die Laplace-Gleichung $\Delta\frac{1}{r} = 0$ erfüllt, hat man

$$\iiint_{r \geqslant \epsilon} \varphi\Delta\frac{1}{r}\, dv = 0$$

Weiter, auf Grund eines Mittelwertsatzes, gilt

$$\iint_{r = \epsilon} \frac{\partial\varphi}{\partial r}\frac{1}{r}\, d\sigma = \frac{1}{\epsilon} \iint_{r = \epsilon} \frac{\partial\varphi}{\partial r}\, d\sigma \to 0 \quad \text{für} \quad \epsilon \to 0$$

$$\iint \varphi\frac{\partial}{\partial r}\frac{1}{r}\, d\sigma = -\frac{1}{\epsilon^2} \iint_{r = \epsilon} \varphi\, d\sigma \to -4\pi\varphi(0) \quad \text{für} \quad \epsilon \to 0$$

Es folgt, daß

$$\left(\Delta\frac{1}{r}, \varphi\right) = \lim_{\epsilon \to +0} \iiint_{r \geqslant \epsilon} \frac{\Delta\varphi}{r}\, dv = -4\pi\varphi(0) = -4\pi(\delta(x), \varphi(x)), \quad \varphi(x) \in \mathscr{D}$$

also gilt die wichtige Formel

$$\Delta\frac{1}{r} = -4\pi\delta(x) \tag{6.20}$$

## 7. Distributionen mit kompaktem Träger und die allgemeine Form der temperierten Distributionen

### 7.1. Der Raum $\mathscr{E}'$ als Raum der Distributionen mit kompaktem Träger

Wir haben in Abschn. 2.5 gesehen, daß der Raum $\mathscr{D}$ ein linearer Unterraum von $\mathscr{E}$ ist, der dicht in $\mathscr{E}$ liegt, und daß die Einbettung $\mathscr{D} \to \mathscr{E}$ stetig ist. Es gibt also eine Einbettung des Raumes $\mathscr{E}'$ in $\mathscr{D}'$. Wir wollen zeigen, daß der Raum $\mathscr{E}'$ dabei auf den linearen Unterraum von $\mathscr{D}'$ abgebildet wird, der aus den Distributionen mit kompaktem Träger besteht.

**Satz 7.1.** Der Raum der Distributionen mit kompaktem Träger stimmt mit dem Raum $\mathscr{E}'$ überein.

Beweis. Sei $f \in \mathscr{E}'$. Da $\mathscr{E}'$ in $\mathscr{D}'$ eingebettet werden kann, bezeichnen wir mit $f_0$ die Distribution in $\mathscr{D}'$, die $f$ in $\mathscr{E}'$ entspricht. Wir wollen zunächst zeigen, daß $f_0$ als Distribution in $\mathscr{D}'$ einen kompakten Träger hat. Hätte $f_0$ keinen kompakten Träger, so gäbe es eine Folge $\{\varphi_\nu\}$ in $\mathscr{D} \subset \mathscr{E}$, so daß supp $\varphi_\nu \subset \{x; |x| \geqslant \nu\}$ und $(f, \varphi_\nu) = (f_0, \varphi_\nu) = 1$. Aber in $\mathscr{E}$ gilt $\varphi_\nu \to 0$ für $\nu \to \infty$ also ein Widerspruch. Sei umgekehrt $f_0$ eine Distribution mit kompaktem Träger in $\mathscr{D}'$. Sei $\alpha \in \mathscr{C}_c^\infty(\mathbb{R}^n)$ mit $\alpha(x) = 1$ auf einer offenen Menge, die supp $f_0$ enthält (eine solche Funktion existiert nach Hilfssatz 4.1). Für alle $\varphi \in \mathscr{D}$ erhalten wir dann

$$(f_0, \varphi) = (f_0, \alpha\varphi),$$

denn der Träger von $(1 - \alpha)\varphi$ ist enthalten im Komplement des Trägers von $f_0$. Sei nun $\psi \in \mathscr{E}$. Dann ist supp $\alpha\psi \subset$ supp $\alpha$, d.h. $\alpha\psi$ ist eine Funktion mit kompaktem Träger, und wir können definieren:

$$(f, \psi) = (f_0, \alpha\psi) \tag{7.1}$$

Wie man sofort sieht, ist das Funktional $f$ linear. Gelte nun $\psi_\nu \to 0$ in $\mathscr{E}$. Dann strebt auch $\alpha\psi_\nu \to 0$ in $\mathscr{D}$ und daher $\lim_{\nu \to \infty} (f, \alpha\psi_\nu) = \lim_{\nu \to \infty} (f, \psi_\nu) = 0$; $f$ ist also auch stetig und stimmt auf $\mathscr{D}$ (als Unterraum von $\mathscr{E}$) mit $f_0$ überein. Außerdem ist $f$ durch $f_0$ eindeutig bestimmt, denn seien $f$ und $g$ zwei Erweiterungen von $f_0$; $(f, \varphi) = (f_0, \alpha\varphi)$, $(g, \varphi) = (f_0, \beta\varphi)$; $\alpha, \beta$ wie oben. Dann gilt:

$$((f - g), \varphi) = (f, \varphi) - (g, \varphi) = (f_0, \alpha\varphi) - (f_0, \beta\varphi) = (f_0(\alpha - \beta)\varphi) = 0$$

auf Grund der Trägereigenschaften von $f_0$ und $(\alpha - \beta)\varphi$. Damit ist Satz 7.1 bewiesen.

### 7.2. Ein System von Integralnormen in S

Wir haben gesehen, daß S ein vollständiger abzählbar normierter Raum ist, der aus $\mathscr{C}^\infty(\mathbb{R}^n)$-Funktionen besteht, die schneller als jede Potenz von $1/x$ gegen Null streben.

Die Topologie in S wurde mit Hilfe des folgenden Systems von abzählbar vielen Normen eingeführt:

$$\|\varphi\|_p = \sup_{|\alpha| \leqslant p} \sup_{x \in \mathbb{R}^n} (1 + |x|)^p |D^\alpha \varphi(x)| \tag{7.2}$$

Wir wollen nun folgendes beweisen.

**Satz 7.2.** Das System von Normen

$$\|\varphi\|_p' = \sup_{|\alpha| \leqslant p} \int_{\mathbb{R}^n} (1 + |x|)^p |D^\alpha \varphi(x)| \, dx \tag{7.3}$$

ist zu dem System (7.2) äquivalent.

Beweis. Wir müssen zunächst zeigen, daß das Integral auf der rechten Seite von (7.3) existiert. In der Tat hat man für jedes $x \in \mathbb{R}^n$, $p' > p$

$$(1 + |x|)^p |D^\alpha \varphi(x)| = \frac{(1 + |x|)^p}{(1 + |x|)^{p'}} (1 + |x|)^{p'} |D^\alpha \varphi(x)| \leqslant (1 + |x|)^{p - p'} \|\varphi\|_{p'} \tag{7.4}$$

Die Existenz des Integrals auf der rechten Seite von (7.3) folgt nun aus der Tatsache, daß in (7.4) $p'$ beliebig groß sein kann ($p' > p$). Wir wählen $p'$ so, daß das Integral $\int (1 + |x|)^{p - p'} \, dx$ existiert. Es folgt

$$\|\varphi\|_p' = \sup_{|\alpha| \leqslant p} \int_{\mathbb{R}^n} (1 + |x|)^p |D^\alpha \varphi(x)| \, dx \leqslant B_p \|\varphi\|_{p'} \tag{7.5}$$

wobei

$$B_p = \int_{\mathbb{R}^n} (1 + |x|)^{p - p'} \, dx < \infty$$

Seien nun $x_0, \alpha_0$ diejenigen Werte von $x$ bzw. $\alpha$ ($|\alpha| \leqslant p$), für die der Ausdruck $(1 + |x|)^p |D^\alpha \varphi(x)|$ seine obere Grenze annimmt. Solche Werte existieren stets, da die Funktion $(1 + |x|)^p |D^\alpha \varphi(x)|$ stetig ist und für $|x| \to \infty$ gegen Null strebt. Wir nehmen an, daß $x_0 \leqslant 0$. Dann gilt:

$$\|\varphi\|_p = (1 + |x_0|)^p |D^{\alpha_0} \varphi(x_0)| \leqslant (1 + |x_0|)^p \int_{-\infty}^{x_0} |D^{\alpha_0 + 1} \varphi(\xi)| \, d\xi$$

$$\leqslant \int_{-\infty}^{x_0} (1 + |\xi|)^p |D^{\alpha_0 + 1} \varphi(\xi)| \, d\xi$$

$$\leqslant \int_{-\infty}^{x_0} (1 + |\xi|)^{p + 1} |D^{\alpha_0 + 1} \varphi(\xi)| \, d\xi \leqslant \|\varphi\|_{p+1}' \tag{7.6}$$

Sollte $x_0 > 0$ sein, müßte man nur die Integration in (7.6) zwischen $x_0$ und $+\infty$ ausführen. Aus (7.5) und (7.6) folgt, daß das System der Normen $\|\cdot\|_p'$ zu dem System der Normen $\|\cdot\|_p$ äquivalent ist.

## 7.3. Die temperierten Distributionen als Ableitungen langsam wachsender Funktionen

Wir wollen in diesem Abschnitt die allgemeine Form der stetigen linearen Funktionale auf dem Raum S bestimmen.

Sei f eine temperierte Distribution (also ein Element aus $S'$). Auf Grund von Abschn. 1.8 ist f auch ein stetiges lineares Funktional auf einem Raum $S_p$ ($S_p$ ist die Vervollständigung von S bezüglich der Norm $\| \cdot \|_p$, s. Abschn. 1.5).

Sei $\varphi \in S_p$, $I = \{\alpha = (\alpha_1, \ldots, \alpha_n); |\alpha| \leqslant p\}$; $\omega$ sei die Anzahl der Elemente von I. Dann gibt es eine eindeutig bestimmte Funktion $\psi : \mathbb{R}^n \to \mathbb{R}^\omega$ mit den Komponenten

$$\psi_\alpha(x) = (1 + |x|)^p D^\alpha \varphi(x), \quad \alpha \in I \tag{7.7}$$

Wir bilden nun das $\omega$-fache direkte Produkt des Raumes $L^1$ mit sich:

$$(L^1)^\omega = L^1 \times \ldots \times L^1 \tag{7.8}$$

($L^1$ ist der Raum der (Lebesgue-)integrierbaren Funktionen mit der Norm

$$\|\psi\| = \int_{\mathbb{R}^n} \psi(x)\, dx \tag{7.9}$$

Auf $(L^1)^\omega$ führen wir die Norm als Summe der Normen auf $L^1$ ein. Die Funktionen $\psi$, die wir in (7.7) hergeleitet haben, bilden einen linearen Unterraum $\Delta^\omega$ in $(L^1)^\omega$. Wir versehen $\Delta^\omega$ mit der durch $(L^1)^\omega$ induzierten Topologie. Sei nun $f \in S'$. Die temperierte Distribution f wird also zu einem Raum $S'_p$ gehören. Das Funktional

$$(L, \psi) = (f, \varphi), \quad \varphi \in S_p \tag{7.10}$$

wird daher ein stetiges lineares Funktional über $\Delta^\omega$ mit der Norm von $(L^1)^\omega$. Auf Grund des Satzes von Hahn-Banach (Satz 1.7) kann man L zu $\tilde{L}$ auf $(L^1)^\omega$ fortsetzen, so daß $\|\tilde{L}\| = \|L\|$, wobei die erste Norm in $(L^1)^\omega$, die zweite in $\Delta^\omega$ zu nehmen ist.

Auf der anderen Seite kennt man aus der elementaren Funktionalanalysis das Theorem von F. Riesz, das die allgemeine Gestalt der stetigen linearen Funktionale T auf dem Raum $L^1$ liefert[1]) (stetige lineare Funktionale auf dem Raum der integrierbaren Funktionen mit der Norm (7.9))

$$(T, h) = \int_{\mathbb{R}^n} h(x) g(x)\, dx \tag{7.11}$$

wobei g(x) eine meßbare und (wesentlich) beschränkte Funktion ist. Die Norm von T ist (ess. sup = wesentliches supremum)

$$\|T\| = \text{ess.} \sup_{x \in \mathbb{R}^n} |g(x)| \tag{7.12}$$

---

[1]) Siehe z.B. [14], S. 168.

Aus diesem Satz folgt, daß die allgemeine Form des linearen stetigen Funktionals $\tilde{L}$ lautet:

$$(f,\varphi) = (\tilde{L},\psi) = \sum_{j=1}^{\omega} \int_{\mathbb{R}^n} \psi_j(x) g_j(x)\, dx \tag{7.13}$$

wobei die $g_j$ meßbare und (wesentlich) beschränkte Funktionen auf $\mathbb{R}^n$ sind und

$$\|\tilde{L}\| = \sum_{j=1}^{\omega} \text{ess.} \sup_{x \in \mathbb{R}^n} |g_j(x)| \tag{7.14}$$

Wir haben also den folgenden Satz bewiesen.

**Satz 7.3.** Jede temperierte Distribution f hat die Form

$$(f,\varphi) = \sum_{|\alpha| \leqslant p} \int_{\mathbb{R}^n} (1 + |x|)^p f_\alpha(x) D^\alpha \varphi(x)\, dx \tag{7.15}$$

wobei $p \geqslant 1$ eine ganze Zahl ist und die $f_\alpha(x)$ meßbare und (wesentlich) beschränkte Funktionen sind. Die Norm von f auf $S_p'$ ist gleich:

$$\sum_{|\alpha| \leqslant p} \text{ess.} \sup_{x \in \mathbb{R}^n} |f_\alpha(x)| \tag{7.16}$$

Der Satz 7.3 läßt sich noch vereinfachen. Durch partielle Integration kann man das Integral in (7.15) auch folgendermaßen schreiben:

$$(f,\varphi) = \int_{\mathbb{R}^n} F(x) D^p \varphi(x)\, dx$$

wobei $F(x)$ eine Linearkombination der Funktion $(1 + |x|)^p\, f_\alpha(x)$ und ihrer Stammfunktionen bis zur Ordnung p ist. Daher ist $F(x)$ in jedem Fall eine meßbare Funktion, die nicht schneller als $|x|^p$ wächst. Also kann man $f \in S'$ in der folgenden Form schreiben:

$$(f,\varphi) = \int_{\mathbb{R}^n} F(x) D^p \varphi(x)\, dx,$$

Wenn man noch einmal eine partielle Integration durchführt, so vergrößert sich der Exponent der Ableitung von $\varphi(x)$ um Eins und hinter den Integralzeichen tritt eine stetige Funktion auf. Wir haben damit den folgenden Satz bewiesen:

**Satz 7.4.** Jede temperierte Distribution ergibt sich durch Differenzieren (im Sinne von Distributionen) einer stetigen, langsam wachsenden Funktion.

Eine Funktion heißt langsam wachsend, wenn sie für $|x| \to \infty$ nicht schneller als eine gewisse Potenz von $|x|$ wächst.

Selbstverständlich ist auch die Umkehrung des Satzes 7.4 gültig. Als Spezialfall ist jede stetige, langsam wachsende Funktion auch eine temperierte Distribution. Aber nicht jede stetige (oder lokal integrierbare) Funktion, die zu $S'$ gehört, ist langsam wachsend.

Zum Beispiel gehört die Funktion (im $\mathbb{R}^1$) $f(x) = \dfrac{d}{dx} \cos(e^x)$ zu $S'$, aber sie ist nicht langsam wachsend, denn $f(x) = -e^x \sin(e^x)$ wächst stärker als jede Potenz von $|x|$ für $|x| \to \infty$.

Abschließend sei noch bemerkt, daß die Distributionen mit kompaktem Träger auch temperierte Distributionen sind (zur Begründung dieser Behauptung s. auch Abschn. 2.5 und 3.4). Daher sind die Distributionen mit kompaktem Träger auch als Ableitungen stetiger Funktionen darstellbar.

Man kann weiter zeigen (s. z.B. [4], S. 96), daß sich auch die Distributionen aus $\mathscr{D}'(a)$ als Ableitungen von Funktionen darstellen lassen; jedoch ist es eine interessante Tatsache, daß nicht alle Distributionen aus $\mathscr{D}'$ Ableitungen (im Sinne von Distributionen) stetiger Funktionen sind. So ist z.B. die Distribution aus $\mathscr{D}'(\mathbb{R})$

$$\sum_{n=0}^{\infty} \delta^{(n)}(x + n). \tag{7.17}$$

nicht in der erwähnten Weise darstellbar.

## 7.4. Die Struktur der Distributionen, die in einem Punkt konzentriert sind

Wir haben gesehen, daß die Distributionen mit kompaktem Träger temperiert sind. Insbesondere sind daher auch die Distributionen, die in einem Punkt konzentriert sind, temperiert. Wir wollen nun den folgenden Satz beweisen.

**Satz 7.5.** Sei f eine Distribution, die im Ursprung konzentriert ist. Dann läßt sich f als eine endliche Summe von Ableitungen des Diracschen Maßes darstellen.

$$f = \sum_{|\alpha|=0}^{m} C_{\alpha} D^{\alpha}\delta, \quad C_{\alpha} \quad \text{Konstanten} \tag{7.18}$$

**Beweis.** Man könnte den Satz 7.5 beweisen, indem man die allgemeine Form der temperierten Distributionen (7.15) benützt. Wir werden hier einem anderen Weg folgen, der lediglich die Tatsache benutzt, daß f temperiert ist.

Sei k eine ganze Zahl und $\eta(x) \in \mathscr{C}^{\infty}$, so daß $\eta(x) = 1$ auf einer Nullumgebung und $\eta(x) = 0$ für $|x| > 1$.

Auf Grund von Abschn. 1.6 folgt aus der Stetigkeit von f als temperierter Distribution, daß eine ganze Zahl m und eine positive Konstante C existieren, so daß für alle $\varphi \in S$ gilt:

$$|(f,\varphi)| \leqslant C\|\varphi\|_m, \quad \|\varphi\|_m = \sup_{|\alpha|\leqslant m} \sup_{x \in \mathbb{R}^n} (1 + |x|)^m |D^{\alpha}(x)| \tag{7.19}$$

Sei nun $\varphi \in \mathscr{D} \subset S$ und

$$\psi_k(x) = \left[ \varphi(x) - \sum_{|\alpha|=0}^{m} \frac{D^{\alpha}\varphi(0)}{\alpha!} x^{\alpha} \right] \eta(kx) \tag{7.20}$$

Es gilt also

$$|(f,\psi_k)| \leq C\|\psi_k\|_m = C \sup_{|\gamma|\leq m} \sup_{|x|\leq 1/k} (1+|x|)^m \times$$

$$\times\ D^\gamma\left[\left(\varphi(x) - \sum_{|\alpha|=0}^{m} \frac{D^\alpha\varphi(0)}{\alpha!}x^\alpha\right)\eta(kx)\right] \tag{7.21}$$

Auf der rechten Seite von (7.21) steht in der (runden) Klammer das Restglied einer Potenzreihenentwicklung von $\varphi$ um 0. Gl. (7.21) läßt sich daher umformen zu:

$$\|\psi_k\|_m = \sup_{|\gamma|\leq m} \sup_{|x|\leq 1/k} (1+|x|)^m |D^\gamma(\omega(x)\eta(kx)x^{m+1})| \tag{7.22}$$

mit einer Funktion $\omega(x)\in\mathscr{C}^\infty$. Im äußersten Fall kann in (7.22) eine m-te Ableitung auftreten; die Ausdrücke $D^\gamma(\omega(x))$ und $D^\gamma(\eta(kx))$ sind auf der kompakten Menge $\{x\in\mathbb{R}^n; |x|\leq 1/k\}$ beschränkt für alle $|\gamma|\leq m$, daher erhalten wir

$$\|\psi_k\|_m \to 0 \quad \text{für} \quad k\to\infty$$

Andererseits gilt jedoch $f = f\eta(kx)$, da $\eta(x) = 1$ auf einer Umgebung von supp f, so daß wir erhalten:

$$(f,\psi_k) = \left(f, \left(\varphi(x) - \sum_{|\alpha|=0}^{m} \frac{D^\alpha\varphi(0)}{\alpha!}x^\alpha\right)\eta(kx)\right)$$

$$= \left(\eta(kx)f, \varphi(x) - \sum_{|\alpha|=0}^{m} \frac{D^\alpha\varphi(0)}{\alpha!}x^\alpha\right) = \left(f, \varphi(x) - \sum_{|\alpha|=0}^{m} \frac{D^\alpha\varphi(0)}{\alpha!}x^\alpha\right)$$

d.h. $(f,\psi_k)$ ist unabhängig von k. Daraus folgt, daß

$$(f,\psi_k) = 0 \quad \text{für} \quad k = 1, 2, \ldots \tag{7.23}$$

Schließlich fassen wir (7.20) und (7.23) zusammen:

$$(f,\varphi) = (\eta(kx)f,\varphi) = (f,\eta(kx)\varphi)$$

$$= (f,\psi_1) + \sum_{|\alpha|=0}^{m} \frac{D^\alpha\varphi(0)}{\alpha!}(f,x^\alpha\eta(kx)) = \sum_{|\alpha|=0}^{m} C_\alpha(D^\alpha\delta,\varphi) \tag{7.24}$$

mit $C = \dfrac{(-1)^\alpha}{\alpha!}(f,x^\alpha\eta(kx)) = \text{const.}$

Die Darstellung (7.24) ist eindeutig. In der Tat, sei

$$f = \sum_{|\alpha|=0}^{m} C'_\alpha D^\alpha\delta \tag{7.25}$$

eine andere Darstellung von f. Wir haben also

$$\sum_{|\alpha|=0}^{m} (C_\alpha - C'_\alpha)D^\alpha\delta = 0 \tag{7.26}$$

Die linke Seite von (7.26) angewandt auf $x^\beta$, $|\beta| \leqslant m$ gibt ($D^\alpha \delta$ sind auch Elemente aus $\mathscr{E}'$)

$$\sum_{|\alpha|=0}^{m} (C_\alpha - C'_\alpha)(D^\alpha \delta, x^\beta) = (-1)^\beta \beta!(C_\beta - C'_\beta) = 0$$

also $C_\beta = C'_\beta$.

## 8.  Funktionen mit algebraischen nichtintegrierbaren Singularitäten

### 8.1.  Das Problem der Regularisierung divergenter Integrale

Die Regularisierung einiger divergenter Integrale wurde zuerst von Cauchy und Hadamard durchgeführt.

Als Beispiel betrachten wir das Integral

$$\int \frac{1}{x}\, \varphi(x)\, dx \tag{8.1}$$

wobei $\varphi(x)$ eine Testfunktion aus $S(\mathbb{R}^1)$ ist. Dann wird das Integral (8.1) im allgemeinen nicht konvergieren wegen der Singularität von $1/x$ im Ursprung. Wir werden jedoch eine Interpretation des singulären Integrals (8.1) im Sinne der Distributionen angeben.

Sei zunächst $S_m(\mathbb{R}^n)$ die vollständige Hülle des Raumes $S(\mathbb{R}^n)$ bezüglich der Norm (2.8). Eine $\mathscr{C}^m(\mathbb{R}^n)$-Funktion $\varphi(x)$ gehört zu dem Raum $S_m$ genau dann, wenn $|x|^m D^\alpha \varphi(x) \rightarrow 0$ für $|x| \rightarrow \infty$ und für alle $|\alpha| \leqslant m$. Wir bemerken, daß der Banachraum $S_m$ die Rolle des Raumes $\Phi_m$ bei der allgemeinen Betrachtung in Abschn. 1.5 spielt. Wir haben also (s. (1.5) und (1.14))

$$S = \bigcap_{m \geqslant 0} S_m, \quad S' = \bigcup_{m \geqslant 0} S'_m \tag{8.2}$$

wobei $S'_m$ der zu $S_m$ duale Raum ist.

Wir kehren nun zu unserem Beispiel (8.1) zurück. Sei $\mathscr{M}$ der lineare Unterraum von $S_1$, der aus den Funktionen $\varphi$ besteht, die zusammen mit ihrer ersten Ableitung im Ursprung verschwinden; $\mathscr{M} \subset S_1$. $\mathscr{M}$ ist ein abgeschlossener Unterraum des Raumes $S_1$, also ein Banachraum mit der Norm aus $S_1$. Es ist klar, daß das Integral (8.1) für $\varphi(x) \in \mathscr{M}$ existiert. Man kann also $1/x$ als ein stetiges lineares Funktional auf $\mathscr{M}$ ansehen. Auf Grund des Satzes von Hahn-Banach für normierte Räume (s. Abschn. 1.7) kann man nun $1/x$ zu einem stetigen linearen Funktional über $S_1$ fortsetzen. Eine solche Fortsetzung heißt Regularisierung der Funktion $1/x$ und ist wegen (8.2) eine temperierte Distribution. Entsprechend spricht man über die Regularisierung des Integrals

(8.1). Im Falle des Integrals (8.1) kann man explizite Regularisierungen angeben, zum Beispiel

$$\left(\frac{1}{x}, \varphi\right) = \int\limits_{-\infty}^{-\epsilon} \frac{1}{x}\,\varphi(x)\,dx + \int\limits_{-\epsilon}^{\epsilon} \frac{\varphi(x) - \varphi(0)}{x}\,dx + \int\limits_{\epsilon}^{\infty} \frac{\varphi(x)}{x}\,dx \tag{8.3}$$

wobei $\epsilon$ eine positive Zahl ist, oder

$$\left(\frac{1}{x}, \varphi\right) = \lim_{\epsilon \to 0}\left(\int\limits_{\infty}^{-\epsilon} + \int\limits_{\epsilon}^{\infty}\right)\frac{\varphi(x)}{x}\,dx \tag{8.4}$$

Die rechte Seite von (8.4) ist gleich dem Grenzwert der rechten Seite in (8.3) für $\epsilon \to 0$.

Die Regularisierung (8.3) wurde in Abschn. 5.2 durch $\left(P\,\dfrac{1}{x}, \varphi\right)$ bezeichnet und heißt der (Cauchy-)Hauptwert des Integrals $\displaystyle\int \frac{\varphi(x)}{x}\,dx$. Also ist $P\,\dfrac{1}{x}$ eine Regularisierung der singulären Funktion $1/x$. In den Anwendungen wird die Regularisierung $P\,\dfrac{1}{x}$ von $\dfrac{1}{x}$ gewöhnlich auch durch $1/x$ bezeichnet.

Allgemein sei nun $f(x)$ eine Funktion, die überall lokal integrierbar ist außer im Punkte $x_0$, in dem sie eine nichtintegrierbare Singularität besitzt. Das Integral

$$\int f(x)\varphi(x)\,dx, \quad \varphi(x) \in S(\mathbb{R}^n) \tag{8.5}$$

wird im allgemeinen nicht konvergieren. Wir nehmen an, daß dieses Integral für Funktionen $\varphi$ existiert, die zu einem linearen Teilraum $\mathcal{M}$ von $S_m(\mathbb{R}^n)$ gehören (für ein bestimmtes m). Weiter sei für $\varphi \in \mathcal{M}$

$$\int f(x)\varphi(x)\,dx \equiv (f, \varphi)$$

ein stetiges lineares Funktional auf $\mathcal{M}$ ist, $\mathcal{M}$ versehen mit der durch $S_m$ induzierten Topologie. Eine Fortsetzung von f auf $S_m$ ist eine (temperierte) Distribution und heißt eine Regularisierung der Funktion f(x). Entsprechend gewinnt man eine Regularisierung des Integrals (8.5).

Wir werden uns im folgenden mit der Mehrdeutigkeit der eben beschriebenen Regularisierung nicht befassen. Für verschiedene Anwendungen genügt es, wenn man eine brauchbare Methode der Regularisierung hat; das ist die sogenannte Methode der analytischen Regularisierung, die wir in Abschn. 8.2 und 8.3 beschreiben werden.


## 8.2. Distributionen, die von einem Parameter abhängen


Um die Methode der analytischen Regularisierung entwickeln zu können, brauchen wir zunächst die Eigenschaften der Distributionen, die von einem Parameter abhängen, insbesondere die Eigenschaften der von einem Parameter analytisch abhängenden Distributionen.

Sei $f_\lambda : \Lambda \to \mathscr{D}'(\mathbb{R}^n)$ eine Abbildung von einem Gebiet $\Lambda$ der komplexen Ebene $\mathbb{C}$ in den Distributionenraum $\mathscr{D}'(\mathbb{R}^n)$. Die Abbildung $f_\lambda(x) \colon \Lambda \to \mathscr{D}'(\mathbb{R}^n)$ werden wir auch distributionswertige Funktion $f_\lambda$ (von $\lambda \in \Lambda$) nennen. Die Distribution f heißt Grenzwert von $f_\lambda$ für $\lambda \to \lambda_0$, wenn $f_\lambda \to f$ im Sinne der schwachen Konvergenz in $\mathscr{D}'(\mathbb{R}^n)$. Die distributionswertige Funktion $f_\lambda(x)$ von $\lambda$ heißt im Gebiet $\Lambda$ bezüglich $\lambda$ stetig, wenn für jedes $\lambda_0 \in \Lambda$ die Beziehung $f_{\lambda_0} = \lim\limits_{\lambda \to \lambda_0} f_\lambda$ im Sinne der schwachen Konvergenz in $\mathscr{D}'(\mathbb{R}^n)$ gilt; wenn also $(f_{\lambda_0}, \varphi) = \lim\limits_{\lambda \to \lambda_0} (f_\lambda, \varphi)$ für jedes $\varphi \in \mathscr{D}'(\mathbb{R}^n)$.

Weiter wollen wir die Möglichkeit der stetigen Fortsetzung von $f_\lambda$ in $\lambda$ untersuchen. Sei $f_\lambda$ definiert und stetig in $\Lambda$ und sei $\lambda_0$ ein Häufungspunkt von $\Lambda$. Das Problem ist das folgende: Kann man $f_\lambda$ in $\lambda_0$ definieren, so daß $f_\lambda$ stetig in $\lambda$ für $\lambda \in \Lambda \cup \{\lambda_0\}$ ist?

**Satz 8.1.** Die distributionswertige Funktion $f_\lambda$ läßt sich in den Häufungspunkt $\lambda_0 \in \Lambda$ stetig fortsetzen genau dann, wenn alle Funktionen $(f_\lambda, \varphi)$, $\varphi \in \mathscr{D}$ sich stetig in $\lambda_0$ fortsetzen lassen.

Beweis. Die Bedingung ist offenbar notwendig. Um zu beweisen, daß die Bedingung auch hinreichend ist, nehmen wir eine Folge $\lambda_\nu \to \lambda_0$, $\lambda_\nu \in \Lambda$. Weil für alle $\varphi \in \mathscr{D}$ die Grenzwerte $(f_\lambda, \varphi)$ existieren, folgt, auf Grund der Vollständigkeit von $\mathscr{D}'$, daß eine Distribution $f_{\lambda_0}$ existiert, so daß $(f_{\lambda_0}, \varphi) = \lim\limits_{\lambda_\nu \to \lambda_0} (f_{\lambda_\nu}, \varphi)$, $\varphi \in \mathscr{D}$. Man zeigt dann auf bekannte Weise, daß $f_{\lambda_0}$ nicht von der speziellen Wahl der Folge $\lambda_\nu$ abhängig ist.

Wir bemerken ferner, daß die Ableitung (nach x) der distributionswertigen stetigen Funktion $f_\lambda$ wieder eine distributionswertige stetige Funktion (von $\lambda$) ist, weil aus

$f_{\lambda_\nu} \to f_{\lambda_0}$ (im Sinne von Distributionen) auch $\dfrac{\partial}{\partial x_j} f_{\lambda_\nu} \to \dfrac{\partial}{\partial x_j} f_{\lambda_0}$ folgt.

Man kann distributionswertige Funktionen (von $\lambda$) nach dem Parameter $\lambda$ integrieren. Sei $f_\lambda$ auf der rektifizierbaren Kurve $\Gamma$ stetig bezüglich $\lambda$. Wir bilden die Summe

$$S_n = \sum_{j=1}^{n} f_{\lambda_j'} \Delta \lambda_j \tag{8.6}$$

indem wir eine Zerlegung der Kurve $\Gamma$ in n Teilchen betrachten, deren Teilungspunkte $\lambda_0, \lambda_1, \ldots, \lambda_n$ sind und $\lambda_j'$ beliebig zwischen $\lambda_{j-1}$ und $\lambda_j$ liegt (Fig. 8.1).

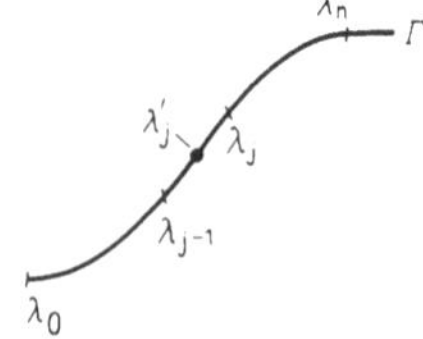

Für $\max |\Delta \lambda_j| \to 0$ $(\Delta \lambda_j = \lambda_j - \lambda_{j-1})$ und $\varphi \in \mathscr{D}$ existiert der Grenzwert von

$$(S_n, \varphi) = \sum_{j=1}^{n} (f_{\lambda_j'}, \varphi) \Delta \lambda_j \tag{8.7}$$

Fig. 8.1

wegen der Stetigkeit von $(f_\lambda, \varphi)$ als Funktion von $\lambda$. Dieser Grenzwert hängt nicht von der Art der Zerlegung von $\Gamma$ und der Wahl der Punkte $\lambda_j'$ ab. Man sieht leicht, daß dieser

Grenzwert auf dem Raum $\mathscr{D}$ ein stetiges Funktional definiert, das man als Integral der distributionswertigen Funktion $f_\lambda$ über die Kurve $\Gamma$ bezeichnet.

**Definition.** Die Distribution g heißt Ableitung der distributionswertigen Funktion $f_\lambda$ (nach dem Parameter $\lambda$) an der Stelle $\lambda = \lambda_0$, wenn

$$g = \lim_{\lambda \to \lambda_0} \frac{f - f}{\lambda - \lambda_0} \qquad (8.8)$$

**Satz 8.2.** Notwendig und hinreichend dafür, daß die Ableitung $\dfrac{\partial f_\lambda}{\partial \lambda}$ bei $\lambda = \lambda_0$ existiert, ist die Differenzierbarkeit aller Funktionen $(f_\lambda, \varphi)$ nach $\lambda$ an der Stelle $\lambda = \lambda_0$.

Beweis. Die Bedingung ist offenbar notwendig; wir prüfen noch, daß sie auch hinreichend ist. Es genügt, dafür nur den Satz 8.1 anzuwenden, weil für jedes $\varphi \in \mathscr{D}$ und jede beliebige Folge $\lambda_\nu \to \lambda_0$ der Grenzwert des Quotienten

$$\frac{(f_{\lambda_\nu},\varphi) - (f_{\lambda_0},\varphi)}{\lambda_\nu - \lambda_0} = \left( \frac{f_{\lambda_\nu} - f_{\lambda_0}}{\lambda_\nu - \lambda_0}, \varphi \right)$$

existiert. Also existiert eine Distribution, die Grenzwert des Quotienten $(f_\lambda - f_{\lambda_0})/(\lambda - \lambda_0)$ für $\lambda \to \lambda_0$ ist, was auch behauptet wurde.

Besitzt $f_\lambda$ für jedes $\lambda \in \Lambda$ eine Ableitung nach $\lambda$, so heißt die distributionswertige Funktion $f_\lambda$ im Gebiet $\Lambda$ nach $\lambda$ differenzierbar.

Die Ableitung einer distributionswertigen Funktion ist also wieder eine distributionswertige Funktion. Es gilt $\left( \dfrac{\partial f_\lambda}{\partial \lambda}, \varphi \right) = \dfrac{\partial}{\partial \lambda}(f_\lambda, \varphi)$, $\varphi \in \mathscr{D}$. Analog definiert man die höheren Ableitungen nach $\lambda$.

**Satz 8.3.** Sei $f_\lambda$ eine distributionswertige Funktion (von $\lambda$) die im Gebiet $\Lambda$ nach $\lambda$ differenzierbar ist. Dann ist $\dfrac{\partial}{\partial x_j} f_\lambda(x)$ nach $\lambda$ differenzierbar und es gilt

$$\frac{\partial}{\partial \lambda} \frac{\partial}{\partial x_j} f_\lambda = \frac{\partial}{\partial x_j} \frac{\partial}{\partial \lambda} f_\lambda \qquad (8.9)$$

Beweis. Für jedes $\varphi$ aus $\mathscr{D}$ gilt:

$$\left( \frac{\partial}{\partial \lambda} \frac{\partial}{\partial x_j} f, \varphi \right) = \frac{\partial}{\partial \lambda} \left( \frac{\partial}{\partial x_j} f_\lambda, \varphi \right) = \frac{\partial}{\partial \lambda} \left( f_\lambda, -\frac{\partial \varphi}{\partial x_j} \right)$$

$$= \left( \frac{\partial f_\lambda}{\partial \lambda}, -\frac{\partial \varphi}{\partial x_j} \right) = \left( \frac{\partial}{\partial x_j} \frac{\partial}{\partial \lambda} f_\lambda, \varphi \right)$$

und daraus die Beziehung (8.9).

Sei $\Lambda \subset \mathbb{C}$ ein Gebiet in $\mathbb{C}$. Eine in dem Gebiet $\Lambda \subset \mathbb{C}$ differenzierbare distributionswertige Funktion (von $\lambda$) heißt eine distributionswertige analytische Funktion bezüglich $\lambda$.

**Satz 8.4.** Notwendig und hinreichend dafür, daß die distributionswertige Funktion $f_\lambda$ analytisch in $\Lambda$ ist, ist, daß alle gewöhnlichen Funktionen $(f_\lambda,\varphi)$, $\varphi \in \mathscr{D}$ im Gebiet $\Lambda$ analytisch sind.

Beweis. Offenbar ist die Bedingung notwendig. Daß die Bedingung auch hinreichend ist, folgt aus dem Satz 8.2, weil auf Grund der Analytizität von $f_\lambda$ die Differenzierbarkeit von $(f_\lambda, \varphi)$ nach $\lambda$ folgt für alle Testfunktionen $\varphi \in \mathscr{D}$.

Weiter kann man für jede Grundfunktion $\varphi(x)$ die gewöhnliche analytische Funktion $(f_\lambda, \varphi)$ in ihre Taylorreihe entwickeln

$$(f_\lambda,\varphi) = (f_{\lambda_0},\varphi) + (\lambda - \lambda_0)\frac{\partial}{\partial\lambda}(f_\lambda,\varphi)|_{\lambda=\lambda_0} + \frac{1}{2!}(\lambda - \lambda_0)^2\frac{\partial^2}{\partial\lambda^2}(f_\lambda,\varphi)|_{\lambda=\lambda_0} + \cdots$$

$$= (f_{\lambda_0},\varphi) + (\lambda - \lambda_0)\left(\frac{\partial f_{\lambda_0}}{\partial\lambda},\varphi\right) + \frac{1}{2!}(\lambda - \lambda_0)^2\left(\frac{\partial^2 f_{\lambda_0}}{\partial\lambda^2},\varphi + \cdots\right)$$

$$= \left(f_\lambda + (\lambda - \lambda_0)\frac{\partial f_{\lambda_0}}{\partial\lambda} + \frac{1}{2!}(\lambda - \lambda_0)^2\frac{\partial^2 f_{\lambda_0}}{\partial\lambda^2} + \cdots,\varphi\right)$$

Daraus folgt, daß eine Taylor-Reihenentwicklung auch für die distributionswertigen analytischen Funktionen existiert:

$$f_\lambda = f_{\lambda_0} + (\lambda - \lambda_0)\frac{\partial f_{\lambda_0}}{\partial\lambda} + \frac{1}{2}(\lambda - \lambda_0)^2\frac{\partial^2 f_{\lambda_0}}{\partial\lambda^2} + \cdots \tag{8.10}$$

Wir wollen nun die analytische Fortsetzung der distributionswertigen Funktionen erläutern. Diese analytische Fortsetzung stützt sich auf die folgende

Bemerkung: Stimmen zwei in einem Gebiet $\Lambda \subset \mathbb{C}$ definierte distributionswertige analytische Funktionen $f_\lambda$ und $g_\lambda$ auf einer Menge von Werten $\lambda$, die im Innern von $\Lambda$ einen Haüfungspunkt besitzt überein, so stimmen sie für alle $\lambda \in \Lambda$ überein.

Diese Bemerkung folgt unmittelbar aus der Tatsache, daß $(f_\lambda,\varphi)$ und $(g_\lambda,\varphi)$ für jedes $\varphi \in \mathscr{D}$ im Gebiet $\Lambda$ übereinstimmen, weil sie auf einer Menge mit Häufungspunkt im Innern von $\Lambda$ übereinstimmen.

Nehmen wir an, daß das Funktional $f_\lambda$ im Gebiet $\Lambda$ analytisch ist und daß sich alle Funktionen $(f_\lambda,\varphi)$, $\varphi \in \mathscr{D}$ analytisch fortsetzen lassen in ein Gebiet $\Lambda_1$, das umfassender als $\Lambda$ ist.

Wir behaupten, daß die Zahlen $(f_{\lambda_1},\varphi)$, $\lambda_1 \in \Lambda_1$ ein stetiges lineares Funktional auf $\mathscr{D}$ definieren.

In der Tat folgt die Stetigkeit des Funktionals aus der Tatsache, daß die analytische Fortsetzung bis $\lambda_1$ durch endlich viele Entwicklungen in Taylorreihen erfolgt. Im Konvergenzkreis ist aber die Summe jeder Taylorreihe

$$(f_\lambda,\varphi) = (f_{\lambda_0},\varphi) - (\lambda - \lambda_0)\left(\frac{\partial f_{\lambda_0}}{\partial\lambda},\varphi\right) + \frac{1}{2!}(\lambda - \lambda_0)^2\left(\frac{\partial^2 f_\lambda}{\partial\lambda^2},\varphi\right) + \cdots$$

ein stetiges lineares Funktional, da der Konvergenzkreis dieser Reihe nicht von der Funktion $\varphi \in \mathscr{D}$ abhängig ist und nur durch die Beschaffenheit der Gebiete $\Lambda$ und $\Lambda_1$ bestimmt wird (die Funktionen $(f_\lambda, \varphi)$ waren laut Voraussetzung für alle $\varphi \in \mathscr{D}$ in das Gebiet $\Lambda_1$ fortsetzbar) (Fig. 8.2).

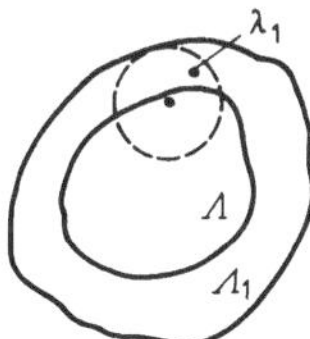


Offenbar sind wegen Satz 8.3 die Ableitungen (nach x) distributionswertiger analytischer Funktionen wieder distributionswertige analytische Funktionen bezüglich $\lambda$.

Wir bemerken zum Abschluß, daß die analytische Fortsetzung von Distributionen, die von einem Parameter $\lambda$ abhängen, zu Singularitäten (z.B. Pole) führen kann.

Fig. 8.2

Ist $\lambda_0$ ein isolierter singulärer Punkt von $f_\lambda$ in $\lambda$, dann besitzt die distributionswertige Funktion $f_\lambda$ eine Laurententwicklung

$$f_\lambda = \sum_{n=-\infty}^{\infty} c_n (\lambda - \lambda_0)^n \tag{8.11}$$

In der Tat haben wir für jedes $\varphi \in \mathscr{D}$

$$(f_\lambda, \varphi) = \sum_{n=-\infty}^{\infty} c_n(\varphi)(\lambda - \lambda_0)^n \tag{8.12}$$

wobei die Koeffizienten $c_n(\varphi)$ durch die Cauchy-Formel

$$c_n(\varphi) = \frac{1}{2\pi i} \int_\Gamma \frac{(f_\lambda, \varphi)\, d\lambda}{(\lambda - \lambda_0)^{n+1}}, \quad n = 0, \pm 1, \pm 2, \ldots \tag{8.13}$$

gegeben sind, und $\Gamma$ eine Kurve ist, die den Punkt $\lambda_0$ umschließt und ganz in dem Gebiet liegt, in dem die Funktion $f_\lambda$ analytisch ist. Wir können weiter schreiben

$$c_n(\varphi) = \frac{1}{2\pi i} \int_\Gamma \left( \frac{f_\lambda}{(\lambda - \lambda_0)^{n+1}}, \varphi \right) d\lambda$$

so daß $c_n(\varphi) = (c_n, \varphi)$, $\varphi \in \mathscr{D}$ ist mit

$$c_n = \frac{1}{2\pi i} \int_\Gamma \frac{f_\lambda}{(\lambda - \lambda_0)^{n+1}} \, d\lambda$$

in Sinne der Integration der distributionswertigen analytischen Funktion $\dfrac{f_\lambda}{(\lambda - \lambda_0)^{n+1}}$ auf der Kurve $\Gamma$. Somit ist

$$(f_\lambda, \varphi) = \sum_{n=-\infty}^{\infty} (c_n, \varphi)(\lambda - \lambda_0)^n$$

und (8.11) ist bewiesen.

## 8.3. Die Methode der Regularisierung durch analytische Fortsetzung

**8.3.1. Allgemeine Bemerkungen.** Die Ergebnisse von Abschn. 8.2 lassen sich sehr gut für die Lösung des Problems der Regularisierung von Funktionen mit algebraischen nichtintegrierbaren Singularitäten und zur Regularisierung von Integralen solcher Funktionen anwenden.

Der Grundgedanke der Methode der analytischen Fortsetzung distributionswertiger Funktionen (von $\lambda$) läßt sich folgendermaßen beschreiben: Sei $f_\lambda$ für $\lambda \in \Lambda$ gegeben und gelte, daß sich $(f_\lambda, \varphi)$ für alle $\varphi \in \mathscr{D}$ analytisch in das umfassendere Gebiet $\Lambda_1$ fortsetzen läßt, wobei $\Lambda_1$ nicht von $\varphi$ abhängt. Für $\lambda_0 \in \Lambda_1 \setminus \Lambda$ definieren wir:

$$(f_{\lambda_0}, \varphi) = \underset{\lambda = \lambda_0}{\text{anal. Forts.}} (f_\lambda, \varphi); \quad \varphi \in \mathscr{D} \tag{8.14}$$

oder symbolisch geschrieben

$$\int f_{\lambda_0}(x)\varphi(x)\,dx = \underset{\lambda=\lambda_0}{\text{anal. Forts.}} \int f_\lambda(x)\varphi(x)\,dx \tag{8.14'}$$

Wir wollen zunächst ein Beispiel betrachten.

Sei für $\operatorname{Re}\lambda > -1$

$$x_+^\lambda = \begin{cases} 0 & \text{für} \quad x \leqslant 0 \\ x & \text{für} \quad x > 0 \end{cases} \tag{8.15}$$

Diese Funktion definiert (für $\operatorname{Re}\lambda > -1$) ein reguläres Funktional

$$(x_+^\lambda, \varphi) = \int\limits_0^\infty x^\lambda \varphi(x)\,dx \tag{8.16}$$

Für jedes $\varphi \in \mathscr{D}$ ist die komplexwertige Funktion (8.16) bezüglich $\lambda$ analytisch, da sie eine Ableitung nach $\lambda$ besitzt, die gleich

$$\int\limits_0^\infty x^\lambda \ln x\varphi(x)\,dx$$

ist. Also ist $x_+^\lambda$ als distributionswertige Funktion in $\Lambda = \{\lambda;\ \operatorname{Re}\lambda > -1\}$ analytisch und wir wollen die Methode der analytischen Fortsetzung benutzen, um $x_+^{-3/2}$ zu definieren.

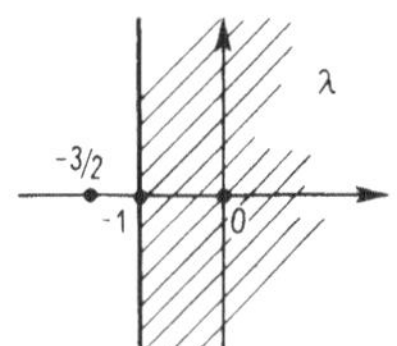


Wir müssen dabei $x_+^\lambda$ in ein Gebiet $\Lambda_1 \supset \Lambda$ fortsetzen, das $\lambda_0 = -3/2$ enthält. Nach Abschn. 8.2. genügt es, $\int\limits_0^\infty x^\lambda \varphi(x)\,dx$ für jedes $\varphi$ in ein Gebiet $\Lambda_1$ fortzusentzen, das nicht von $\varphi$ abhängt (Fig. 8.3).

Fig. 8.3

Für $\operatorname{Re}\lambda > -1$ können wir schreiben:

$$\int\limits_0^\infty x^\lambda \varphi(x)\,dx = \int\limits_0^1 x^\lambda [\varphi(x) - \varphi(0)]\,dx + \int\limits_1^\infty x^\lambda \varphi(x)\,dx + \frac{\varphi(0)}{\lambda + 1} \tag{8.17}$$

Das erste Glied in (8.17) ist für Re $\lambda > -2$ definiert, das zweite für beliebige $\lambda$ und das dritte für $\lambda \neq -1$. Folglich kann man das Funktional (8.16) analytisch in das Gebiet $\Lambda_1 = \{\lambda, \mathrm{Re}\,\lambda > -2, \lambda \neq -1\}$ fortsetzen. Insbesondere erhalten wir für $\lambda_0 = -3/2$

$$(x_+^{-3/2}, \varphi) = \int_0^1 x^{-3/2}[\varphi(x) - \varphi(0)]\,dx + \int_1^\infty x^{-3/2}\,\varphi(x)\,dx - 2\varphi(0) \qquad (8.18)$$

Dadurch haben wir die Regularisierung von $x_+^{-3/2}$ als singuläre Funktion mit einer nichtintegrierbaren algebraischen Singularität im Ursprung erreicht.

Entsprechend kann man sagen, daß durch (8.17) „das Integral"

$$\int_0^\infty \frac{\varphi(x)}{x^{3/2}}\,dx = (x_+^{-3/2}, \varphi(x))$$

regularisiert wurde. Der Leser kann sich überzeugen, daß sich diese Regularisierung als eine Hahn–Banach-Fortsetzung interpretieren läßt (s. Abschn. 8.1).


**8.3.2. Die Distributionen $x_+^\lambda$ und $x_-^\lambda$.** Wir betrachten die Funktion $x_+^\lambda$, die für $x > 0$ gleich $x^\lambda$ und für $x \leqslant 0$ gleich Null ist. Für Re $\lambda > -1$ ist $x_+^\lambda$ eine lokal integrierbare Funktion, die ein reguläres Funktional definiert

$$(x_+^\lambda, \varphi) = \int_0^\infty x^\lambda \varphi(x)\,dx \qquad (8.19)$$

Wir wollen die analytische Struktur der distributionswertigen Funktion (von $\lambda$) $x_+^\lambda$ studieren.

Für Re $\lambda > -1$ haben wir

$$\int_0^\infty x^\lambda \varphi(x)\,dx = \int_0^1 x^\lambda\,[\varphi(x) - \varphi(0)]\,dx + \int_1^\infty x^\lambda \varphi(x)\,dx + \frac{\varphi(0)}{\lambda + 1} \qquad (8.20)$$

Die Identität (8.20) erlaubt, wie wir bereits in Abschn. 8.3.1 gesehen haben, die analytische Fortsetzung von $x_+^\lambda$ in das Gebiet Re $\lambda > -2$, $\lambda \neq -1$. Für $-2 < \mathrm{Re}\,\lambda \leqslant -1$, $\lambda \neq -1$ und $\varphi \in \mathcal{M}$, $\mathcal{M} = \{\varphi;\, \varphi \in S_m, \varphi(0) = 0\}$ $(m \geqslant 1)$ hat man auf der linken Seite in (8.20) das Integral $\int_0^\infty x^\lambda \varphi(x)\,dx$ (das Integral existiert). Insofern bedeutet (8.20) eine Fortsetzung von $x_+^\lambda$ auf $S_m$, also eine Regularisierung des Integrals. Entsprechend gibt (8.20) eine Regularisierung der Distribution $x_+^\lambda$, $-2 < \mathrm{Re}\,\lambda \leqslant -1$, $\lambda \neq -1$ durch analytische Fortsetzung (s. auch Abschn. 8.1).

Auf analoge Weise findet man die analytische Fortsetzung von $x_+^\lambda$ in das Gebiet Re $\lambda > -n - 1$, $\lambda \neq -1, -2, \ldots, -n$,

$$\int_0^\infty x_+^\lambda \varphi(x)\,dx = \int_0^\infty x^\lambda \varphi(x)\,dx = \int_0^1 x^\lambda \left[\varphi(x) - \varphi(0) - x\varphi'(0) - \cdots - \frac{x^{n-1}}{(n-1)!}\varphi^{(n-1)}(0)\right]dx$$

$$+ \int_1^\infty x^\lambda \varphi(x)\,dx + \sum_{k=1}^n \frac{\varphi^{(k-1)}(0)}{(k-1)!(\lambda + k)} \qquad (8.21)$$

In dem Streifen $-n - 1 < \operatorname{Re} \lambda < -n$ kann man die Beziehung (8.21) in der einfacheren Gestalt

$$(x_+^\lambda, \varphi) = \int\limits_0^\infty x^\lambda \left[ \varphi(x) - \varphi(0) - x\varphi'(0) - \cdots - \frac{x^{n-1}}{(n-1)!} \varphi^{(n-1)}(0) \right] dx \qquad (8.22)$$

schreiben, weil für $1 \leqslant k \leqslant n$

$$\int\limits_1^\infty x^{\lambda + k - 1}\, dx = -\frac{1}{\lambda + k}$$

gilt. Man sieht also, daß die analytische Regularisierung von $x_+^\lambda$ in einem Streifen $-n - 1 < \operatorname{Re} \lambda < -n$ durch Subtraktionen der ersten n Summanden einer Taylorentwicklung der Funktion $\varphi(x)$ im Ursprung erfolgt. Die Beziehung (8.22) zeigt, daß $(x_+^\lambda, \varphi)$ als Funktion von $\lambda$ in den Punkten $\lambda = -1, -2, \ldots$ Pole erster Ordnung hat, wobei das Residuum im Punkt $\lambda = -k$ gleich $\dfrac{\varphi^{(k-1)}(0)}{(k-1)!}$ ist. Da $\varphi^{(k-1)}(0) = (-1)^{k-1} \times$ $(\delta^{(k-1)}(x), \varphi(x))$ ist, hat die distributionswertige Funktion $x_+^\lambda$ für $\lambda = -k$ einen Pol erster Ordnung mit dem Residuum

$$\frac{(-1)^{k-1}}{(k-1)!}\, \delta^{(k-1)}(x) \quad (k = 1, 2, \ldots)$$

Es gilt die folgende Gleichung:

$$\frac{dx_+^\lambda}{dx} = \lambda x_+^{\lambda-1}, \quad \lambda \neq -1, -2, \ldots \qquad (8.23)$$

wobei die Ableitung im Sinne von Distributionen zu verstehen ist. In der Tat, für $\operatorname{Re} \lambda > 0$ gilt offenbar

$$\frac{dx_+^\lambda}{dx} = \lambda x_+^{\lambda-1} \ \text{d.h.} \ (x_+^\lambda, \varphi'(x)) = -(\lambda x_+^{\lambda-1}, \varphi(x))$$

Die beiden Seiten der letzten Gleichung lassen sich in die ganze komplexe Ebene (mit Ausnahme der Punkte $-1, -2, \ldots$) analytisch fortsetzen. Wegen der Eindeutigkeit der analytischen Fortsetzung gilt daher (8.23).

Nun wollen wir die distributionswertige Funktion $x_-^\lambda$ untersuchen. Für $\operatorname{Re} \lambda > -1$ definiert die lokal integrierbare Funktion von x

$$x_-^\lambda = \begin{cases} |x|^\lambda & \text{für} \quad x < 0 \\ 0 & \text{für} \quad x \geqslant 0 \end{cases} \qquad (8.24)$$

eine reguläre Distribution

$$(x_-^\lambda, \varphi) = \int\limits_{-\infty}^0 |x|^\lambda \varphi(x)\, dx, \quad \varphi \in \mathscr{D} \qquad (8.25)$$

die von dem Parameter $\lambda$ abhängig ist. Diese distributionswertige Funktion in $\lambda$ läßt sich analytisch fortsetzen in der ganzen Ebene mit Ausnahme der Punkte $\lambda = -1, -2, \ldots$ In der Tat haben wir (Re $\lambda > -1$)

$$(x_-^\lambda, \varphi(x)) = \int_0^\infty x^\lambda \varphi(-x)\, dx = (x_+^\lambda, \varphi(-x))$$

und wir können die Ergebnisse, die wir für $x_+^\lambda$ hergeleitet haben, direkt anwenden. Ebenso sieht man, daß $\lambda = -1, -2, \ldots$ einfache Pole für $x_-^\lambda$ sind.

In dem Pole $\lambda = -k$ hat $x_-^\lambda$ das Residuum $\dfrac{\delta^{(k-1)}(x)}{(k-1)!}$.

In dem Streifen $-n - 1 < \text{Re } \lambda < -n$ kann man schreiben:

$$(x_-^\lambda, \varphi(x)) = (x_+^\lambda, \varphi(-x)) = \int_0^\infty x^\lambda \left[ \varphi(-x) - \varphi(0) + x\varphi'(0) - \right.$$

$$\left. - \cdots - \frac{(-1)^{n-1}x^{n-1}}{(n-1)!}\,\varphi^{(n-1)}(0) \right] dx \qquad (8.26)$$

**8.3.3. Die Distributionen $1/x^n$, $n = 1, 2, \ldots$.** Wir wollen nun zunächst die folgenden Kombinationen von $x_+^\lambda$ und $x_-^\lambda$ bilden

$$|x|^\lambda = x_+^\lambda + x_-^\lambda$$

$$|x|^\lambda \operatorname{sgn} x = x_+^\lambda - x_-^\lambda \qquad (8.27)$$

Es ist leicht zu sehen, daß $|x|^\lambda$ einfache Pole in $\lambda = -1, -3, -5, \ldots -2m - 1, \ldots$ und $|x|^\lambda \operatorname{sgn} x$ einfache Pole in $\lambda = -2, -4, \ldots -2m \ldots$ besitzt. Also ist für $\lambda = -2m$, $m = 1, 2, \ldots$ die Distribution $|x|^{-2m}$ definiert. Genauso ist die Distribution $|x|^{-2m-1} \operatorname{sgn} x$ für $m = 0, 1, 2, \ldots$ definiert.

Aus (8.22) und (8.26) erhalten wir

$$(|x|^\lambda, \varphi) = \int_0^\infty x^\lambda \left\{ \varphi(x) - \varphi(-x) - 2\left[ \varphi(0) + \frac{x^2}{2!}\varphi''(0) + \right. \right.$$

$$\left. \left. + \cdots + \frac{x^{2m-2}}{(2m-2)!}\varphi^{(2m-2)}(0) \right] \right\} dx \qquad (8.28)$$

$$(|x|^\lambda \operatorname{sgn} x, \varphi) = \int_0^\infty x^\lambda \left\{ \varphi(x) - \varphi(-x) - 2\left[ x\varphi'(0) + \frac{x^3}{3!}\varphi'''(0) + \right. \right.$$

$$\left. \left. + \cdots + \frac{x^{2m-1}}{(2m-1)!}\varphi^{(2m-1)}(0) \right] \right\} dx \qquad (8.29)$$

Die erste Gleichung ist gültig für $-2m - 1 < \text{Re } \lambda < -2m + 1$ und die zweite für $-2m - 2 < \text{Re } \lambda < -2m$.

Aus (8.28) für $\lambda = -2m$ und aus (8.29) für $\lambda = -2m - 1$ erhält man die wichtigen Formeln

$$(|x|^{-2m},\varphi) \equiv (x^{-2m},\varphi) = \int_0^\infty x^{-2m} \left\{ \varphi(x) + \varphi(-x) - \right.$$

$$\left. -2\left[ \varphi(0) + \frac{x^2}{2}\,\varphi''(0) + \cdots + \frac{x^{2m-2}}{(2m-2)!}\,\varphi^{(2m-2)}(0)\right]\right\} dx \quad (8.30)$$

$$(|x|^{-2m-1}\,\mathrm{sgn}\,x,\varphi) \equiv (x^{-2m-1},\varphi) = \int_0^\infty x^{-2m-1} \left\{ \varphi(x) - \varphi(-x) - \right.$$

$$-2\left[ x\varphi'(0) + \cdots + \frac{x^3}{3!}\,\varphi'''(0) + \frac{x^{2m-1}}{(2m-1)!}\,\times \right.$$

$$\left.\left. \times\,\varphi^{(2m-1)}(0)\right]\right\} dx \qquad (8.31)$$

Die Distributionen $1/x^n = x^{-n}$, $n = 1, 2, \ldots$ sind durch (8.30) und (8.31) definiert. Für $m = 0$ in (8.31) bekommt man

$$(x^{-1}, \varphi) = \int_0^\infty \frac{\varphi(x) - \varphi(-x)}{x}\, dx \qquad (8.32)$$

Man sieht sofort, daß

$$\int_0^\infty \frac{\varphi(x) - \varphi(-x)}{x}\, dx = \lim_{\epsilon \to +0} \left\{ \int_{-\infty}^{-\epsilon} \frac{\varphi(x)}{x}\, dx + \int_\epsilon^\infty \frac{\varphi(x)}{x}\, dx \right\} = \left( P\,\frac{1}{x}, \varphi \right)$$

Also hat man $1/x = P\,\dfrac{1}{x}$, wobei auf der linken Seite dieser Gleichung $1/x = x^{-1}$ die analytische Regularisierung der Funktion $1/x = x^{-1}$ bedeutet. Dies besagt, daß die analytische Regularisierung der Funktion $1/x$ mit der (Cauchy-) Hauptwertregularisierung (s. Abschn. 8.1) übereinstimmt. Die Tatsache, daß mit $1/x = x^{-1}$ sowohl eine Funktion mit einer nichtintegrierbaren Singularität bei $x = 0$ als auch eine Distribution (die Regularisierung der Funktion $1/x = x^{-1}$) bezeichnet wird, wird uns keine Schwierigkeiten bereiten (s. auch Abschn. 8.1), da jedes Mal darauf hingewiesen wird, um welchen Fall es sich handelt.

Am Ende dieses Abschnittes wollen wir noch die folgenden Gleichungen angeben, die sich leicht aus (8.22), (8.26), (8.30) und (8.31) ableiten lassen ($\lambda \neq -1, -2, \ldots$)

$$\frac{d}{dx}\,|x|^\lambda = \frac{d}{dx}\,(x_+^\lambda + x_-^\lambda) = \lambda x_+^{\lambda-1} - \lambda x_-^{\lambda-1} = \lambda|x|^{\lambda-1}\,\mathrm{sgn}\,x \qquad (8.33)$$

$$\frac{d}{dx}\,|x|^\lambda\,\mathrm{sgn}\,x = \frac{d}{dx}\,(x_+^\lambda - x_-^\lambda) = \lambda x_+^{\lambda-1} + \lambda x_-^{\lambda-1} = \lambda|x|^{\lambda-1}$$

$$\qquad (8.34)$$

$$\frac{d}{dx}\,x^{-n} = -nx^{-n-1}, \quad n = 1, 2, \ldots$$

Als Spezialfall von (8.34) hat man

$$\frac{d}{dx}\left(P\frac{1}{x}\right) = \frac{d}{dx}(x^{-1}) = -x^{-2} \text{ wobei } (x^{-2}, \varphi) = \int_0^\infty \frac{\varphi(x) - \varphi(-x) - 2\varphi(0)}{x^2}\, dx$$

**8.3.4. Die Distributionen $(x \pm i0)^\lambda$.** Die Funktion $(x + iy)^\lambda$ ist in der oberen Halbebene $y > 0$ analytisch. Wir können schreiben

$$(x + iy)^\lambda = e^{\lambda(\ln|x+iy|+i\arg(x+iy))}$$

wobei

$$-\pi < \arg(x + iy) < \pi \tag{8.35}$$

Für Re $\lambda > -1$ und $x \neq 0$ existiert $\lim\limits_{y \to +0}(x + iy)$ als lokal integrierbare Funktion:

$$(x + i0)^\lambda = \lim_{y \to +0}(x^2 + y^2)^{\lambda/2}\, e^{i\lambda\,\arg(x+iy)}$$

$$= \begin{cases} e^{i\lambda\pi}|x|^\lambda, & x < 0 \\ x^\lambda, & x > 0 \end{cases} \tag{8.36}$$

Genauso für Re $\lambda > -1$ und $x \neq 0$ existiert $\lim\limits_{y \to -0}(x + iy)$ als lokal integrierbare Funktion:

$$(x - i0)^\lambda = \lim_{y \to -0}(x^2 + y^2)^{\lambda/2}\, e^{i\lambda\,\arg(x+iy)}$$

$$= \begin{cases} e^{-i\lambda\pi}|x|^\lambda, & x < 0 \\ x^\lambda, & x > 0 \end{cases} \tag{8.37}$$

Für Re $\lambda > -1$ gilt also

$$(x + i0)^\lambda = x_+^\lambda + e^{i\lambda\pi}x_-^\lambda$$
$$(x - i0)^\lambda = x_+^\lambda + e^{-i\lambda\pi}x_-^\lambda \tag{8.38}$$

wobei auf den rechten Seiten von (8.38) lokal integrierbare Funktionen stehen. Man kann deshalb $(x \pm i0)^\lambda$ als (reguläre) Distributionen ansehen, die analytisch für Re $\lambda > -1$ sind. Durch analytische Fortsetzung der rechten Seiten von (8.38) bekommen wir für $\lambda \neq -1, -2, \ldots$ analytische Funktionen in $\lambda$, die mit $(x \pm i0)^\lambda$ bezeichnet werden. Auf diese Weise haben wir also die Distributionen $(x \pm i0)^\lambda$, $\lambda \neq -1, -2, \ldots$ definiert. Wenn man nun die Residuen der Distributionen $x_+^\lambda$, $x_-^\lambda$ für $\lambda = -n$ vergleicht, dann sieht man, daß in den Kombinationen (8.38) die Singularitäten sich gegenseitig aufheben. Folglich sind die Distributionen $(x + i0)^\lambda$ und $(x - i0)^\lambda$ ganze analytische (distributionswertige) Funktionen von $\lambda$.

Wir haben die Distributionen $(x \pm i0)^\lambda$ für eine komplexe Zahl $\lambda$ eingeführt. Wir werden gegen Ende des Kapitels zeigen, daß diese Distributionen Grenzwerte (im Sinne der

Distributionen) der analytischen, in der oberen bzw. unteren Halbebene definierten Funktionen $(x \pm iy)^\lambda$ sind. Damit meinen wir: Sei $\varphi \in \mathscr{D}$; dann gilt

$$\lim_{y \to +0} \int (x + iy)^\lambda \varphi(x)\, dx = ((x + i0)^\lambda, \varphi(x))$$

$$\lim_{y \to -0} \int (x - iy)^\lambda \varphi(x)\, dx = ((x - i0)^\lambda, \varphi(x))$$

(8.39)

**8.3.5. Entwicklung der distributionswertigen Funktionen $x_+^\lambda$ in Taylor- und Laurentreihen.** Sei $\lambda_0 \neq -1, -2, \ldots$, dann kann man für $x_+^\lambda$ eine Taylorentwicklung angeben:

$$x_+^\lambda = x_+^{\lambda_0} + (\lambda - \lambda_0)\, \frac{\partial}{\partial \lambda} x_+^{\lambda_0} + \tfrac{1}{2}(\lambda - \lambda_0)^2 \frac{\partial^2}{\partial \lambda^2} x_+^{\lambda_0} + \cdots.$$

Aus (8.21) bekommt man für $\operatorname{Re} \lambda > -n - 1$, $\lambda \neq -1, -2, \ldots, -n$

$$\left( \frac{\partial^m}{\partial \lambda^m} x_+^\lambda, \varphi \right) = \int_0^1 x^\lambda \ln^m x \left[ \varphi(x) - \varphi(0) - x\varphi'(0) - \right.$$

$$\left. - \cdots - \frac{x^{n-1}}{(n-1)!} \varphi^{(n-1)}(0) \right] dx + \int_1^\infty x^\lambda \ln^m x\varphi(x)\, dx +$$

$$+ \sum_{k=1}^n \frac{(-1)^m m!\, \varphi^{(k-1)}(0)}{(k-1)!(\lambda + k)^{m+1}}$$

(8.40)

Aus (8.40) sehen wir, daß es sinnvoll ist, $\dfrac{\partial}{\partial \lambda^n} x_+^\lambda$ als Distribution mit $x_+^\lambda \ln^m x_+$ zu bezeichnen. Für $-n - 1 < \operatorname{Re} \lambda < -n$ gilt nach (8.22)

$$(x_+^\lambda \ln^m x_+, \varphi) = \int_0^\infty x^\lambda \ln^m x \left[ \varphi(x) - \varphi(0) - \cdots - \frac{x^{n-1}}{(n-1)!} \varphi^{(n-1)}(0) \right] dx \quad (8.41)$$

In der Umgebung des Pols $\lambda = -n$ läßt sich die Funktion $x_+^\lambda$ in eine Laurentreihe entwickeln, deren Hauptteil den Grad $-1$ hat. Um einen expliziten Ausdruck der Entwicklung zu geben, schreiben wir zunächst (s. 8.3.2)

$$(x_+^\lambda, \varphi) = \int_0^1 x^\lambda \left[ \varphi(x) - \cdots - \frac{x^{n-1}}{(n-1)!} \varphi^{(n-1)}(0) \right] dx +$$

$$+ \int_0^\infty x^\lambda \left[ \varphi(x) - \cdots - \frac{x^{n-2}}{(n-2)!} \varphi^{(n-2)}(0) \right] dx + \frac{\varphi^{(n-1)}(0)}{(n-1)!(\lambda + n)}$$

(8.42)

Wir haben also den regulären Teil der Laurententwicklung von dem singulären Teil separiert. Der reguläre Teil in (8.42) ist analytisch im Streifen $|\operatorname{Re} \lambda + n| < 1$ (Fig. 8.4).

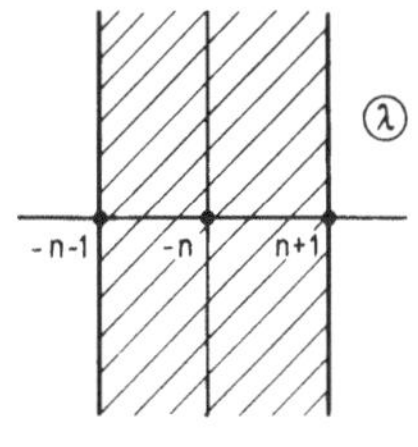

Fig. 8.4

Wir betrachten nun ausführlich den regulären Teil. Wir führen
die Bezeichnung ein:

$$(F_{-n}(x_+, \lambda), \varphi) = \int_0^1 x^\lambda \left[ \varphi(x) - \cdots - \frac{x^{n-1}}{(n-1)!} \varphi^{(n-1)}(0) \right] dx +$$

$$+ \int_1^\infty x \left[ \varphi(x) - \cdots - \frac{x^{n-2}}{(n-2)!} \varphi^{(n-2)}(0) \right] dx \qquad (8.43)$$

wo $F_{-n}(x_+, \lambda)$ eine distributionswertige Funktion von $\lambda$ ist, die analytisch im Streifen
$|\text{Re } \lambda + n| < 1$ ist.

Es gilt im Sinne der Distributionen:

$$x_+^\lambda = \frac{(-1)^{n-1} \delta^{(n-1)}(x)}{(n-1)!(\lambda + n)} + F_{-n}(x_+, \lambda) \qquad (8.44)$$

Die Gleichung (8.44) stellt die Laurententwicklung von $x_+^\lambda$ in $\lambda = -n$ dar. Wir
bezeichnen

$$F_{-n}(x_+, -n) = x_+^{-n}$$

als den konstanten Term in der Laurententwicklung. Wir haben also

$$(x_+^{-n}, \varphi) = \int_0^1 x^{-n} \left[ \varphi(x) - \cdots - \frac{x^{n-1}}{(n-1)!} \varphi^{(n-1)}(0) \right] dx +$$

$$+ \int_0^\infty x^{-n} \left[ \varphi(x) - \cdots - \frac{x^{n-2}}{(n-2)!} \varphi^{(n-2)}(0) \right] dx \qquad (8.45)$$

Dazu muß man jedoch sofort bemerken, daß $x_+^{-n}$ a u f  k e i n e n  F a l l die Distribution $x_+^\lambda$
für $\lambda = -n$ ist! Wir erinnern uns, daß $x_+^\lambda$ für $\lambda = -n$ einen Pol hat; $x_+^{-n}$ jedoch nichts
anderes ist als der konstante Term in der Laurententwicklung der Funktion $x_+^\lambda$ in
$\lambda = -n$. Man sagt manchmal in den Anwendungen, daß $x_+^{-n}$ die „Regularisierung" der
singulären Funktion

$$x_+^{-n} = \begin{cases} x^{-n}, & x > 0 \\ 0, & x \leqslant 0 \end{cases}$$

ist oder daß (8.45) die „Regularisierung" des Integrals „$\int_0^\infty x^{-n} \varphi(x) \, dx$" ist.

Das Wort „Regularisierung" ist hier mit einer anderen Bedeutung als das Wort „Regularisierung" in dem Ausdruck „analytische Regularisierung" verwendet.

Die „analytische Regularisierung" von $x_+^\lambda$, $\lambda \neq -1, -2, \ldots$ zum Beispiel war die
analytische Fortsetzung der analytischen Funktion $x_+^\lambda$ ($\text{Re } \lambda > -1$), die sich auch als
Fortsetzung im Sinne von Hahn-Banach interpretieren ließ. Die „Regularisierung" von
$x_+^\lambda$ für $\lambda = -1, -2, \ldots$ ist jedoch nur eine Vorschrift. Nach dieser Vorschrift heißt die

Regularisierung von $x_+^\lambda$, $\lambda = -n$ die Distribution $x_+^{-n}$, die der konstante Term in der Laurententwicklung von $x_+^\lambda$ in der Nähe von $\lambda = -n$ ist. Diese Vorschrift stammt von M. Riesz [20] und wurde systematisch von Gelfand-Shilov [3] entwickelt (s. auch [6]).

Die gleichen Überlegungen führen zu der Definition von $x_-^{-n}$, $n = 1, 2, \ldots$ mit Hilfe einer Laurententwicklung von $x_-^\lambda$ in $\lambda = -n$

$$x_-^\lambda = \frac{\delta^{(n-1)}(n)}{(n-1)!(\lambda + n)} + x_-^{-n} + \cdots \tag{8.46}$$

wobei

$$(x_-^{-n}, \varphi) = \int\limits_0^1 x^{-n} \left[ \varphi(-x) - \varphi(0) + x\varphi'(0) - \right.$$
$$\left. - \cdots - (-1)^{n-1} \frac{x^{n-1}}{(n-1)!} \varphi^{(n-1)}(0) \right] dx +$$
$$+ \int\limits_1^\infty x^{-n} \left[ \varphi(-x) - \varphi(0) + \varphi'(0) - \cdots + (-1)^{n-2} \times \right.$$
$$\left. \times \frac{x^{n-2}}{(n-2)!} \varphi^{(n-2)}(0) \right] dx \tag{8.47}$$

Wenn man sich nun an die Distributionen $x^{-n}$, $n = 1, 2, \ldots$ erinnert (s. 8.2.3) kommt man auf folgende Gleichungen:

$$x_+^{-2n} + x_-^{-2n} = x^{-2n}, \qquad n = 1, 2, \ldots$$
$$x_+^{-2n-1} + x_-^{-2n-1} = x^{-2n-1}, \quad n = 0, 1, 2, \ldots \tag{8.48}$$

Wir wollen nun zwei wichtige Formeln ableiten. Wir schreiben zunächst

$$x_+^\lambda = \frac{(-1)^{n-1}\delta^{(n-1)}(x)}{(n-1)!(\lambda + n)} + x_+^{-n} + \cdots$$
$$x_-^\lambda = \frac{\delta^{(n-1)}(x)}{(n-1)!(\lambda + n)} + x_-^{-n} + \cdots$$

Wir haben weiter:

$$e^{\pm i\lambda\pi} = (-1)^n e^{\pm i(\lambda + n)\pi} = (-1)^n [1 \pm i(\lambda + n)\pi + \cdots]$$

Aus (8.38) erhält man für $\lambda = -n$

$$(x \pm i0)^{-n} = x_+^{-n} + (-1)^n x_-^{-n} \mp \frac{(-1)^{n-1}i\pi}{(n-1)!} \delta^{(n-1)}(x)$$

und auf Grund von (8.46) weiter

$$(x + i0)^{-n} = x^{-n} - \frac{i\pi(-1)^{n-1}}{(n-1)!}\, \delta^{(n-1)}(x)$$

$$(x - i0)^{-n} = x^{-n} + \frac{i\pi(-1)^{n-1}}{(n-1)!}\, \delta^{(n-1)}(x)$$

$$(8.49)$$

Für $\lambda \neq -1, -2, \ldots$ erhält man aus (8.38) und für $\lambda = -1, -2, \ldots$ aus (8.49) die Formeln

$$\frac{d}{dx}(x \pm i0)^\lambda = \lambda(x \pm i0)^{\lambda-1} \tag{8.50}$$

Die Gleichungen (8.50) lassen einfach erkennen, daß für alle $\lambda$ die folgenden Beziehungen

$$\lim_{y \to +0}(x \pm iy)^\lambda = (x \pm i0)^\lambda \tag{8.51}$$

im Sinne von Distributionen gelten (s. auch (8.38)).

In der Tat lassen sich für $\lambda \neq -1, -2, \ldots$ die Gleichungen (8.51) auf folgende Weise beweisen: Die Gleichungen (8.51) sind zunächst für hinreichend große Re $\lambda$ gültig (im Sinne der lokal integrierbaren Funktionen und deshalb auch im Sinne der Distributionen). Wenn man sich erinnert, daß durch Differentiation (im Sinne der Distributionen) jede konvergente Folge von Distributionen in eine konvergente Folge überführt wird (s. 6.3), dann folgt unmittelbar aus (8.47), daß (8.51) für alle Werte von $\lambda \neq -1, -2, \ldots$ gültig ist. Wir wollen nun beweisen, daß (8.51) auch für $\lambda = -1, -2, \ldots$ gültig ist.

Sei $\ln(x + i0)$ die Distribution, die durch die Gleichung

$$\lim_{y \to +0}\ln(x + iy) = \ln(x + i0)$$

erklärt ist (s. 6.5).

Wir haben

$$\ln(x + iy) = \ln|x + iy| + i\arg(x + iy)$$

und deshalb für $x \neq 0$

$$\ln(x + i0) = \ln|x| + i\pi\Theta(-x)$$

Die Distribution $\ln(x + i0)$ ist eine lokal integrierbare Funktion. Durch Differentiation bekommt man (s. Abschn. 6.5)

$$\frac{d}{dx}\ln(x + i0) = \frac{1}{x} - i\pi\delta(x) = \frac{1}{x + i0}$$

Analog bekommt man

$$\frac{d}{dx}\ln(x - i0) = \frac{1}{x - i0}$$

Also sind $\dfrac{1}{(x \pm i0)^n}$ höhere Ableitungen von $\ln(x \pm i0)$. Weil

$$\ln(x \pm iy) \underset{y \to +0}{\to} \ln(x \pm i0)$$

im Sinne von Distributionen trivial gültig ist, folgt unmittelbar, daß auch

$$\lim_{y \to +0} \frac{1}{(x \pm iy)^n} = \frac{1}{(x \pm i0)^n}$$

im Sinne von Distributionen gilt. Also sind die Gleichungen (8.51) für alle $\lambda$ bewiesen.

**8.3.6. Die Distribution $r^\lambda$.** Die Funktion $r^\lambda$, $r = \sqrt{x_1^2 + \cdots + x_n^2}$ ist für $\operatorname{Re} \lambda > -n$ lokal integrierbar und definiert deshalb eine reguläre Distribution

$$(r^\lambda, \varphi) = \int_{\mathbb{R}^n} r^\lambda \varphi(x)\, dx \tag{8.52}$$

Für $\operatorname{Re} \lambda \leqslant -n$ ist $1/r^\lambda$ nicht mehr lokal integrierbar und wir versuchen, diese Funktion mit einer nichtintegrierbaren algebraischen Singularität im Ursprung durch analytische Fortsetzung aus dem Gebiet $\Lambda = \{\lambda,\ \operatorname{Re} \lambda > -n\}$ zu regularisieren. In $\Lambda$ haben wir

$$\frac{\partial}{\partial \lambda}(r^\lambda, \varphi) = \int r^\lambda \ln r \varphi(x)\, dx, \tag{8.53}$$

also existiert die Ableitung nach $\lambda$ und für $\lambda \in \Lambda$ ist $r^\lambda$ analytisch in $\Lambda$.

In (8.52) gehen wir zu Kugelkoordinaten über und erhalten

$$(r^\lambda, \varphi) = \int_0^\infty r^\lambda \left\{ \int_\Omega \varphi(x)\, d\bar\omega \right\} r^{n-1}\, dr$$

wobei $d\bar\omega$ das Flächenelement der Oberfläche $\Omega$ der Einheitskugel des Raumes $\mathbb{R}^n$ ist. Das innere Integral kann in der Gestalt

$$\left( \int_\Omega \varphi(x)\, d\bar\omega \right)(r) = \Omega_n s_\varphi(r) \tag{8.54}$$

geschrieben werden, wobei $\Omega_n$ der Flächeninhalt von $\Omega$ ist und $S_\varphi(r)$ den Mittelwert der Funktion $\varphi(x)$ auf $\Omega$ bedeutet. Wir erhalten die Beziehung

$$(r^\lambda, \varphi) = \Omega_n \int_0^\infty r^{\lambda+n-1} S_\varphi(r)\, dr \tag{8.55}$$

Wir wollen nun die Funktion $S_\varphi(r)$ untersuchen.

**Hilfssatz 8.1.** Die Funktion $S_\varphi(r)$ ist eine Funktion mit kompaktem Träger. Sie ist beliebig oft differenzierbar für $r \geqslant 0$ und alle ihre Ableitungen ungerader Ordnung verschwinden für $r = 0$.

Beweis. Die Funktion $S_\varphi(r)$ hat einen kompakten Träger, weil die Funktion $\varphi$ selbst aus $\mathscr{D}$ ist. Offenbar ist $S_\varphi(r)$ für $r > 0$ beliebig oft differenzierbar. Um den Punkt $r = 0$ zu betrachten, entwickeln wir $\varphi(x)$ in eine Taylorsche Reihe und brechen die Entwicklung nach dem 2m-ten Glied ab.

$$\Omega_n S(r) = \int \left[ \varphi(0) + \sum \frac{\partial \varphi(0)}{\partial x_j} x_j + \frac{1}{2!} \sum \frac{\partial^2 \varphi(0)}{\partial x_i \partial x_j} x_i x_j + \right.$$
$$\left. + \frac{1}{3!} \sum \frac{\partial^3(0)}{\partial x_i \partial x_j \partial x_k} x_i x_j x_k + \cdots + R_{2m+1} \right] d\bar{\omega}$$

Offenbar verschwinden nach der Integration die Summanden (außer Rest), die eine ungerade Zahl von Faktoren $x_\varrho$ enthalten. Die Summanden mit einer geraden Zahl von Faktoren $x_\varrho$, sagen wir 2k, erzeugen nach Summation und Integration einen Faktor $a_k r^{2k}$, wo $a_k$ eine Konstante ist. Wir bekommen also

$$S_\varphi(r) = \varphi(0) + a_1 r^2 + a_2 r^4 + \cdots + a_m r^{2m} + o(r^{2m}) \tag{8.56}$$

Dieser Ausdruck zeigt, daß $S_\varphi(r)$ 2m Ableitungen in $r = 0$ besitzt und daß die ungeraden Ableitungen verschwinden. Weil m beliebig gewählt werden kann, ist $S_\varphi(r)$ beliebig oft differenzierbar in $r = 0$ und alle ungeraden Ableitungen dieser Funktion verschwinden.

Aus dem Hilfssatz 1 folgt nun, daß $S_\varphi(r)$ aus Symmetriegründen auch für $r < 0$ definiert werden kann:

$$S_\varphi(-r) = S_\varphi(r)$$

und damit wird die Funktion $S_\varphi(r)$ eine Testfunktion aus $\mathscr{D}$.

Das Integral (8.52) ist also der Wert des Funktionals $\Omega_n x_+^\mu$, $\mu = \lambda + n - 1$, angewandt auf $S_\varphi(x)$. Aus der analytischen Struktur von $x_+^\mu$ bezüglich $\mu$ folgt, daß $r^\lambda$ eine analytische Funktion von $\lambda$ ist mit Ausnahme der Pole in $\lambda = -n, -n-1, \ldots$. Das Residuum im Pol $\lambda = -n - \mu + 1$ ($\mu = -m$, $m = 1, 2, \ldots$) hat den Wert $\Omega_n \dfrac{S_\varphi^{(m-1)}(0)}{(m-1)!}$. Da jedoch die Ableitungen ungerader Ordnung der Funktion $S_\varphi(r)$ für $r = 0$ verschwinden, existieren für gerade Zahlen m keine Pole. Es bleiben also Pole für $r^\lambda$ nur in $\lambda = -n, -n-2, -n-4, \ldots$. Insbesondere hat $r^\lambda$ für $\lambda = -n$ einen Pol erster Ordnung mit Residuum $\Omega_n \delta(x)$ (weil $S_\varphi(0) = \varphi(0)$).

Die Entwicklung von $r^\lambda$ in eine Taylor- oder Laurentreihe kann man unmittelbar aus den entsprechenden Entwicklungen von $\Omega_n x_+^\mu$ ablesen (s. 8.2.5). Zum Beispiel hat die Taylorentwicklung in der Umgebung des regulären Punktes $\lambda_0$ die Gestalt

$$r^\lambda = r^{\lambda_0} + (\lambda - \lambda_0) r^{\lambda_0} \ln r + \tfrac{1}{2}(\lambda - \lambda_0)^2 r^{\lambda_0} \ln^2 r + \cdots \tag{8.57}$$

wobei

$$(r^{\lambda_0} \ln^k r, \varphi) = \Omega_n \int_0^\infty r^{\lambda_0+n-1} \ln r \left[ S_\varphi(r) - \varphi(0) - \right.$$
$$\left. - \cdots - \frac{r^{m-1}}{(m-1)!} S_\varphi^{(m-1)}(0) \right] dr, \quad -m-n < \operatorname{Re} \lambda_0 < -m-n+1$$

# 9. Das Tensorprodukt und die Faltung von Distributionen

## 9.1. Das Tensorprodukt von Distributionen

Seien f(x) und g(y) lokal integrierbare Funktionen auf $\mathbb{R}^m$ bzw. $\mathbb{R}^n$. Unter dem Tensorprodukt f(x) $\otimes$ g(y) verstehen wir das Produkt f(x)g(y), das eine lokal integrierbare Funktion in $\mathbb{R}^{m+n}$ darstellt. Diese lokal integrierbare Funktion kann als (reguläre) Distribution über dem Raum S ($\mathbb{R}^{m+n}$) aufgefaßt werden. Nach dem Satz von Fubini über die Vertauschung der Integrationsreihenfolge in einem mehrfachen Integral können wir schreiben: Sei $\varphi \in \mathscr{D}(\mathbb{R}^{m+n})$, dann gilt:

$$(f(x)g(y),\varphi) = \iint f(x)g(y)\varphi(x,y)\,dx\,dy$$
$$= \int f(x) \int g(y)\varphi(x,y)\,dy\,dx = \int g(y) \int f(x)\varphi(x,y)\,dx\,dy$$

oder

$$(f(x)g(y),\varphi) = (f(x), (g(y),\varphi(x,y))) = (g(y), (f(x),\varphi(x,y))) \tag{9.1}$$

Wenn $\varphi(x,y) = \varphi_1(x)\varphi_2(y)$ ist, mit $\varphi_1(x) \in \mathscr{D}(\mathbb{R}^m)$, $\varphi_2(x) \in \mathscr{D}(\mathbb{R}^n)$ bekommt man

$$(f(x)g(y), \varphi_1(x)\varphi_2(y)) = (f(x), \varphi_1(x)) \cdot (g(y), \varphi_2(y)) \tag{9.2}$$

Wir wollen zunächst den folgenden Hilfssatz beweisen.

**Hilfssatz 9.1.** Sei g $\in \mathscr{D}'(\mathbb{R}^n)$ und $\varphi \in \mathscr{D}(\mathbb{R}^{n+m})$, dann gilt

$$\psi(x) = (g(y),\varphi(x,y)) \in \mathscr{D}(\mathbb{R}^n) \tag{9.3}$$

und für jedes $\alpha$ ist

$$D^\alpha\psi(x) = (g(y),D^\alpha_x\varphi(x,y)) \tag{9.4}$$

Aus $\varphi_\nu \to \varphi$ in $\mathscr{D}(\mathbb{R}^{m+n})$ folgt $\psi_\nu(x) \to \psi(x)$ in $\mathscr{D}(\mathbb{R}^m)$, wobei $\psi_\nu(x) = (g(y),\varphi_\nu(x,y))$, d.h. die Zuordnung $\mathscr{D}(\mathbb{R}^{n+m}) \ni \varphi \to \psi \in \mathscr{D}(\mathbb{R}^m)$ ist stetig.

Beweis. Für ein festes x $\in \mathbb{R}^m$ ist $\varphi(x,y) \in \mathscr{D}(\mathbb{R}^n)$ und deshalb ist $\psi(x)$ auf $\mathbb{R}^m$ definiert. Wir werden zunächst zeigen, daß $\psi(x)$ stetig auf $\mathbb{R}^m$ ist.

Sei x fest und $x_\nu \to x$. Dann gilt in $\mathscr{D}(\mathbb{R}^n)$ $\varphi(x_\nu,y) \to \varphi(x,y)$ (Fig. 9.1).

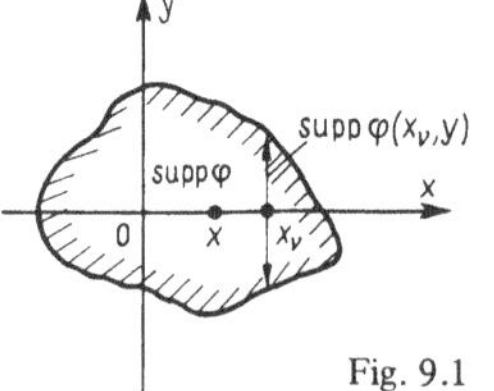


Es folgt, daß $\psi(x_\nu) = (g(y),\varphi(x_\nu,y)) \to (g(y),\varphi(x,y)) = \psi(x)$ für $x_\nu \to x$, also ist $\psi(x)$ stetig. Wir überlassen dem Leser den Beweis von (9.3) und (9.4) als einfache Übung (einen sehr ausführlichen Beweis von (9.3) und (9.4) kann man zum Beispiel in [30] S. 96 finden).

Wir wollen nun zeigen, daß aus $\varphi_\nu(x,y) \to \varphi(x,y)$ in $\mathscr{D}(\mathbb{R}^{m+n})$ auch $\psi_\nu(x) \to \psi(x)$ in $\mathscr{D}(\mathbb{R}^m)$ folgt. Da die Träger von $\varphi_\nu(x,y)$

Fig. 9.1

unabhängig von $\nu$ in $\mathbb{R}^{m+n}$ beschränkt sind, sind auch die Träger von $\psi_\nu(x)$ in $\mathbb{R}^m$ unabhängig von $\nu$ beschränkt. Wir haben nun zu zeigen, daß für $\nu \to \infty$ $D^\alpha\psi_\nu(x)$ gleichmäßig für alle $\alpha$ gegen $D^\alpha \psi(x)$ konvergiert. Nehmen wir an, daß das Gegenteil gilt; dann existiert ein $\epsilon_0 > 0$, ein $\alpha_0$ und eine Folge $\{x_\nu\}$, so daß

$$|D^{\alpha_0}(\psi_\nu(x_\nu) - \psi(x_\nu))| = |D^{\alpha_0}\psi_\nu(x_\nu) - D^{\alpha_0}\psi(x_\nu)| \geqslant \epsilon_0 \tag{9.5}$$

für alle $\nu = 1, 2, \ldots$. Die Träger von $\psi_\nu(x) - \psi(x)$ sind aber in $\mathbb{R}^m$ beschränkt; daher ist die Folge $\{x_\nu\}$ auch beschränkt. Aus $\{x_\nu\}$ können wir also eine Teilfolge $x_{\nu_i} \to x_0$ für $i \to \infty$ auswählen. Aus der Stetigkeit des linearen Funktionals $g(y)$ folgt

$$\lim_{i \to \infty} D^{\alpha_0} \psi_{\nu_i}(x_{\nu_i}) = \lim (g(y), D_x^{\alpha_0}(x_{\nu_i}, y))$$
$$= (g(y), D_x^{\alpha_0}\varphi(x_0, y)) = D^{\alpha_0}\psi(x_0)$$

weil $D_x^{\alpha_0}\varphi_{\nu_i}(x_{\nu_i}, y) \to D_x^{\alpha_0}\varphi(x_0, y)$ in $\mathscr{D}(\mathbb{R}^{n+m})$ für $i \to \infty$. Dies ist ein Widerspruch zu (9.5).

Seien nun $f(x)$ und $g(y)$ zwei Distributionen aus $\mathscr{D}'(\mathbb{R}^m)$ bzw. $\mathscr{D}'(\mathbb{R}^n)$. Wir wollen zeigen, daß eine einzige Distribution $f(x) \otimes g(y)$ existiert, so daß (9.1) und (9.2) erfüllt sind.

**Satz 9.1.** Sei $f \in \mathscr{D}'(\mathbb{R}^m)$, $g \in \mathscr{D}'(\mathbb{R}^n)$. Es existiert eine einzige Distribution $h \in \mathscr{D}'(\mathbb{R}^{m+n})$, so daß

$$(h, \varphi_1(x)\varphi_2(y)) = (f, \varphi_1(x)(g, \varphi_2(y)) \tag{9.6}$$

für alle $\varphi_1 \in \mathscr{D}(\mathbb{R}^m)$, $\varphi_2 \in \mathscr{D}(\mathbb{R}^n)$. Wir bezeichnen diese Distribution durch $f \otimes g = h$. Für jedes $\varphi \in \mathscr{D}(\mathbb{R}^{m+n})$ gilt

$$(f(x) \otimes g(y), \varphi(x, y)) = (f(x), (g(y), \varphi(x, y)))$$
$$= (g(y), (f(x), \varphi(x, y))) \tag{9.7}$$

Die Distribution $f(x) \otimes g(y)$ heißt Tensorprodukt (oder Direktprodukt) von $f(x)$ und $g(y)$.

Beweis. Wir führen nun ein Funktional $h$ ein:

$$(h, \varphi) = (f(x), (g(y), \varphi(x, y))) \tag{9.8}$$

wobei $\psi(x) = (g(y), \varphi(x, y)) \in \mathscr{D}(\mathbb{R}^m)$ auf Grund des Hilfssatzes 9.1; (9.8) stellt auf diese Weise ein lineares Funktional über $\mathscr{D}(\mathbb{R}^{m+n})$ dar. Aus dem Hilfssatz 9.1 folgt, daß dieses Funktional auch stetig ist; $h$ ist also eine Distribution aus $\mathscr{D}'(\mathbb{R}^{m+n})$. Die Gleichung (9.6) ist trivialerweise erfüllt.

Sei nun weiter:

$$(h^*, \varphi) = (g(y), (f(x), \varphi(x, y))) \tag{9.9}$$

Wir können, genauso wie schon für $h$, zeigen, daß $h^* \in \mathscr{D}'(\mathbb{R}^{m+n})$ und

$$(h^*, \varphi_1(x)\varphi_2(y)) = (f(x), \varphi_1(x))(g(y), \varphi_2(y))$$

Wir wollen zeigen, daß eine einzige Distribution in $\mathscr{D}(\mathbb{R}^{m+n})$ existiert, die die Gleichung (9.6) erfüllt. Daraus wird selbstverständlich auch folgen, daß $h = h^*$, und der Satz ist damit vollständig bewiesen.

Es genügt zu zeigen, daß die Funktionen $\varphi_1(x)\varphi_2(y)$, $\varphi_1(x) \in \mathscr{D}(\mathbb{R}^m)$, $\varphi_2(y) \in \mathscr{D}(\mathbb{R}^n)$ einen linearen Unterraum in $\mathscr{D}(\mathbb{R}^{m+n})$ aufspannen, der dicht in $\mathscr{D}(\mathbb{R}^{m+n})$ liegt.

**Hilfssatz 9.2.** Die Funktionen $\varphi_1(x)\varphi_2(y)$; $\varphi_1(x) \in \mathscr{D}(\mathbb{R}^m)$, $\varphi_2(y) \in \mathscr{D}(\mathbb{R}^n)$ spannen einen linearen Unterraum von $\mathscr{D}(\mathbb{R}^{m+n})$ auf, der dicht in $\mathscr{D}(\mathbb{R}^{m+n})$ liegt.

Beweis. Es ist bekannt (nach einem Satz von Weierstraß), daß sich eine $\mathscr{C}^\infty$-Funktion $\varphi(x,y)$ auf einer kompakten Menge durch Polynome gleichmäßig zusammen mit allen Ableitungen approximieren läßt (die Folge der approximierenden Polynome hängt von der kompakten Menge ab). Sei supp $\varphi(x,y) = K \subset \mathbb{R}^{m+n}$ und sei $\{P_i(x,y)\}$ eine Folge von Polynomen, die $\varphi(x,y)$ und alle Ableitungen gleichmäßig auf der Menge $A = \{(x,y);$ $|x| \leqslant a, |y| \leqslant b\}$ approximiert. Wir nehmen an, daß a und b so gewählt sind, daß K echt in A enthalten ist.

Sei nun $\rho(x) \in \mathscr{D}(\mathbb{R}^n)$, $\sigma(y) \in \mathscr{D}(\mathbb{R}^m)$, so daß $\rho(x)\sigma(y) = 1$ in einer Umgebung von K und $\rho(x)\sigma(y) = 0$ außerhalb A. Dann konvergiert $\rho(x)\sigma(y)P_i(x,y)$ gegen $\varphi(x,y)$ in $\mathscr{D}(\mathbb{R}^{m+n})$ und $\rho(x)\sigma(y)P_i(x,y)$ ist eine Linearkombination von Funktionen der Form $\varphi_1(x)\varphi_2(y)$ mit $\varphi_1(x) \in \mathscr{D}(\mathbb{R}^m)$ und $\varphi_2(y) \in \mathscr{D}(\mathbb{R}^n)$.

Wir wollen nun einige weitere Eigenschaften des Tensorprodukts erwähnen.

a) Stetigkeit. Aus $f_\nu \to f$ in $\mathscr{D}'(\mathbb{R}^m)$ folgt $f_\nu(x) \otimes g(y) \to f(x) \otimes g(y)$ in $\mathscr{D}'(\mathbb{R}^{m+n})$, wobei $g(y) \in \mathscr{D}'(\mathbb{R}^n)$.

b) Assoziativität. Für $f \in \mathscr{D}'(\mathbb{R}^m)$, $g \in \mathscr{D}'(\mathbb{R}^n)$, $h \in \mathscr{D}'(\mathbb{R}^h)$ gilt

$$f(x) \otimes (g(y) \otimes h(z)) = (f(x) \otimes g(y)) \otimes h(z)$$

c) Differentiation

$$D_x^\alpha(f(x) \otimes g(y)) = D^\alpha f(x) \otimes g(y)$$

d) Multiplikation mit einer unendlich differenzierbaren Funktion: Sei $a(x) \in \mathscr{C}^\infty(\mathbb{R}^m)$. Es gilt:

$$a(x)(f(x) \otimes g(y)) = (a(x)f(x)) \otimes g(y)$$

e) Sei $f(x) \in \mathscr{D}'(\mathbb{R}^m)$, $\varphi \in \mathscr{D}(\mathbb{R}^{m+n})$ und $1(y)$ die Distribution aus $\mathscr{D}'(\mathbb{R}^n)$, die gleich der Konstanten 1 ist, dann gilt

$$(f(x) \otimes 1(y), \varphi) = (f(x), \smallint \varphi(x,y)\, dy) = (1(y) \otimes f(x), \varphi)$$
$$= \smallint (f(x), \varphi(x,y))\, dy$$

f) Trägereigenschaften. Der Träger des Tensorproduktes $f(x) \otimes g(y)$ ist gleich dem cartesischen Produkt der Träger von $f(x)$ und $g(x)$.

Die Eigenschaften a) bis e) lassen sich leicht nachprüfen. Wir wollen nun den Beweis für f) führen.

Sei $K_1$ bzw. $K_2$ der Träger der Distribution f bzw. g. Wir bezeichnen mit $K_1'$ bzw. $K_2'$ die Komplementärmengen von $K_1$ bzw. $K_2$ in $\mathbb{R}^m$ bzw. $\mathbb{R}^n$. Sei $\varphi \in \mathscr{D}(\mathbb{R}^{m+n})$, supp $\varphi \subset K_1' \times \mathbb{R}^n$. Halten wir nun y fest und betrachten $\varphi(x,y)$ als Funktion von $x \in \mathbb{R}^m$, dann gilt supp $\varphi \subset K_1'$ [1]). Aus der Definition des Trägers folgt dann $(g(y),(f(x),\varphi(x,y))) = 0$. Das analoge Resultat für supp $\varphi \subset \mathbb{R}^m \times K_2'$, $(f(x),(g(y),\varphi(x,y))) = 0$ erhält man genauso. Wegen Satz 9.1 ist daher $(f(x) \otimes g(y),\varphi(x,y)) = 0$, wenn supp $\varphi \subset K_1' \times \mathbb{R}^n$ oder supp $\varphi \subset \mathbb{R}^m \times K_2'$. Das bedeutet aber, daß der Träger von $f \otimes g$ im Komplement von $K_1' \times \mathbb{R}^n \cup \mathbb{R}^m \times K_2'$ enthalten ist. Nach einigen mengentheoretischen Überlegungen erhält man daraus:

$$\text{supp } f \otimes g \subset K_1 \times K_2$$

Sei umgekehrt $(x,y) \subset K_1 \times K_2$. Dann können wir zu jeder Umgebung von x bzw. y zwei Funktionen $\varphi_1(x), \varphi_2(y)$ so auswählen, daß der Träger von $\varphi_1$ bzw. $\varphi_2$ in dieser Umgebung von x bzw. y liegt und $(f,\varphi_1) \neq 0$ sowie $(g,\varphi_2) \neq 0$ gilt. Dann ist in jeder Umgebung von $(x,y)$ der Träger einer Funktion der Form $\varphi_1(x)\varphi_2(y)$ enthalten, und aus (9.6) folgt, daß $(f \otimes g,\varphi_1(x)\varphi_2(y)) \neq 0$. Daher gilt auch $K_1 \times K_2 \subset$ supp $f \otimes g$ und die Eigenschaft f) ist bewiesen.

## 9.2. Die Faltung von Distributionen

Seien $f(x)$ und $g(x)$ zwei lokal integrierbare Funktionen in $\mathbb{R}^n$ so gewählt, daß das Integral

$$I(x) = \int |g(y)f(x - y)| \, dy$$

existiert und wieder eine lokal integrierbare Funktion ist. Die Funktion

$$h(x) = (f * g)(x) = \int_{\mathbb{R}^n} f(y)g(x - y) \, dy = \int_{\mathbb{R}^n} g(y)f(x - y) \, dy = (g * f)(x) \quad (9.10)$$

ist dann ebenfalls lokal integrierbar und heißt die Faltung (oder Konvolution) von f und g.

Sei nun $\varphi \in \mathscr{D}(\mathbb{R}^n)$. Wir bekommen mit Hilfe des Satzes von Fubini

$$\begin{aligned}
(f * g,\varphi) &= \int (f * g)(\xi)\varphi(\xi) \, d\xi = \int [\int g(y)f(\xi - y) \, dy]\varphi(\xi) \, d\xi \\
&= \int g(y)[f(\xi - y)\varphi(\xi) \, d\xi] \, dy = \int g(y)[f(x)\varphi(x + y) \, dx] \, dy \quad (9.11) \\
&= \int f(x)g(y)\varphi(x + y) \, dx \, dy = (f(x) \otimes g(y),\varphi(x + y))
\end{aligned}$$

Der Leser kann sich leicht überzeugen, daß die Bedingung der lokalen Integrierbarkeit von $I(x)$ erfüllt ist, wenn z.B. eine der beiden Funktionen $f(x)$ oder $g(y)$ eine Funktion mit kompaktem Träger ist, oder wenn beide Funktionen $f(x)$ und $g(y)$ integrierbar sind (Funktionen aus $L^1(\mathbb{R}^n)$). In diesem letzten Falle ist die Funktion $I(x)$ sogar integrierbar in $L^1(\mathbb{R}^n)$), weil

$$\int I(x) \, dx = \int |g(y)| \int |f(x - y)| \, dx \, dy = \int |g(y)| \, dy \int f(\xi) \, d\xi < \infty$$

Wir wollen nun die Faltung zweier Distributionen aus $\mathscr{D}'$ einführen, jedoch nur für den Fall, daß mindestens eine der beiden Distributionen eine Distribution mit kompaktem Träger ist (also aus $\mathscr{E}'$). Andere Fälle werden in Abschn. 10.3 behandelt. Eine allgemeine Theorie der Faltung von Distributionen fällt aus dem Rahmen dieses Buches.

---

[1]) supp $\varphi$ ist sogar echt enthalten in $K_1'$, da $K_1'$ offen ist.

Wir benutzen (9.11) als Muster für die Definition der Faltung im Falle der Distributionen. Sei $f \in \mathscr{D}'(\mathbb{R}^n)$, $g \in \mathscr{E}(\mathbb{R}^n)$ (g ist also eine Distribution mit kompaktem Träger). Wir definieren die Faltung von f und g, f * g, entsprechend Gleichung (9.11) mit einer beliebig gewählten Funktion $\eta \in \mathscr{D}(\mathbb{R}^n)$, so daß $\eta(y) = 1$ auf einer offenen Menge, die supp g enthält:

$$(f * g, \varphi) = (f(x) \otimes g(y), \eta(y)\varphi(x + y), \quad \varphi \in \mathscr{D}(\mathbb{R}^n) \tag{9.12}$$

Zu dieser Definition ist zu bemerken, daß die Funktion $\varphi(x + y)$ i. allg. kein Element von $\mathscr{D}(\mathbb{R}^{2n})$ ist. Wir müssen daher dreierlei zeigen: a) $\eta(y)\varphi(x + y) \in \mathscr{D}(\mathbb{R}^{2n})$, b) Unsere Definition hängt nicht von der speziellen Wahl von $\eta$ ab, c) Das in (9.12) definierte Funktional ist linear und stetig auf $\mathscr{D}(\mathbb{R}^n)$.

Sei $K = \text{supp } \varphi$, $A = \text{supp } \eta$. Dann läßt sich die Menge der Punkte $(x,y) \in \mathbb{R}^{2n}$, so daß $\eta(y)\varphi(x - y) \neq 0$ folgendermaßen charakterisieren: $\{(x,y) \in \mathbb{R}^{2n}; x + y \in K, y \in A\} \subset$ $\subset (K - A) \times A$ und diese letzte Menge ist kompakt. Seien weiter $\eta$ und $\chi$ zwei Funktionen aus $\mathscr{D}(\mathbb{R}^n)$ wie in der Voraussetzung. Dann gilt:

$$(f \otimes g, (\eta(y) - \chi(y))\varphi(x + y)) = (f, (g, (\eta(y) - \chi(y))\varphi(x + y))) = 0$$
$$= (f \otimes g, \eta(y)\varphi(x + y)) - (f \otimes g, \chi(y)\varphi(x + y))$$

da supp $(\eta - \chi)$ enthalten ist im Komplement von supp g. Die Stetigkeit von f * g folgt unmittelbar aus der Darstellung (9.12).

Im folgenden werden wir statt (9.12) immer die etwas nachlässige Schreibweise:

$$(f * g, \varphi) = (f(x) \otimes g(y), \varphi(x + y)) \tag{9.12'}$$

verwenden. Der Leser sollte sich jedoch stets bewußt sein, daß die rechte Seite von (9.12') in Wirklichkeit nicht definiert ist, da i. allg. $\varphi(x + y) \notin \mathscr{D}(\mathbb{R}^{2n})$. Wir überlassen es dem Leser zu zeigen, daß f * g = g * f. Aus diesen Vorbemerkungen folgt sofort der Satz:

**Satz 9.4.** Seien f und g zwei Distributionen aus $\mathscr{D}'(\mathbb{R}^n)$ und besitzt mindestens eine Distribution einen kompakten Träger (d.h. eine Distribution ist aus $\mathscr{E}'(\mathbb{R}^n)$); dann existiert eine Distribution f * g, die Faltung von f und g, so daß

$$(f * g, \varphi) = (f(x) \otimes g(y), \varphi(x + y))$$

Nach diesem Satz sind insbesondere die Faltungen $\delta * f$ und $P(D)\delta * f$ definiert, wobei $P(D)$ ein Differentialoperator ist. Es gilt:

$$(\delta * f, \varphi) = (\delta(x) \otimes f(y), \varphi(x + y)) = (f(y), (\delta(x), \varphi(x + y)))$$
$$= (f(y), \varphi(y)) = (f, \varphi),$$

also

$$\delta * f = f \tag{9.13}$$

Weiterhin gilt:

$$P(D)\delta * f = P(D)f \tag{9.14}$$

Ebenso leicht kann man auch die folgende Formel beweisen (vorausgesetzt, daß die Faltung f * g existiert):

$$P(D)(f * g) = P(D)(g * f) = P(D)g * f = f * P(D)g \tag{9.15}$$

wobei P(D) wieder ein Differentialoperator ist. In der Tat gilt:

$$(D^\alpha(f * g), \varphi) = (f * g, (-1)^{|\alpha|}D^\alpha\varphi) = (g(y), (f(x), (-1)^{|\alpha|}D^\alpha\varphi(x + y)))$$
$$= (g(y), (D^\alpha f(x), \varphi(x + y))) = (D^\alpha f * g, \varphi)$$

woraus folgt, daß $D^\alpha(f * g) = D^\alpha f * g$, also gilt die Gleichung auch für (endliche) Linearkombinationen $\sum_\alpha a_\alpha D^\alpha$ mit gewissen Koeffizienten $a_\alpha$.

Nun wollen wir beweisen, daß die Faltung stetig ist:

**Satz 9.5.** Aus $g_\nu \to g$ folgt $f * g_\nu \to f * g$ mit $f \in \mathscr{D}'(\mathbb{R}^n)$, wenn eine der folgenden Bedingungen erfüllt ist.

a)  Alle Distributionen $g_\nu$ sind auf ein und derselben beschränkten Menge (in $\mathbb{R}^n$) konzentriert,

b)  die Distribution f hat einen kompakten Träger.

Beweis. Wir werden nur b) beweisen; der Beweis von a) geht analog und bleibt dem Leser überlassen. Wir bilden die Funktion $\psi(y) = (f(x), \varphi(x + y))$. Die Funktion $\psi(y)$ ist in $\mathscr{D}(\mathbb{R}^n)$ und deshalb erhält man

$$(f * g_\nu, \varphi) = (g_\nu, \psi) \to (g, \psi) = (f * g, \varphi)$$

## 9.3. Regularisierung von Distributionen

Sei $\alpha \in \mathscr{D}(\mathbb{R}^n)$ und $T \in \mathscr{D}'(\mathbb{R}^n)$. Wir betrachten die Funktion

$$\vartheta(t) = (T(x), \alpha(t - x)) \tag{9.16}$$

Der Leser kann sich selbst überzeugen, daß $\vartheta(t)$ eine $\mathscr{C}^\infty$-Funktion ist ($D^\gamma\vartheta(t) = (T(x), D_t^\gamma\alpha(t - x))$), und für $\varphi \in \mathscr{D}$ gilt

$$(T * \alpha, \varphi) = (T(x), (\alpha(y), \varphi(x + y))) = (T(x), \int \alpha(y)\varphi(x + y)\, dy)$$
$$= (T(x), \int \alpha(t - x)\varphi(t)\, dt) = (T(x) \otimes \varphi(t), \eta(t)\alpha(t - x))$$
$$= (\varphi(t), (T(x), \eta(t)\alpha(t - x))) = (\varphi(t), \eta(t)\vartheta(t)) = (\vartheta(t), \varphi(t))$$

wobei $\eta(t) \in \mathscr{D}$ und gleich Eins in einer Umgebung von supp $\varphi$ ist.

Es folgt also

$$T * \alpha = \vartheta \tag{9.17}$$

Wir haben damit bewiesen:

**Satz 9.6.** Sei $T \in \mathscr{D}'$. Für jedes $\alpha \in \mathscr{D}$ ist $T * \alpha$ eine $\mathscr{C}^\infty$-Funktion und

$$(T * \alpha)(x) = (T(t), \alpha(x - t)) \tag{9.18}$$

**Definition.** Sei $\alpha \in \mathscr{D}$, $T \in \mathscr{D}'$; dann heißt die $\mathscr{C}^\infty$-Funktion $T * \alpha$ die Regularisierung von $T$ durch $\alpha$.

Durch die Regularisierung geht also eine Distribution in eine unendlich differenzierbare Funktion über. Wir wollen den Leser darauf aufmerksam machen, daß man die Regularisierung, die in diesem Abschnitt eingeführt wurde, nicht mit der Regularisierung der Funktionen mit algebraischen Singularitäten (s. Abschn. 8.3) verwechseln darf. Im weiteren werden wir noch folgenden Hilfssatz benötigen.

**Hilfssatz 9.3.** Es gelte $\alpha_\nu \to \delta$ in $\mathscr{D}'$, dann gilt $T * \alpha_\nu \to T$ in $\mathscr{D}'$

Beweis. Der Hilfssatz 9.3 folgt unmittelbar aus dem Satz 9.5 und aus der Gleichung (9.13).

**Satz 9.7.** Der Raum $\mathscr{D}$ liegt dicht in $\mathscr{D}'$.

Beweis. Sei $T \in \mathscr{D}'$. Aus dem Hilfssatz 9.3 folgt, daß sich $T$ durch $\mathscr{C}^\infty$-Funktionen im Sinne von $\mathscr{D}'$ approximieren läßt. Es bleibt nur zu bemerken, daß jede $\mathscr{C}^\infty$-Funktion $\gamma(x)$ Grenzwert (im Sinne von $\mathscr{D}'$) einer Folge von Funktionen $\gamma_\nu(x) = \gamma(x) h\left(\dfrac{x}{\gamma}\right)$ aus $\mathscr{D}$ ist ($h \in \mathscr{D}$ und $h(x) = 1$ wenn $|x| < 1$).


## 9.4. Grundlösung linearer Differentialgleichungen


Es sei $P(D)$ eine Differentialoperator mit konstanten Koeffizienten und $f(x)$ eine Distribution. Wir betrachten die (partielle) Differentialgleichung

$$P(D)u = f(x) \tag{9.19}$$

im Sinne von Distributionen; d.h. wir suchen nach Lösungen $u$, die Distributionen aus dem Raum $\mathscr{D}'$ sind.

Eine Distribution $E(x)$, die der Gleichung

$$P(D)E(x) = \delta(x) \tag{9.20}$$

genügt, heißt Fundamentallösung der Gleichung (9.20). Wenn für einen bestimmten Differentialoperator $P(D)$ eine Fundamentallösung bekannt ist, dann gilt.

**Satz 9.8.** Sei $f \in \mathscr{D}'$, so daß $E * f$ in $\mathscr{D}'$ definiert ist. Dann existiert die Lösung von (9.19) in $\mathscr{D}'$ und es gilt:

$$u = E * f \tag{9.21}$$

Diese Lösung ist eindeutig in der Klasse der Distributionen aus $\mathscr{D}'$, für die die Faltung mit E existiert.

**Beweis.** Auf Grund von (9.15) und (9.20) bekommt man:

$$P(D)(E * f) = \sum_\alpha a_\alpha D^\alpha(E * f) = \left(\sum_\alpha a_\alpha D^\alpha E\right) * f$$

$$= P(D)E * f = \delta * f = f$$

Für den zweiten Teil des Beweises genügt es zu zeigen, daß die Gleichung $P(D)u = 0$ in der Klasse der Distributionen aus $\mathscr{D}'$, die sich mit E falten lassen, die einzige Lösung $u = 0$ hat. In der Tat

$$u = u * \delta = u * P(D)E = P(D)u * E = 0$$

Jetzt wollen wir eine physikalische Interpretation der Lösung $u = E * f$ (die Faltung der Fundamentallösung mit der rechten Seite der Gleichung (9.19)) geben. In der Physik wird $f(x)$ als eine Quelle betrachtet, die als eine „Summe" (Integral) von punktuellen Quellen

$$f(\xi)\delta(x - \xi)$$

betrachtet werden kann;

$$f(x) = \delta * f = \int f(\xi)\delta(x - \xi)\,d\xi \tag{9.22}$$

Auf Grund von $P(D)E = \delta(x)$ gibt jede punktuelle Quelle $f(\xi)\delta(x - \xi)$ einen Beitrag $f(\xi)E(x - \xi)$. Die Lösung der inhomogenen Gleichung erscheint also als eine „Summe" (Integral) von $f(\xi)E(x - \xi)$:

$$u(x) = E * f = \int f(\xi)E(x - \xi)\,d\xi \tag{9.23}$$

Dies ist das physikalische Superpositionsprinzip.

Nun wollen wir einen Spezialfall behandeln:

$$P(D) = \Delta = \frac{\partial^2}{\partial x_1^2} + \frac{\partial^2}{\partial x_2^2} + \frac{\partial^2}{\partial x_3^2} \text{ sei der Laplace-Operator.}$$

Aus (6.19) folgt, daß

$$\Delta \frac{1}{r} = -4\pi\delta(x), \quad r^2 = x_1^2 + x_2^2 + x_3^2$$

also ist $-1/(4\pi r)$ eine Fundamentallösung der Gleichung $\Delta u = \delta(x)$. Wir betrachten nun die inhomogene Gleichung

$$\Delta u = f(x), \quad f(x) \in \mathscr{D}' \tag{9.24}$$

mit f so gewählt, daß sich $1/r$ mit $f(x)$ falten läßt. Dann ist die Lösung der Gleichung (9.24):

$$u = \left(-\frac{1}{4\pi r}\right) * f \tag{9.25}$$

Wenn f eine glatte (oder stückweise glatte) Funktion mit kompaktem Träger ist, kann man schreiben:

$$u(x_1, x_2, x_3) = -\frac{1}{4\pi} \int \frac{f(\xi_1, \xi_2, \xi_3)\, d\xi_1\, d\xi_2\, d\xi_3}{(\xi_1 - x_1)^2 + (\xi_2 - x_2)^2 + (\xi_3 - x_3)^2} \tag{9.26}$$

Dies ist die klassische Formel des Newtonschen Potentials für die Massenverteilung mit der Dichte $f(x_1, x_2, x_3)$.

## 10. Die Fouriertransformation

### 10.1. Die Fouriertransformation von Testfunktionen aus S und Distributionen aus $S'$

Sei $\varphi(x)$ eine Testfunktion aus S. Wir definieren die Fouriertransformation dieser Funktion (die Fouriertransformierte) durch:

$$\mathscr{F}(\varphi(x)) \equiv (\mathscr{F}\varphi)(\xi) \equiv \tilde{\varphi}(\xi) = \int_{\mathbb{R}^n} e^{i\xi x}\varphi(x)\, dx \tag{10.1}$$

wobei $\xi x = \xi_1 x_1 + \cdots \xi_n x_n$.
Sei $P(D) = \sum_\alpha a_\alpha D^\alpha$ ein Differentialoperator; dann folgt aus (10.1)

$$\begin{aligned} P(D)\tilde{\varphi}(\xi) &= \widetilde{P(ix)\varphi}(\xi) \\ \widetilde{P(D)\varphi}(\xi) &= P(-i\xi)\tilde{\varphi}(\xi) \end{aligned} \tag{10.2}$$

Aus (10.2) folgt unmittelbar, daß $\tilde{\varphi}(\xi)$ auch eine Testfunktion aus S ist. Aus der elementaren Theorie der Fouriertransformation (s. z.B. [28]) folgt, daß die inverse Fouriertransformierte von $\tilde{\varphi}(\xi)$ existiert und es gilt

$$\varphi(x) = \frac{1}{(2\pi)^n} \int_{\mathbb{R}^n} e^{-ix\xi}\, \tilde{\varphi}(\xi)\, d\xi \tag{10.3}$$

Zu dem linearen Operator $\mathscr{F}: S \to S$ gibt es also einen inversen Operator $\mathscr{F}^{-1}$, $(\mathscr{F}\mathscr{F}^{-1}\varphi = \mathscr{F}^{-1}\mathscr{F}\varphi = \varphi)$, mit

$$(\mathscr{F}^{-1}\psi)(x) = \frac{1}{(2\pi)^n} \int_{\mathbb{R}^n} e^{-ix\xi}\psi(\xi)\, d\xi, \quad \psi \in S \tag{10.4}$$

Es gilt außerdem

$$(\mathscr{F}^{-1}\psi)(x) = \frac{1}{(2\pi)^n}\,(\mathscr{F}\psi)(-x) = \frac{1}{(2\pi)^n}\int\limits_{\mathbb{R}^n}\psi(-\xi)\,e^{i\xi x}\,d\xi$$

$$= \frac{1}{(2\pi)^n}\,\mathscr{F}(\psi(-\xi)) \tag{10.5}$$

**Satz 10.1.** Die Fouriertransformation $\mathscr{F}$ ist eine topologische Abbildung von S auf S.

Beweis. Es ist leicht zu sehen, daß $\mathscr{F}: S \to S$ eine bijektive Abbildung ist. In der Tat ist jede Funktion $\varphi$ aus S die Fouriertransformierte einer Funktion $\psi = \mathscr{F}^{-1}\varphi$; $\psi \in S$, $\varphi = \mathscr{F}\psi$ und aus $\mathscr{F}(\varphi) = 0$ folgt $\varphi = 0$. Es bleibt zu zeigen, daß die Fouriertransformation stetig von S auf S ist. Dafür genügt es zu zeigen (s. Abschn. 1.11), daß $\mathscr{F}\varphi_\nu \to \mathscr{F}\varphi$ wenn $\varphi_\nu \to \varphi$ in S (für $\nu \to \infty$).

Es gilt

$$|\xi^\beta D^\alpha \mathscr{F}(\varphi_\nu - \varphi)(\xi)| \leqslant \int |D^\beta[x^\alpha(\varphi_\nu - \varphi)]|\,dx$$

$$\leqslant \sup_{x\in\mathbb{R}^n}|D^\beta[x^\alpha(\varphi_\nu - \varphi)]|(1+|x|)^{n+1}\int\frac{dx}{(1+|x|)^{n+1}} \tag{10.6}$$

Aus (10.6) folgt, daß $\xi^\beta D^\alpha(\mathscr{F}\varphi_\nu)(\xi)$ gleichmäßig auf $\mathbb{R}^n$ für $\nu \to \infty$ gegen $\xi^\beta D^\alpha(\mathscr{F}\varphi)(\xi)$ konvergiert; das heißt $\mathscr{F}(\varphi_\nu) \to \mathscr{F}(\varphi)$ für $\nu \to \infty$. Genauso zeigt man, daß die inverse Fouriertransformation stetig ist. Damit ist der Satz 10.1 bewiesen.

Aus der elementaren Theorie der Fouriertransformation (s. [28]) weiß man, daß die folgende Plancherelgleichung gilt ($\varphi \in S$):

$$\|\mathscr{F}\varphi\|_2 = (2\pi)^{n/2}\|\varphi\|_2 \tag{10.7}$$

($\|\cdot\|_2$ bedeutet hier die $L^2$-Norm). Wegen (10.7) kann man $(2\pi)^{-n/2}\mathscr{F}$ zu einer isometrischen Abbildung von $L^2(\mathbb{R}^n)$ auf sich selbst fortsetzen. Weiter gilt (s. [28])

$$(\mathscr{F}f, \mathscr{F}g) = (2\pi)^n(f,g) \tag{10.8}$$

wobei $f, g \in L^2(\mathbb{R}^n)$ und $(f,g)$ das Skalarprodukt in $L^2(\mathbb{R}^n)$ ist.

Wir wollen nun die Fouriertransformation von temperierten Distributionen definieren. Sei $f(x)$ eine in $\mathbb{R}^n$ (absolut) Lebesgue-integrierbare Funktion. Ihre Fouriertransformierte

$$\mathscr{F}(f)(\xi) = \int f(x)\,e^{i\xi x}\,dx$$

existiert und

$$|\mathscr{F}(f)(\xi)| \leqslant \int |f(x)|\,dx < \infty$$

also ist $\mathscr{F}(f)$ eine stetige beschränkte Funktion auf $\mathbb{R}^n$, die sich auch als Distribution aus S' auffassen läßt:

$$(\mathscr{F}(f),\varphi) = \int \mathscr{F}(f)(\xi)\varphi(\xi)\,d\xi, \quad \varphi \in S \tag{10.9}$$

Auf Grund des Satzes von Fubini über die Vertauschung der Integrationsreihenfolge erhalten wir aus (10.9)

$$\int \mathscr{F}(f)(\xi)\varphi(\xi)\,d\xi = \int [\int f(x)\,e^{i\xi x}\,dx]\,\varphi(\xi)\,d\xi$$
$$= \int f(x)\int \varphi(\xi)\,e^{i\xi x}\,d\xi\,dx = \int f(x)\mathscr{F}(\varphi)(x)\,dx$$

also

$$(\mathscr{F}(f),\varphi) = (f,\mathscr{F}(\varphi)), \; \varphi \in S \tag{10.10}$$

was einen Spezialfall von (10.8) darstellt (f ist (absolut) Lebesgue-integrierbar und $\varphi$ ist aus S).

Wir werden (10.10) zur Definition der Fouriertransformierten einer Distribution $f \in S'$ benützen:

$$(\mathscr{F}(f),\varphi) = (f,\mathscr{F}(\varphi)), \quad f \in S', \quad \varphi \in S \tag{10.11}$$

Wegen Satz 10.1 bekommen wir (der Beweis ist unmittelbar einzusehen).

**Satz 10.2.** Die Abbildung $f \mapsto \mathscr{F}f$, $f \in S'$ ist eine topologische Abbildung von $S'$ auf $S'$.

Die Fouriertransformierten von Distributionen haben ähnliche Eigenschaften wie die Fouriertransformierten von Funktionen. Wir erwähnen nur einige:
Sei $P(D) = \sum\limits_{\alpha} a_\alpha D^\alpha$ ein Differentialoperator. Es gilt:

$$P(D)\mathscr{F}f = \mathscr{F}(P(ix)f)$$
$$(P(D)f) = P(-i\xi)\mathscr{F}f \tag{10.12}$$

Um (10.12) zum beweisen, schreiben wir auf Grund von (10.2) und (10.11) $(\varphi \in S)$

$$(P(D)\mathscr{F}f,\varphi) = (\mathscr{F}f,P(-D)\varphi) = (f,\mathscr{F}(P(-D)\varphi)$$
$$= (f,P(ix)\mathscr{F}\varphi) = (P(ix)f,\mathscr{F}\varphi) = (\mathscr{F}(P(ix)f),\varphi) \tag{10.13}$$

bzw.

$$(\mathscr{F}(P(D)f,\varphi)) = (P(D)f,\mathscr{F}\varphi) = (f,P(-D)\mathscr{F}\varphi)$$
$$= (f,\mathscr{F}(P(-i\xi)\varphi) = (\mathscr{F}f,P(-i\xi)\varphi) = (P(-i\xi)\mathscr{F}f,\varphi) \tag{10.14}$$

Wir bemerken, daß wir in (10.13), (10.14) Distributionen der Form $\gamma f$ betrachtet haben, wobei $f \in S'$ und $\gamma$ ein Polynom ist. Die Distribution $\gamma f$ ist eine temperierte Distribution;

$$(\gamma f,\varphi) = (f,\gamma\varphi), \quad \varphi \in S \tag{10.15}$$

In der Tat, aus $\varphi_\nu \to \varphi$ in S folgt auch $\gamma\varphi_\nu \to \gamma\varphi$ in S.

Andere wichtige Formeln, die gleichzeitig als Eigenschaften der Fouriertransformierten von temperierten Distributionen betrachtet werden können, sind die folgenden:

a) $\mathscr{F}1 = \delta(x)$
b) $\mathscr{F}\delta(x) = 1$
c) $\mathscr{F}(e^{ihx}) = (2\pi)^n \delta(x + h), \quad h \in \mathbb{R}^n$
d) $\mathscr{F}(\delta(x + h)) = e^{ih\xi}$
e) $\mathscr{F}(P(D)\delta(x)) = P(-i\xi)$
f) $\mathscr{F}(P(ix)\delta(x)) = (2\pi)^n P(D)\delta(x)$
g) $\mathscr{F}(f(x) \otimes g(y)) = (\mathscr{F}f)(\xi) \otimes (\mathscr{F}g)(\eta)$

Die Aussagen a) bis g) lassen sich mit der Definition der Fouriertransformierten von temperierten Distributionen leicht nachprüfen.

## 10.2 Die Fouriertransformation von Testfunktionen aus $\mathscr{D}$ und Distributionen aus $\mathscr{E}'$

Wir haben gesehen, daß die Räume S und S$'$ symmetrisch unter der Fouriertransformation sind. Die Fouriertransformation stellt eine topologische Abbildung von S auf S und von S$'$ auf S$'$ dar. Wir wollen nun die Fouriertransformation von Testfunktionen aus $\mathscr{D}$ und Distributionen aus $\mathscr{D}'$ untersuchen. Am Ende dieses Abschnittes werden wir uns mit der Fouriertransformation von Distributionen mit kompaktem Träger befassen (den Elementen des Raumes $\mathscr{E}'$).

Sei $\varphi \in \mathscr{D}$. Die Fouriertransformierte von $\varphi$ ist

$$\varphi(\zeta) \equiv \psi(\zeta) = \int_{\mathbb{R}^n} e^{i\zeta x}\varphi(x)\,dx = \int_{\mathbb{R}^n} e^{i\xi x - \eta x}\varphi(x)\,dx, \quad \zeta = \xi + i\eta \tag{10.16}$$

Die Funktion $\psi(\zeta)$ ist eine ganze Funktion in $\zeta$. Die Holomorphie von $\psi(\zeta)$ folgt aus der Tatsache, daß $\varphi(x)$ einen kompakten Träger hat. Es gilt:

$$|\zeta^k \psi(\zeta)| = |\int_K e^{i\xi x} D^k \varphi(x)\,dx| \leqslant C_k\, e^{a|\eta|} \tag{10.17}$$

wobei wir angenommen haben, daß $\varphi(x) \in \mathscr{D}$ auf der Menge $K = \{x; |x_1| \leqslant a, \ldots |x_n| \leqslant a\}$ konzentriert ist. Wir haben damit den folgenden Satz bewiesen

**Satz 10.3.** Die Fouriertransformierte einer Funktion $\varphi \in \mathscr{D}$, die für $|x_1| \geqslant a, \ldots, |x_n| \geqslant a$ verschwindet, ist eine ganze analytische Funktion $\psi(\zeta)$, $\zeta = \xi + i\eta$, so daß

$$|\zeta^k \psi(\zeta)| \leqslant C_k\, e^{a|\eta|}, \quad k = 0, 1, 2, \ldots$$

wobei die $C_k$ Konstanten sind.

Den linearen Raum der ganzen Funktionen $\psi(\zeta)$, $\zeta = \xi + i\eta$, die Ungleichungen der Form

$$|\zeta^k \psi(\zeta)| \leqslant C_k\, e^{a|\eta|}; \quad k = 0, 1, 2, \ldots \tag{10.18}$$

genügen (wobei die Konstanten a und $C_k$ von $\psi$ abhängen können), bezeichnen wir mit Z. Man kann zeigen (wir überlassen den Beweis dem Leser (s. auch [3], S. 154)), daß die Funktionen des Raumes Z für beliebige k und q Relationen der Gestalt

$$|\zeta^k D^q \psi(\zeta)| \leqslant C_{k,q}\, e^{a|\eta|} \tag{10.19}$$

erfüllen (wobei die $C_{k,q}$ und a von $\psi$ abhängen können).

In dem linearen Raum Z werden wir einen **Konvergenzbegriff** einführen:
Die Folge von Funktionen $\{\psi_\nu(\zeta)\}$ konvergiert in Z gegen Null, wenn $\psi_\nu(\zeta)$ für $\nu \to \infty$ auf jedem beschränkten Intervall der $\xi$-Achse gleichmäßig gegen Null konvergiert und wenn Ungleichungen der Gestalt

$$|\zeta^k \psi_\nu(\zeta)| \leqslant C_k\, e^{a|\eta|}$$

erfüllt sind, wobei die Konstanten $C_k$ und a von $\nu$ unabhängig sind[1]).
Wir überlassen dem Leser zu zeigen, daß durch die Fouriertransformation der Raum $\mathscr{D}$ auf den Raum Z stetig abgebildet wird.

Betrachten wir nun die Funktionen $\psi(\zeta) \in Z$ nur für die Argumente, die reelle Werte ergeben, dann erhält man beliebig oft differenzierbare Funktionen, die zusammen mit ihren Ableitungen beliebiger Ordnung für $|x| \to \infty$ schneller als jedes Polynom gegen Null streben. Auf diese Weise wird eine stetige Einbettung des Raumes Z in den Raum S induziert. Der Raum Z liegt dicht in S. Sei $Z'$ der Raum aller stetigen linearen Funktionale auf Z, dann haben wir also $S' \subset Z'$. Wir werden hier den Raum $Z'$ nicht eingehender untersuchen, da dieser Raum keine besondere Rolle in der Theorie der Fouriertransformation spielt. Wir sind viel mehr daran interessiert, die Fouriertransformierten von Distributionen mit kompaktem Träger zu untersuchen (Distributionen aus $\mathscr{E}'$).

Sei nun f(x) eine $\mathscr{C}^\infty(\mathbb{R}^n)$-Funktion, so daß f(x) und alle Ableitungen im Unendlichen nicht schneller als Polynome anwachsen:

$$|D^\alpha f(x)| \leqslant C_\alpha (1 + |x|)^{m_\alpha} \tag{10.20}$$

wobei die $C_\alpha$ Konstanten und die $m_\alpha$ nichtnegative ganze Zahlen sind. Den linearen Raum dieser Funktionen bezeichnen wir durch $\mathscr{O}_M$. Der Leser kann sich selbst überzeugen, daß für alle $f \in \mathscr{O}_M$ die Multiplikation mit $f:\varphi \mapsto f\varphi$, $\varphi \in S$ eine (stetige) Abbildung $S \to S$ ist. Die Funktionen aus $\mathscr{O}_M$ sind also **Multiplikatoren** in S und $S'$. Die Klasse der Funktionen $\mathscr{O}_M$ spielt eine wichtige Rolle in diesem Kapitel. Wir werden auf $\mathscr{O}_M$ keine topologische Struktur einführen; dennoch sagen wir (formell), daß eine Menge von Funktionen aus $\mathscr{O}_M$ **beschränkt** ist, wenn für diese Funktionen die Ungleichungen (10.20) mit festem $C_\alpha$ und $m_\alpha$ gelten.

---

[1]) Der lineare Raum Z läßt sich als Vereinigung abzählbar normierter Räume Z(a) darstellen (s. Abschn. 1.5). Z(a) ist der lineare Raum der Funktionen $\psi(\zeta)$, die Ungleichungen der Form (10.18) mit einem festen a genügen. Den linearen Raum Z(a) als abzählbar normierten Raum werden wir jedoch hier nicht untersuchen.

**Satz 10.4.** Sei $f \in \mathscr{E}'$ (d.h. eine Distribution mit kompaktem Träger); dann ist die Fouriertransformierte $\mathscr{F}(f)$ eine Funktion aus $\mathcal{O}_M$, die sich als

$$\mathscr{F}(f)(\xi) = (f(x), e^{i\xi x}) \tag{10.21}$$

darstellen läßt. Die Funktion $\mathscr{F}(f)(\xi)$ läßt sich als ganze Funktion $\mathscr{L}(f)(\zeta)$ in $\zeta = \xi + i\eta$ fortsetzen, wobei

$$\mathscr{L}(f)(\zeta) = (f(x), e^{i\zeta x}) \tag{10.22}$$

$\mathscr{L}(f)(\zeta)$ heißt die Laplace- oder Fourier–Laplace-Transformierte von f.

Beweis. Sei $\varphi \in S$; wir haben

$$\begin{aligned}
(D^\alpha \mathscr{F}(f), \varphi) &= (-1)^{|\alpha|}(\mathscr{F}(f), D^\alpha \varphi) \\
&= (-1)^{|\alpha|}(f, \mathscr{F}(D^\alpha \varphi)) = (f(x), \int (ix)^\alpha \varphi(\xi)\, e^{i\xi x}\, dx)
\end{aligned} \tag{10.23}$$

Wir benützen nun die Gleichung

$$(f, \int \varphi(x,y)\, dy) = \int (f, \varphi(x,y))\, dy \tag{10.24}$$

wobei $f(x) \in S'(\mathbb{R}^m)$, $\varphi(x,y) \in S(\mathbb{R}^{m+n})$.
Den Beweis von (10.24) überlassen wir dem Leser (die Gleichung (10.24) ist eine andere Schreibweise von $f(x) \otimes 1(y) = 1(y) \otimes f(x)$, (s. (9.1)), wobei $f(x) \in S'(\mathbb{R}^m)$ und die Konstante $1 \equiv 1(y)$ als Element aus $S'(\mathbb{R}^n)$ aufgefaßt wird).
Aus (10.23), (10.24) und $(ix)^\alpha \varphi(\xi)\, e^{i\xi x} \in S(\mathbb{R}^{2n})$ folgt, daß

$$(f(x), \int (ix)^\alpha \varphi(\xi)\, e^{i\xi x}\, d\xi) = \int (f, (ix)^\alpha\, e^{i\xi x} \varphi(\xi))\, d\xi$$

und daraus

$$(D^\alpha \mathscr{F}(f), \varphi) = \int (f, (ix)^\alpha\, e^{i\xi x} \varphi(\xi))\, d\xi,$$

also

$$D^\alpha \mathscr{F}(f)(\xi) = (f, (ix)^\alpha\, e^{i\xi x}) \tag{10.25}$$

Aus (10.25) ($\alpha = 0$) folgt (10.21). Aus (10.25) folgt außerdem, daß $\mathscr{F}(f)(\xi)$ eine $\mathscr{C}^\infty$-Funktion ist. Es bleibt zu zeigen, daß diese Funktion zur Klasse $\mathcal{O}_M$ gehört. Diese Tatsache folgt jedoch aus der Bemerkung, daß f in (10.25) als temperierte Distribution aufgefaßt werden kann (angewandt auf $\eta(x)(ix)^\alpha\, e^{i\xi x}$ mit $\eta \in \mathscr{D}$ und $\eta = 1$ in einer Umgebung von supp f).
Es folgt also, daß eine Norm $\|\cdot\|_p$ in S existiert, so daß

$$|(f, \eta(x)(ix)^\alpha\, e^{i\xi x})| \leqslant C \|\eta(x)(ix)^\alpha\, e^{i\xi x}\|_p \leqslant C'(1 + |\xi|)^p$$

wobei C und C′ Konstanten sind. Die letzten Abschätzungen wurden hier (mit einer elementaren Rechnung) auf Grund von (2.10) erhalten. Es folgt also, daß $\mathscr{F}(f) \in \mathcal{O}_M$.

Sei nun $\mathscr{L}(f)(\zeta) = \mathscr{L}(f)(\xi,\eta)$ durch (10.22) gegeben. $\mathscr{L}(f)(\xi,\eta)$ ist unendlich oft differenzierbar in $\xi$ und $\eta$. Aus (10.22) folgt, daß $\mathscr{L}(f)(\xi,\eta)$ auch den Cauchy-Riemann-Bedingungen für alle $\xi$ und $\eta$ genügt:

$$\frac{\partial}{\partial \xi}\, \mathscr{L}(f)(\xi,\eta) = -\mathrm{i}\, \frac{\partial}{\partial \eta}\, \mathscr{L}(f)(\xi,\eta) \tag{10.26}$$

Das bedeutet aber, daß $\mathscr{L}(f)(\xi,\eta) \equiv \mathscr{L}(f)(\zeta)$ eine ganze Funktion ist. Es gilt weiter:

$$\mathscr{L}(f)(\xi,0) = \mathscr{F}(f)(\xi) \tag{10.27}$$

Noch weitergehende Ergebnisse über die Fouriertransformierte einer Distribution mit kompaktem Träger bilden den Inhalt eines Satzes von L. Schwartz, der einen klassischen Satz von Paley und Wiener verallgemeinert (s. Satz 10.7).

## 10.3. Der Faltungssatz

In der klassischen Theorie der Fouriertransformation (s. [28]) spielt der sog. Faltungssatz

$$\mathscr{F}(f * g) = \mathscr{F}(f)\mathscr{F}(g) \tag{10.28}$$

eine wichtige Rolle. Die Gleichung (10.28) gilt z.B. wenn $f(x)$ und $g(x)$ integrierbare Funktionen sind (die Faltung $f * g$ ist in diesem Falle ebenso integrierbar). Wir wollen (10.28) auf den Fall der Distributionen verallgemeinern. Wir werden jedoch hier die allgemeine Form des Faltungssatzes für (temperierte) Distributionen nicht untersuchen. Eine solche Betrachtung, die zu der Einführung der Schwartzschen Räume $\mathscr{O}_M$ (Multiplikatoren) und $\mathscr{O}'_c$ (Konvolutoren) führt, fällt aus dem Rahmen dieses Buches. Wir bemerken nur, daß die Klasse der Funktionen $\mathscr{O}_M$ schon definiert wurde; $\mathscr{O}'_c$ besteht aus den sog. schnell fallenden Distributionen, die Fouriertransformierte von Funktionen aus $\mathscr{O}_M$ sind.

Sei $T \in S'$ und $\alpha \in S$. Wir wollen die Faltung $T * \alpha$ als Distribution einführen. Wir gehen wie in (9.3) vor, wo die Faltung $T * \alpha$ für $T \in \mathscr{D}'$, $\alpha \in \mathscr{D}$ behandelt wurde. Wir betrachten die Funktion

$$\vartheta(t) = (T(x), \alpha(t - x)) \tag{10.29}$$

Der Leser kann sich selbst überzeugen, daß $\vartheta(t)$ eine $\mathscr{C}^\infty$-Funktion ist. Die Faltung $T * \alpha$ wird nun definiert durch

$$\begin{aligned}
(T * \alpha, \varphi) &= (T(x), (\alpha(y), \varphi(x + y))) \\
&= (T(x), \int \alpha(y)\varphi(x + y)\, dy), \quad \varphi \in S
\end{aligned} \tag{10.30}$$

Das Integral $\int \alpha(y)\varphi(x + y)\, dy$ ist eine Testfunktion aus S, so daß (10.30) wohldefiniert ist. Der Leser kann nun genauso wie in 9.4 zeigen, daß $T * \alpha = \vartheta$, also

$$(T * \alpha)(x) = (T(t), \alpha(x - t)) \tag{10.31}$$

(In (10.31) wurde x mit t vertauscht, damit T * $\alpha$ als Funktion von x geschrieben werden kann).

Wir können nun den folgenden Satz beweisen

**Satz 10.5.** (Faltungssatz). Sei $f \in S'$, $g \in S$, dann gilt:

$$\mathcal{F}(fg) = \mathcal{F}(f) * \mathcal{F}(g) = (f(x), g(x)\, e^{i\xi x}) \tag{10.32}$$

Beweis. Nach (10.31) gilt

$$\begin{aligned}
\mathcal{F}(f) * \mathcal{F}(g) &= (\mathcal{F}(f)(t), \mathcal{F}(g)(\xi - t)) \\
&= (\mathcal{F}(f)(t), \int e^{ix(\xi-t)}g(x)\, dx) \\
&= (\mathcal{F}(f)(t), \int e^{-ixt}(g(x)\, e^{ix\xi})\, dx) = (f(x), g(x)\, e^{ix\xi})
\end{aligned} \tag{10.33}$$

Andererseits ist für $\varphi(\xi) \in S$:

$$\begin{aligned}
(\mathcal{F}(fg)(\xi), \varphi(\xi)) &= (f(x)g(x), \mathcal{F}(\varphi)(x)) \\
&= (f(x), g(x)\mathcal{F}(\varphi)(x)) = (f(x), g(x) \int \varphi(\xi)\, e^{ix\xi}\, d\xi) \\
&= \int (f(x), g(x)\, e^{ix\xi})\varphi(\xi)\, d\xi
\end{aligned} \tag{10.34}$$

Aus (10.34) folgt, daß

$$\mathcal{F}(fg)(\xi) = (f(x), g(x)\, e^{ix\xi}) \tag{10.35}$$

Aus (10.33) und (10.35) folgt (10.32) und damit ist der Faltungssatz bewiesen.

Bemerkungen. 1. Man kann (10.32) auch in der Form

$$\mathcal{F}(f * g) = \mathcal{F}(f)\mathcal{F}(g) \tag{10.36}$$

für $f \in S'$, $g \in S$ schreiben.

2. Es gibt noch einen einfachen Fall, in dem sich der Faltungssatz verhältnismäßig leicht beweisen läßt: sei $f \in S'$ und $g \in \mathcal{E}'$, dann existiert f * g in $\mathcal{D}'$ auf Grund des Satzes 9.4. Man kann aber zeigen, daß in diesem Falle f * g sogar eine temperierte Distribution ist und (10.36) gültig ist. Einen elementaren Beweis dieser Aussagen kann der Leser z.B. in [30], S. 129, finden.

### 10.4. Der Satz von Paley-Wiener-Schwartz

Eine ganze Funktion $f(z)$, $z = (z_1, \ldots, z_n)$ heißt eine Funktion vom Exponentialtyp $\leqslant a$, wenn es eine Konstante C gibt, so daß für jedes $\epsilon > 0$

$$|f(z)| \leqslant C\, e^{(a+\epsilon)|z|} = C\, e^{(a+\epsilon)[|z_1| + \cdots + |z_n|]}$$

**Satz 10.6.** (Paley-Wiener) Sei $U(z)$, $z = x + iy$, eine ganze Funktion vom Exponentialtyp $\leqslant a$, so daß $U(x)$ eine $L^2(\mathbb{R}^n)$ Funktion ist. Die Fouriertransformierte von $U(x)$ ist dann eine $L^2(\mathbb{R}^n)$ Funktion und $(\mathscr{F}U)(\xi) = 0$ fast überall außerhalb der Menge $K_a = \{\xi; |\xi_1| \leqslant a, \ldots, |\xi_n| \leqslant a\}$.

Zum Beweis dieses klassischen Ergebnisses verweisen wir den Leser auf die Literatur (s. [4], S. 133).

Der folgende Satz ist eine Verallgemeinerung des klassischen Satzes von Paley und Wiener.

**Satz 10.7.** (Paley-Wiener-Schwartz)   Sei $f(z)$ eine ganze Funktion vom Exponentialtyp $\leqslant a$ und sei $f(x)$ aus $\mathcal{O}_M$. Man kann daher $f(x)$ als eine temperierte Distribution auffassen; ihre Fouriertransformierte $\mathscr{F}(f)$ ist eine Distribution mit kompaktem Träger und der Träger von $\mathscr{F}(f)$ ist in der Menge $K_a = \{\xi; |\xi_1| \leqslant a \ldots |\xi_n| \leqslant a\}$ enthalten.

Beweis.  $\mathscr{F}(f)$ ist eine temperierte Distribution. Wir wollen zeigen, daß der Träger von $\mathscr{F}(f)$ in $K_a$ liegt. Sei $\psi_\epsilon(\xi) \in \mathscr{D}$, so daß $\psi_\epsilon(\xi)$ gleich Null ist für $|\xi| \geqslant \epsilon$. Wir wissen bereits aus Abschn. 10.2, daß die inverse Fouriertransformierte $\varphi_\epsilon = \mathscr{F}^{-1}\psi_\epsilon$ eine ganze Funktion vom Exponentialtyp $\leqslant \epsilon$ ist und $\mathscr{F}^{-1}\psi_\epsilon \to 0$ für $|x| \to \infty$, $x$ reell, schneller als jede Potenz von $|x|^{-1}$. Das Produkt $\varphi_\epsilon(z)f(z)$ ist eine ganze Funktion vom Exponentialtyp $\leqslant a + \epsilon$ und geht für $|x| \to \infty$ schneller gegen Null als jede Potenz von $|x|^{-1}$. Aus dem Satz 10.6 folgt, daß $\mathscr{F}(\varphi_\epsilon f)$ eine Funktion aus S ist, die außerhalb von $K_{a+\epsilon}$ verschwindet. Um den Beweis zu beenden, brauchen wir nur den Faltungssatz 10.5 anzuwenden. Wir haben $\varphi_\epsilon(x) \in$ S, $f(x) \in$ S$'$; also gilt nach dem Faltungssatz

$$\mathscr{F}(\varphi_\epsilon(x)f(x)) = \mathscr{F}(\varphi_\epsilon) * \mathscr{F}(f) = \psi_\epsilon(\xi) * \mathscr{F}(f)$$

Wir nehmen an, daß $\psi_\epsilon \to \delta$ (das Dirac-Maß) für $\epsilon \to 0$. Wegen Hilfssatz 9.3 folgt

$$\lim_{\epsilon \to 0} \psi_\epsilon * \mathscr{F}(f) = \mathscr{F}(f)$$

Es folgt, daß der Träger von $\psi_\epsilon * \mathscr{F}(f)$ in $K_{a+\epsilon}$ liegt, so daß also $\mathscr{F}(f)$ den Träger in $K_a$ hat. Damit ist der Satz bewiesen.

Die Umkehrung des Satzes von Paley, Wiener und Schwartz ist ebenfalls richtig:

**Satz 10.8.**  Die Fouriertransformierte $(\mathscr{F}T)(x)$ einer Distribution $T(\xi)$, die auf der Menge $K_a = \{\xi; |\xi_1| \leqslant a, \ldots, |\xi_n| \leqslant a\}$ konzentriert ist, ist eine $\mathscr{C}^\infty$-Funktion $f(x) = (\mathscr{F}T)(x)$ der Klasse $\mathcal{O}_M$. $f(x)$ läßt sich in eine ganze Funktion $f(z)$ des Exponentialtyps $\leqslant a + \epsilon$ fortsetzen.

Der Satz 10.7 ist eine Verschärfung des Satzes 10.4 wo bewiesen wurde, daß $f(x)$ der Klasse $\mathcal{O}_M$ angehört und sich in eine ganze Funktion $f(z)$ fortsetzen läßt. Der Beweis der Behauptung, daß $f(z)$ eine Funktion vom Exponentialtyp $\leqslant a + \epsilon$ ist, folgt aus (10.21) und aus der Abschätzung (s. (1.10)) $|(T, \varphi)| < C \|\varphi\|_p$ (C-Konstante, $\|\cdot\|_p$ eine Norm (2.12)) mit $\varphi = e^{i\xi x}$.

Die Einzelheiten überlassen wir dem Leser (s. z.B. [9], S. 22 oder [31], S. 162).

## 10.5. Die Methode der analytischen Fortsetzung für die Berechnung einiger Fouriertransformierten von Distributionen

Es sei $f_\lambda$ eine Distribution, die im Gebiet G analytisch von $\lambda$ abhängig ist (s. auch Abschn. 8.2). Wir haben:

$$(\mathscr{F}(f_\lambda), \varphi) = (f_\lambda, \mathscr{F}(\varphi)), \quad \varphi \in \mathscr{D} \tag{10.37}$$

Sei $G_1$ ein Gebiet, das in G enthalten ist, und nehmen wir an, daß sich $\mathscr{F}(f_\lambda)$ für $\lambda \in G_1$ verhältnismäßig leicht berechnen läßt. Aus (10.37) und nach Abschn. 8.2 folgt, daß die Fouriertransformierte von f für $\lambda$ in G die analytische Fortsetzung von $\mathscr{F}(f_\lambda)$, $\lambda \in G_1$ ist. Diese sehr effektive Methode werden wir bei einer Reihe von Beispielen anwenden. Dabei werden viele Formeln, die wichtig für die Anwendungen in der Physik sind, hergeleitet.

**Beispiele.** a) Die Fouriertransformierte der Distributionen $x_+^\lambda, x_-^\lambda$: Wir betrachten zunächst $\mathscr{F}(x_+^\lambda)$ und beschränken uns auf das Gebiet $-1 < \operatorname{Re} \lambda < 0$, das die Rolle von $G_1$ spielen wird. Wir betrachten:

$$\mathscr{F}(x_+^\lambda \, e^{-\eta x})(\xi) = \int\limits_0^\infty x^\lambda \, e^{i\xi x} \, e^{-\eta x} \, dx = \int\limits_0^\infty x^\lambda \, e^{i\zeta x} \, dx \tag{10.38}$$

mit $\zeta = \xi + i\eta$, $\eta = \operatorname{Im} \zeta > 0$.

Das Integral (10.38) konvergiert für $\eta > 0$ und mit Hilfe der Substitution $i\zeta x = -u$ folgt

$$\mathscr{F}(x_+^\lambda \, e^{-\eta x}) = \left(\frac{e^{i(\pi/2)}}{\zeta}\right)^{\lambda+1} \int\limits_L u^\lambda \, e^{-u} \, du$$

wobei L eine vom Ursprung ausgehende Halbgerade mit $-\pi/2 < \arg u < \pi/2$ ist (weil $0 < \arg \zeta < \pi$) (Fig. 10.1). Für solche Werte von $\arg u$ fällt $e^{-u}$ exponentiell ab. Unter der Benutzung des Cauchysatzes folgt

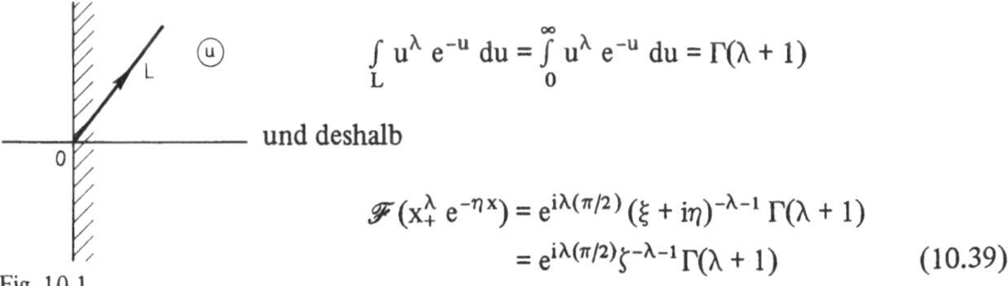


$$\int\limits_L u^\lambda \, e^{-u} \, du = \int\limits_0^\infty u^\lambda \, e^{-u} \, du = \Gamma(\lambda + 1)$$

und deshalb

$$\begin{aligned}
\mathscr{F}(x_+^\lambda \, e^{-\eta x}) &= e^{i\lambda(\pi/2)} \, (\xi + i\eta)^{-\lambda-1} \, \Gamma(\lambda + 1) \\
&= e^{i\lambda(\pi/2)} \zeta^{-\lambda-1} \Gamma(\lambda + 1)
\end{aligned} \tag{10.39}$$

Fig. 10.1

Für $\eta \to +0$ konvergiert $x_+^\lambda \, e^{-\eta x}$ im Sinne der Distributionen aus $\mathscr{D}'$ gegen $x_+^\lambda$ und wegen der Stetigkeit der Fouriertransformation (s. Abschn. 1.11) folgt, daß

$$\mathscr{F}(x_+^\lambda) = i \, e^{i\lambda(\pi/2)} \Gamma(\lambda + 1)(\xi + i0)^{-\lambda-1} \tag{10.40}$$

Durch analytische Fortsetzung folgt, daß die Gleichung (10.40) für alle $\lambda \neq -1, -2, \ldots$ gültig ist (s. Abschn. 8.3).

Unter Berücksichtigung von (8.38) kann man die Gleichung (10.40) für $\lambda \neq -1, -2, \ldots$ auch folgendermaßen schreiben:

$$\mathcal{F}(x_+^\lambda) = i\Gamma(\lambda + 1)\, e^{i\lambda(\pi/2)}\xi_+^{-\lambda-1} - e^{-i\lambda(\pi/2)}\xi_-^{-\lambda-1} \tag{10.41}$$

für $\lambda \neq 0, \pm 1, \pm 2, \ldots$

Aus (8.49) folgt auch

$$\mathcal{F}(x_+^n) = i^{n+1}[n!\xi^{-n-1} + (-1)^{n+1}i\pi\delta^{(n)}(\xi)], \quad n = 0, 1, 2, \ldots$$

Insbesondere gilt

$$\mathcal{F}(x_+^o) \equiv \mathcal{F}(\vartheta(x)) = i\xi^{-1} + \pi\delta(\xi) \equiv \frac{i}{\xi + i0}$$

$$\mathcal{F}(x_+) = -\xi^{-2} - i\pi\delta'(\xi) \tag{10.42}$$

Analog kann man die Fouriertransformierte von $x_-^\lambda$ berechnen, indem man zunächst $-1 < \operatorname{Re}\lambda < 0$ annimmt und $\mathcal{F}(x_-^\lambda\, e^{-\eta x})$ für $\eta < 0$ berechnet. Dann bildet man den Grenzwert $\eta \to 0$. Wir bekommen

$$\mathcal{F}(x_-^\lambda) = -i\, e^{-i\lambda(\pi/2)}\Gamma(\lambda + 1)(\xi - i0)^{-\lambda-1} \quad \text{für} \quad \lambda \neq -1, -2, \ldots \tag{10.43}$$

Dividiert man in (10.40) und (10.43) durch $\Gamma(\lambda + 1)$, so erhält man ganze Funktionen in $\lambda$ und

$$\mathcal{F}\left(\frac{x_+^\lambda}{\Gamma(\lambda + 1)}\right) = i\, e^{i\lambda(\pi/2)}(\xi + i0)^{-\lambda-1}$$

$$\mathcal{F}\left(\frac{x_-^\lambda}{\Gamma(\lambda + 1)}\right) = -i\, e^{-i\lambda(\pi/2)}(\xi - i0)^{-\lambda-1} \tag{10.44}$$

für alle.

Aus (10.44) erhält man umgekehrt

$$\mathcal{F}((x + i0)^\lambda) = \frac{2\pi\, e^{-i\lambda(\pi/2)}}{\Gamma(-\lambda)}\,\xi_-^{-\lambda-1}$$

$$\mathcal{F}((x - i0)^\lambda) = \frac{2\pi\, e^{-i\lambda(\pi/2)}}{\Gamma(-\lambda)}\,\xi_+^{-\lambda-1} \tag{10.45}$$

**b)** Die Fouriertransformierte der Distribution

$$r^\lambda (r = \sqrt{x_1^2 + \cdots + x_n^2}):$$

Die (kugelsymmetrische) Distribution $r^\lambda$ ist für $\lambda \neq -n, -n - 2, \ldots$ definiert. Die Fouriertransformierte einer kugelsymmetrischen Distribution ist offenbar auch kugelsymmetrisch, so daß $\mathcal{F}(r^\lambda)$ ebenfalls kugelsymmetrisch ist. Sei

$$\mathcal{F}(r^\lambda)(\xi) = \int r^\lambda\, e^{i\xi x}\, dx \tag{10.46}$$

**Das Integral (10.46) konvergiert für** $-n < \mathrm{Re}\,\lambda < 0$. Für $t > 0$ gilt andererseits

$$\mathcal{F}(r^\lambda)(t\xi) = \int r^\lambda\, e^{it\xi x}\, dx = \int |y|^\lambda t^{-\lambda-n}\, e^{i\xi y}\, dy = t^{-\lambda-n}\mathcal{F}(r^\lambda)(\xi)$$

Hierbei wurde von der Substitution $tx = y$ Gebrauch gemacht $(|y| = \sqrt{y_1^2 + \cdots + y_n^2})$. Es folgt, daß

$$\mathcal{F}(r^\lambda)(\xi) = C\rho^{-\lambda-n}, \ \rho = \sqrt{\xi_1^2 + \cdots + \xi_n^2}, \tag{10.47}$$

$C_\lambda$ eine Konstante. Für die Berechnung der Konstanten $C_\lambda$ werden wir die Beziehung

$$(\mathcal{F}(r^\lambda), \mathcal{F}(\varphi)) = (2\pi)^n(r^\lambda, \varphi), \ \varphi \in S$$

benutzen mit $\varphi(x) = e^{-r^2/2}$, $r^2 = x_1^2 + \cdots + x_n^2$. Es ist dann bekannt, daß (s. [22], S. 251)

$$\mathcal{F}(\varphi(x)) \equiv \mathcal{F}(e^{-r^2/2}) = (2\pi)^{n/2}\, e^{-\rho^2/2}, \tag{10.48}$$

so daß

$$C_\lambda (2\pi)^{n/2} \int e^{-\rho^2/2}\, \rho^{-n-\lambda}\, d\xi = (2\pi)^n \int r^\lambda\, e^{-r^2/2}\, dx \tag{10.49}$$

Die Integration in (10.49) läßt sich im Kugelkoordinaten leicht durchführen, man bekommt

$$\mathcal{F}(r^\lambda)(\xi) = 2^{\lambda+n}\pi^{n/2}\, \frac{\Gamma\left(\dfrac{\lambda+n}{2}\right)}{\Gamma\left(-\dfrac{\lambda}{2}\right)}\, \rho^{-\lambda-n} \tag{10.50}$$

Durch analytische Fortsetzung folgt, daß (10.50) für alle $\lambda \neq -n, -n-2, \ldots$ gültig ist.


## 10.6. Ein grundlegendes Lemma in der Theorie der Fourier–Laplace-Transformation von Distributionen

Zum Studium der Fourier–Laplace-Transformation von Distributionen führen wir einige Bezeichnungen ein, die mit den entsprechenden Bezeichnungen in der Physik übereinstimmen. Statt der Variablen $x$ werden wir in der Fouriertransformierten $p$ schreiben; also etwa für $\psi(p) \in S$

$$\tilde{\varphi}(\xi) = \mathcal{F}(\varphi)(\xi) = \int e^{i\xi p}\varphi(p)\, dp \tag{10.51}$$

In der relativistischen Physik wird $p$ als Bezeichnung für Impuls und Energie gewählt. Im folgenden wird $p$ für eine Menge von $n$ Vierervektoren $p^{(k)}$ stehen mit den Komponenten $p_\mu^{(k)}$, $\mu = 0, 1, 2, 3$. Das Produkt von $p$ und $q$ wird definiert durch

$$pq = \sum_{k=1}^{n} p^{(k)}q^{(k)}$$

wobei $p^{(k)}q^{(k)} = p_0^{(k)}q_0^{(k)} - p_1^{(k)}q_1^{(k)} - p_2^{(k)}q_2^{(k)} - p_3^{(k)}q_3^{(k)}$ (in der Minkowskimetrik). In (10.51) steht also folgender Ausdruck im Exponenten

$$p\xi = \sum_{k=1}^{n} p^{(k)}\xi^{(k)}, \quad p^{(k)}\xi^{(k)} = p_0^{(k)}\xi_0^{(k)} - p_1^{(k)}\xi_1^{(k)} - p_2^{(k)}\xi_2^{(k)} - p_3^{(k)}\xi_3^{(k)}$$

Wir wollen gleich bemerken, daß der Übergang zur Minkowskimetrik auf keine Weise die Ergebnisse über die Fouriertransformation, die wir erhalten werden, beeinflußt. Dem Übergang zur euklidischen Norm entspricht einfach die Substitution

$$\xi_1^{(k)} \to -\xi_1^{(k)}, \; \xi_2^{(k)} \to -\xi_2^{(k)}, \; \xi_3^{(k)} \to -\xi_3^{(k)}; \quad k = 1, 2, \ldots, n.$$

Wir führen den Vorwärtslichtkegel $V_k^+$ in der Variablen $p^{(k)}$ folgendermaßen ein

$$V_k^+ = \{p^{(k)}; \, p_0^{(k)^2} - \bar{p}^{(k)^2} > 0, \, p_0 > 0\} \tag{10.52}$$

wobei $\bar{p}^{(k)} = (p_1^{(k)}, p_2^{(k)}, p_3^{(k)})$ und auch die Menge $\Gamma = \bigotimes_{k=1}^{n} V_k^+$ als Direktprodukt von $V_k^+$, $k = 1, 2, \ldots, n$.

Seien nun $\eta_j$, $j = 1, 2, \ldots, M$, $M$ Punkte im Innern von $\Gamma$ und sei $\eta \in \Gamma$ ein Punkt im Innern der konvexen Hülle $H(\eta_1, \ldots, \eta_M)$ von $\{\eta_j, j = 1, 2, \ldots, M\}$:

$$\eta = \sum_{j=1}^{M} \lambda_j \eta_j, \quad \lambda_j > 0, \quad \sum_{j=1}^{M} \lambda_j = 1 \tag{10.53}$$

Man kann $M$ groß genug wählen, so daß die Vektoren $\eta_j - \eta$ den ganzen Raum $\mathbb{R}^{4n}$ aufspannen. Dann wird $H(\eta_1, \ldots, \eta_M)$ eine ganze Umgebung von $\eta$ in $\mathbb{R}^{4n}$ enthalten. Sei nun

$$a(p, \eta, \eta_j) = \exp(-p\eta) \left[ \sum_{j=1}^{M} \exp(-p\eta_j) \right]^{-1} \tag{10.54}$$

Es gilt dann das.

**Lemma** (Schwartz-Gårding-Vladimirov-Jaffe). Die Funktion $a(p, \eta, \eta_j)$ (s. (10.54)) genügt der Abschätzung

$$|D_p^m a(p, \eta, \eta_j)| \leqslant C_m \, e^{-d|p|}, \, C_0 = 1 \tag{10.55}$$

wobei $d > 0$ und $C_m$ Konstante sind, die von $\eta, \eta_j$ abhängen und $|p|$ die Euklidische Norm von $p$ ist.

Beweis. Zum Beweis können wir annehmen, daß alle Vektoren $p, \eta, \eta_j$ euklidische Vektoren sind (das heißt, daß die Skalarprodukte in der üblichen Weise definiert sind); dabei genügt es, das Vorzeichen der raumartigen Komponente von $p$ zu ändern. Es genügt (10.55) für $m = 0$ zu beweisen, da die Abschätzungen für die Ableitungen unmittelbar daraus folgen ($D_p^m a(p, \eta, \eta_j)$ ist gleich $a(p, \eta, \eta_j)$ multipliziert mit einer beschränkten Funktion von $p$).

Aus (10.53) folgt

$$\sum_{j=1}^{M} \lambda_j(\eta_j - \eta)p = 0 \tag{10.56}$$

Auf Grund der Tatsache, daß die Vektoren $\eta_j - \eta$ den Raum $\mathbb{R}^{4n}$ aufspannen und $\lambda_j > 0$ folgt, daß unter den Zahlen $(\eta_j - \eta)p$ sowohl positive als auch negative Zahlen sein müssen. Sei nun $\vartheta_j$ durch

$$\cos \vartheta_j = \frac{(\eta_j - \eta)p}{|\eta_j - \eta||p|}, \quad -\pi \leqslant \vartheta_j \leqslant \pi \tag{10.57}$$

definiert ($|\eta_j - \eta|$ und $|p|$ bedeuten die euklidischen Normen der Vektoren $\eta_j - \eta$ und p). Es folgt also, daß für jedes p einige $\vartheta_j$ mit $|\vartheta_j| < \pi/2$ existieren. Wir wollen nun zeigen, daß für alle Vektoren p

$$\mu(p) = \min_{1 \leqslant j \leqslant M} |\vartheta_j| \leqslant \vartheta < \frac{\pi}{2} \tag{10.58}$$

(wobei $\vartheta$ selbstverständlich von p unabhängig ist). Nehmen wir das Gegenteil an, d.h. es existiere eine Folge $\{p_\nu\}$, so daß $\mu(p_\nu)$ keine obere Grenze kleiner als $\pi/2$ hat. Dann existiert eine Teilfolge $\{q_\nu\}$ von $\{p_\nu\}$, so daß $q_\nu \to q$, $\mu(q_\nu) \to \pi/2$. Die Funktion $\mu$ ist aber auf Grund ihrer Definition stetig in p, so daß $\mu(q) = \pi/2$, was aber einen Widerspruch zu der Tatsache, daß es zu jedem q ein $\vartheta_j$ gibt mit $|\vartheta_j| < \pi/2$, darstellt. Nun gilt für jedes p

$$\min_{1 \leqslant j \leqslant M} ((\eta_j - \eta)p) \leqslant -(b \cos \vartheta)|p| \tag{10.59}$$

wobei $b = \min_{1 \leqslant j \leqslant M} |\eta_j - \eta|$.

Aus (10.59) und aus der Definition von $a(p,\eta,\eta_j)$ folgt, daß

$$a(p,\eta,\eta_j) \leqslant e^{-d|p|}, \quad d = b \cos \vartheta > 0$$

Man sieht, daß die geometrische Konstante d von $\eta$ und $\eta_j$ abhängig ist. Das Lemma ist damit vollständig bewiesen.

## 10.7. Fourier-Laplace-Transformierte von Distributionen

Die Fourier-Laplace-Transformierte einer Distribution mit kompaktem Träger f wurde im Satz 10.4 eingeführt. Die Fourier-Laplace-Transformierte $\mathscr{L}(f)$ ist in diesem Fall eine ganze Funktion. Wir werden nun Fourier-Laplace-Transformierte von Distributionen, die nicht mehr kompakten Träger haben, untersuchen. Sei

$$S'_\Gamma = \{f(p) \in \mathscr{D}'(\mathbb{R}^{4n}); \quad e^{-p\eta}f(p) \in S'(\mathbb{R}^{4n}) \quad \text{für alle} \quad \eta \in \Gamma\} \tag{10.60}$$

(Für die Bezeichnungen s. Abschn. 10.6).

Insbesondere sind alle temperierten Distributionen $f(p)$ mit Träger in $\Gamma$ (supp $f(p) \subset \Gamma$) (die sog. retardierten Distributionen) in $S'_\Gamma$. Sei also $f(p) \in S'_\Gamma$. Weil für alle $\eta \in \Gamma$ $e^{-p\eta}f(p) \in S'(\mathbb{R}^{4n})$, existiert die Fouriertransformierte $\mathcal{F}(e^{-p\eta}f(p))(\xi) \equiv \mathcal{F}_\xi(e^{-p\eta}f(p))$. Die Fouriertransformierte von $e^{-p\eta}f(p)$ heißt Fourier-Laplace-Transformierte (oder einfach Laplacetransformierte) von $f(p)$:

$$\mathcal{L}(f(p))(\xi,\eta) = \mathcal{F}_\xi(e^{-p\eta}f(p)) \tag{10.61}$$

Wir wollen zeigen, daß $\mathcal{L}(f(p))(\xi,\eta)$ in einem bestimmten Gebiet analytisch in $\zeta = \xi + i\eta$ ist und wir wollen anschließend die analytischen Eigenschaften der Fourier-Laplace-Transformierten $\mathcal{L}(f(p))$ untersuchen. Dieses Studium hat viele Anwendungen in der Physik (z.B. in den Dispersionsgleichungen, der Quantenfeldtheorie usw.).

**Satz 10.9.** Notwendig und hinreichend dafür, daß die Distribution $f(p)$ zu der Klasse $S'_\Gamma$ gehört, ist, daß die Fourier-Laplace-Transformierte $\mathcal{L}(f)(\xi,\eta) = \chi(\xi,\eta)$ die folgenden Eigenschaften hat:

a)  $\chi(\xi,\eta) = \chi(\xi + i\eta) \equiv \chi(\zeta)$, $\zeta = \xi + i\eta$, ist eine analytische Funktion von $\zeta$ auf der Menge $\mathcal{T}_n = \mathbb{R}^{4n} + i\Gamma$, $\Gamma = \overset{n}{\underset{j=1}{\otimes}} V^+$ ($\zeta \in \mathcal{T}_n$ bedeutet $\xi \in \mathbb{R}^{4n}$ und $\eta \in \Gamma$)

b)  $\chi(\xi + i\eta)$ als Funktion von $\xi$ betrachtet ist in $\mathcal{O}_M$ ($\eta \in \Gamma$) und bleibt beschränkt in $\mathcal{O}_M$ wenn $\eta$ ein Kompaktum in $\Gamma$ durchläuft.

Beweis. Die Bedingungen sind notwendig: Sei $f(p) \in S'_\Gamma$. Wir betrachten die Funktion (10.54) und wählen M und $\eta_j$, so daß das Lemma aus Abschn. 10.6 gilt. Das bedeutet aber, daß $a(p,\eta,\eta_j) \in S(\mathbb{R}^{4n})$ (als Funktion von p) für $\eta \in \Gamma$ und wir können schreiben:

$$e^{-p\eta}f(p) = a(p,\eta,\eta_j) \sum_{k=1}^{M} e^{-p\eta_k}f(p) \tag{10.62}$$

Die Summe $\sum_{k=1}^{M} e^{-p\eta_k}f(p)$ in (10.62) gehört zu $S'(\mathbb{R}^{4n})$ weil jeder Summand in $S'(\mathbb{R}^{4n})$ ist. Andererseits gilt

$$\chi(\xi,\eta) = \mathcal{F}_\xi(e^{-p\eta}f(p)) = \mathcal{F}_\xi(a(p,\eta,\eta_j) \sum_{k=1}^{M} e^{-p\eta_k}f(p))$$

Auf Grund des Satzes 10.5 (Faltungssatz) folgt, daß $\chi(\xi,\eta)$ als Funktion von $\xi$ eine $\mathscr{C}^\infty$-Funktion aus $\mathcal{O}_M$ ist für jedes $\eta \in \Gamma$. Sei nun K ein Kompaktum in $\Gamma$; dann folgt aus dem Lemma, daß $a(p,\eta,\eta_j)$ über eine beschränkte Menge in S läuft, wenn $\eta \in K$; daher läuft $\chi(\xi,\eta)$ über eine beschränkte Menge aus $\mathcal{O}_M$, wenn $\eta \in K$ (s. Abschn. 10.2 für die Definition einer beschränkten Menge in $\mathcal{O}_M$). Nun ist es leicht zu zeigen, daß für die in $\xi \in \mathbb{R}^{4n}$ und $\eta \in \Gamma$ differenzierbare Funktion $\mathcal{L}(f)(\xi,\eta)$ die Cauchy-Riemann-Gleichungen gültig sind. Daher ist $\mathcal{L}(f)(\zeta)$ für $\zeta \in \mathcal{T}$ eine analytische Funktion.

Die Bedingungen sind hinreichend: Sei $\chi(\zeta) = \chi(\xi + i\eta)$ eine in $\mathcal{T}$ analytische Funktion, so daß $\chi(\zeta)$ über eine beschränkte Menge in $\mathcal{O}_M$ läuft, wenn $\eta \in K$ ein Kompaktum in $\Gamma$.

Sei

$$f_\eta(p) = \frac{1}{(2\pi)^{4n}} \int e^{-i\xi p}\chi(\xi + i\eta)\, d\xi \tag{10.63}$$

eine Distribution in p, die von dem Parameter $\eta$ abhängt. Das Integral in (10.63) stellt eine unexakte Schreibweise dar, da die Fouriertransformierte von $\chi(\xi + i\eta)$ sich nur im Sinne der Distributionen angeben läßt. Statt (10.62) sollten wir schreiben:

$$f_\eta(p) = \mathscr{F}^{-1}(\chi(\xi + i\eta))$$

Sei nun $g_\eta(p) = e^{p\eta}f_\eta(p)$; dann ist $g_\eta(p)$ eine Distribution aus $\mathscr{D}'(\mathbb{R}^{4n})$.

Wir wollen nun zeigen, daß (im Sinne der Distributionen) $\dfrac{\partial}{\partial\eta}\, g_\eta(p) = 0$. Auf Grund der Stetigkeit der Fouriertransformierten für temperierte Distributionen (s. Satz 10.2) genügt es zu zeigen, daß die analytische Funktion $\chi(\xi + i\eta)$ nach $\eta$ (oder nach $\xi$) in $S'$ differenzierbar ist. Dies folgt auf Grund einer klassischen Abschätzung nach oben der analytischen Funktion $\chi(\zeta)\zeta^{-r-2}$, $r = (r_1, \ldots, r_n)$, $r_j = (r_0^{(j)}, r_1^{(j)}, r_2^{(j)}, r_3^{(j)})$ mit Hilfe des Cauchysatzes, wobei r so gewählt ist, daß $\chi(\zeta)\zeta^{-r}$ in $\xi$ beschränkt ist für $\eta \in K$ (K ein Kompaktum in $\Gamma$). Man bekommt zum Beispiel eine solche Abschätzung im Falle einer Variablen auf folgende Weise: Sei $K = [a,b]$ wobei $b > a > 0$ (F wird in diesem Falle das Intervall $(0,\infty)$ sein). Es gilt (s. Fig. 10.2)

$$\frac{\chi(\zeta)}{\zeta^{r+2}} = \frac{1}{2\pi i}\int_C \frac{\chi(z)\, dz}{z^{r+2}(z - \zeta)}, \quad a < \operatorname{Im}\zeta < b$$

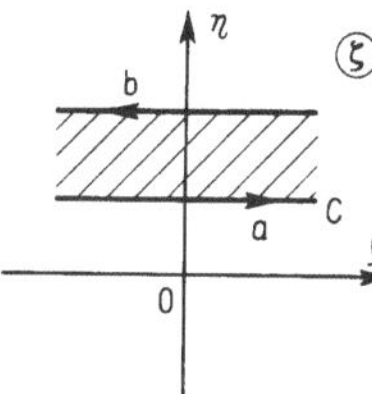

und

$$\frac{d\chi(\zeta)}{\zeta^{r+2}\, d\zeta} = (r + 2)\frac{\chi(\zeta)}{\zeta^{r+3}} + \frac{1}{2\pi i}\int_C \frac{\chi(z)\, dz}{z^{r+2}(z - \zeta)^2}$$

Aus diesen Darstellungen folgt, daß $\left|\dfrac{d\chi}{d\zeta}\right| \leq \text{const} \cdot |\zeta|^{r+2}$, wenn $|\chi(\zeta)| < \text{const} \cdot |\zeta|^r$ ist.

Fig. 10.2

Wir wollen nun den Limes $\lim\limits_{\eta\to 0,\,\eta\in\Gamma} \mathscr{L}(f)(\zeta)$ für $f \in S'_\Gamma(\mathbb{R}^{4n})$ untersuchen. Es ist naheliegend zu vermuten, daß dieser Limes existiert im Sinne der temperierten Distributionen, wenn $f(p) \in S'(\mathbb{R}^{4n})$ (also wenn $e^{-p\eta}f(p) \in S'$ für $\eta \in \Gamma$ und $\eta = 0$ gilt). In der Tat gilt.

**Satz 10.10.** Sei $f(p) \in S'_\Gamma(\mathbb{R}^{4n})$. Die Bedingung $f(p) \in S'(\mathbb{R}^{4n})$ ist notwendig und hinreichend dafür, daß $\mathscr{L}(f)(\zeta) \equiv \mathscr{L}(f)(\xi + i\eta)$ für $\eta \to 0$ in $\Gamma$ gegen eine temperierte Distribution konvergiert.

Beweis. Sei $f \in \mathscr{D}'$ und $e^{-p\eta}f(p) \in S'_\Gamma$ für $\eta \in \Gamma$ und $\eta = 0$. Das heißt, daß $\lim\limits_{\eta\to 0,\,\eta\in\Gamma} e^{-p\eta}f(p) = f(p)$ im Sinne der temperierten Distributionen. Der notwendige Teil des Satzes folgt nun einfach durch Übergang zur Fouriertransformierten.

Nehmen wir umgekehrt an, daß

$$\lim_{\eta \to 0} (\mathscr{L}(f)(\xi + i\eta), \varphi(\xi)) = \lim_{\eta \to 0} (\mathscr{F}(e^{-p\eta}f)(\xi), \varphi(\xi))$$

$$= \lim_{\eta \to 0} (e^{-p\eta}f(p), \mathscr{F}(\varphi)(p)) \qquad (10.64)$$

$$= \lim_{\eta \to 0} (f(p), e^{-p\eta}\mathscr{F}(\varphi)(p))$$

für jedes $\varphi \in S$ existiert! Aus der Existenz des Limes $\lim_{\eta \to 0} (e^{-p\eta}f(p), \psi(p))$, $\psi(p) = \mathscr{F}(\varphi)(p)$ beliebig aus S, und aus der Vollständigkeit des Raumes $S'$ (s. Abschn. 1.8) folgt, daß

$$\lim_{\eta \to 0} e^{-p\eta}f(p)$$

in $S'$ existiert und gleich einer temperierten Distribution $f_1(p)$ ist. In der Tat, gelte $(f_\nu, \varphi) \to 0$ für $\nu \to \infty$ für eine Folge $\{f_\nu\}$ von temperierten Distributionen; dann folgt, daß $(f_\nu, \varphi) = (f_{\nu'}, \varphi)$ ebenfalls gegen Null konvergiert für $\nu, \nu' \to \infty$. Andererseits ist $(f_\nu, \varphi) - (f_{\nu'}, \varphi) = (f_\nu - f_{\nu'}, \varphi)$, so daß die Folge $\{f_\nu\}$ in $S'$ eine Cauchyfolge ist. Wegen der schwachen Vollständigkeit des Raumes $S'$ folgt, daß eine temperierte Distribution f existiert, so daß $f_\nu \to f$ schwach in $S'$.

Aus (10.64) folgt nun (nach dem Grenzübergang $\eta \to 0$) $f_1(p) = f(p)$, also ist auch $f(p)$ eine temperierte Distribution und der Satz ist bewiesen.


### 10.8. Singularitäten der Fourier–Laplace-Transformierten in der Nähe der reellen Punkte

Wir haben in Satz 10.10 gezeigt, daß für eine temperierte Distribution $f(p)$ aus $S'_\Gamma$ die Fourier-Laplace-Transformierte von $f(p)$ (die eine analytische Funktion in $\mathscr{T}_n = \mathbb{R}^{4n} + i\Gamma$ ist) im Sinne der temperierten Distributionen gegen $\mathscr{F}(f)$ konvergiert. Es ist also möglich, daß eine Distribution als Randwert ($\eta \to 0, \eta \in \Gamma$) einer in $\mathscr{T}_n = \mathbb{R}^{4n} + i\Gamma$ analytischen Funktion darstellbar ist. Das heißt: Im allgemeinen erzeugen die Laplacetransformierten $\mathscr{L}(f)(\zeta)$ (die analytische Funktionen in $\zeta \in \mathscr{T}_n$ sind) „Singularitäten" für $\eta \to 0, \eta \in \Gamma$. Wir wollen nun diese Singularitäten untersuchen (vgl. [26] und [12]).

**Satz 10.11.** Sei $F(\xi + i\eta) \equiv F(\zeta)$ eine in $\mathscr{T}_n = \mathbb{R}^{4n} + i\Gamma$ analytische Funktion und für jedes Kompaktum $K \subset \Gamma$ existiere ein Polynom $P'_K(\xi)$, so daß

$$|F(\xi + i\eta)| \leqslant P'_K(\xi) \qquad (10.65)$$

Die analytische Funktion $F(\xi + i\eta)$ hat einen Randwert in $S'_\xi(\mathbb{R}^{4n}) \equiv S'(\mathbb{R}^{4n})$ für $\eta \to 0$, $\eta \in \Gamma$ (d.h. $F(\xi + i\eta)$ konvergiert für $\eta \to 0$, $\eta \in \Gamma$ im Sinne der temperierten Distributionen) dann und nur dann, wenn für jedes Kompaktum $K \subset \Gamma$ ein Polynom $P_K(\xi)$ und eine ganze Zahl N existieren, so daß für $0 < t < 1$ und alle $\eta \in K$

$$|F(\xi + it\eta)| \leqslant P_K(\xi) \frac{1}{t^N} \qquad (10.66)$$

Beweis. Aus dem Satz 10.10 folgt, daß $F(\xi + i\eta)$ die Fourier-Laplace-Transformierte einer Distribution $f(p) \in S'_\Gamma(\mathbb{R}^{4n})$ ist.

$$F(\zeta) = \mathscr{L}(f)(\xi + i\eta) = \mathscr{F}_\xi(e^{-p\eta}f(p)) = \mathscr{F}_\xi\{a(p,\eta,\eta_j) \sum_{k=1}^{M} e^{-p\eta_k}f(p)\} \qquad (10.67)$$

Sei nun t eine positive Zahl, es gilt $t\eta \in \Gamma$, wenn $\eta \in \Gamma$ und aus (10.67) folgt

$$F(\xi + i\eta) = \mathscr{F}_\xi\{a(p,t\eta,t\eta_j) \sum_{k=1}^{M} e^{-tp\eta_k}f(p)\} \qquad (10.68)$$

Es gilt:

$$T_t(p) = \sum_{k=1}^{M} e^{-tp\eta_k}f(p) \in S'(\mathbb{R}^{4n}), \quad 0 < t \qquad (10.69)$$

und aus 10.6

$$a(p,t\eta,t\eta_j) \in S(\mathbb{R}^{4n})$$

(als Funktion von p). Aus dem Faltungssatz 10.5 folgt also, daß

$$F(\xi + i\eta) = (T_t(p), a(p,t\eta,t\eta_j)\, e^{ip\xi})$$

Wir wollen nun annehmen, daß die analytische Funktion $F(\zeta)$, $\zeta \in \mathscr{T}_n$ einen Grenzwert in $S'$ hat, wenn $\eta \to 0$ in $\Gamma$. Auf Grund des Satzes 10.10 folgt, daß $f(p)$ eine temperierte Distribution ist. Das bedeutet aber, daß $T_t(p)$ für $0 < t < 1$ eine in $S'$ beschränkte Menge durchläuft. Das folgt z.B. aus der letzten Behauptung aus Abschn. 1.3 (in einem linearen topologischen Raum $\Phi$ ist eine Menge M beschränkt genau dann, wenn für jede Folge $\{\varphi_\nu\}$ aus M die Folge $\{(1/\nu)\varphi_\nu\}$ gegen Null konvergiert). Es existiert also eine Norm in S (s. (2.8))

$$\|\varphi\|_q = \sup_{|\alpha| \leqslant q}\ \sup_{p \in \mathbb{R}^n} (1 + |p|)^q |D^\alpha \varphi(p)|, \quad \varphi \in S,$$

so daß (s. Abschn. 1.8)

$$|(T_t(p), a(p,t\eta,t\eta_j)\, e^{ip\xi})| \leqslant C\|a(p,\eta,\eta_j)\, e^{ip\xi}\|_q \qquad (10.70)$$

wobei die Konstante C von $0 < t < 1$ unabhängig ist. Die Gleichung (10.70) bleibt gültig, auch wenn $\eta$ ein Kompaktum in $\Gamma$ durchläuft, so daß für $\eta \in K$ und $0 < t < 1$ gilt

$$|F(\xi + it\eta)| \leqslant C\|a(tp,\eta,\eta_j)\, e^{ip\xi}\|_q \qquad (10.71)$$

(hier wurde die Gleichung $a(p,t\eta,t\eta_j) = a(tp,\eta,\eta_j)$ benützt; s. Definition von $a(p,\eta,\eta_j)$. Wir haben nun die rechte Seite von (10.71) abzuschätzen. Auf Grund des Lemmas aus 10.6 folgt, daß

$$|D_p^\alpha[a(tp,\eta,\eta_j)\, e^{ip\xi}]| \leqslant P_K(\xi)\, e^{-dt|p|} \qquad (10.72)$$

wobei $P_K(\xi)$ ein Polynom und d eine Konstante, die von $\eta, \eta_j$ abhängt, ist. Es bleibt daher eine Abschätzung für

$$\sup_{p \in \mathbb{R}^{4n}} (1 + |p|)^q \, e^{-dt|p|} = \sup_{|p|} (1 + |p|)^q \, e^{-dt|p|}$$

durchzuführen. Es genügt hier, $(1 + |p|)^q$ nach den Potenzen von $|p|$ zu entwickeln, das Supremum nach $|p|$ durch eine Summe von Suprema der Potenzen multipliziert mit $e^{-td|p|}$ zu ersetzen und endlich $\sup_{|p|} |p|^r \, e^{-td|p|}$ (r eine nichtnegative ganze Zahl) abzuschätzen.

Als Ergebnis bekommt man

$$|F(\xi + it\eta)| \leqslant P_K(\xi) \frac{1}{t^N}, \tag{10.73}$$

$P_K$ ein Polynom, dessen Koeffizienten nur von dem Kompaktum K abhängig sind. Sei umgekehrt $F(\xi + i\eta)$ analytisch in $\mathscr{T}_n = \mathbb{R}^{4n} + i\Gamma$ und gelte (10.66), wenn $\eta$ in einem Kompaktum $K \subset \Gamma$ liegt. Wir führen die folgende Folge von Funktionen ein

$$G^{(m)}(\xi + it\eta) = \int_1^t dt_1 \int_1^{t_2} dt_2 \ldots \int_1^{t_{m-1}} dt_m F(\xi + it_m\eta) \tag{10.74}$$

Die Funktion $G^{(m)}$ ist analytisch in $\mathscr{T}_n$, da für $\eta \in K$ und $0 < t < 1$ $F(\xi + it\eta)$ analytisch ist. Für $\eta \in K$ folgt aus (10.66):

$$|G^{(N-1)}(\xi + it\eta)| \leqslant |\int_1^t dt_1| \int_1^{t_2} dt_2 \ldots| \int_1^{t_{N-1}} dt_N| F(\xi + it_N\eta)| \ldots || \leqslant \frac{|P_K(\xi)|}{t},$$

$$|G^{(N)}(\xi + it\eta)| \leqslant |P_K(\xi)||\log t|,$$

$$|G^{(N+1)}(\xi + it\eta)| \leqslant |P_K(\xi)|, \tag{10.75}$$

$$|G^{(N+2)}(\xi + it\eta)| \leqslant |P_K(\xi)|$$

und daher

$$|G^{(N+2)}(\xi + it\eta) - G^{(N+2)}(\xi)| = |\int_0^t dt_1 G^{(N+1)}(\xi + it_1\eta)| \leqslant t|P_K(\xi)| \tag{10.76}$$

Sei nun $\psi(\xi) \in S$; aus (10.75) folgt

$$\lim_{t \to 0} [G^{(N+2)}(\xi + it\eta) - G^{(N+2)}(\xi)]\psi(\xi) \, d\xi = 0 \tag{10.77}$$

Sei

$$\psi(\xi) = \sum_{k=1}^n \sum_{\mu=0}^3 \left( i\eta_\mu^{(k)} \frac{\partial}{\partial \xi_\mu^{(k)}} \right)^{r+2} \varphi(\xi), \quad \varphi \in S$$

Dann folgt aus (10.74) für $0 < t < 1$

$$\int G^{(N+2)}(\xi + it\eta)\psi(\xi) \, d\xi = \int F(\xi + it\eta)\varphi(\xi) \, d\xi \tag{10.78}$$

und auf Grund von (10.77) existiert deshalb

$$\lim_{t \to 0} \int F(\xi + it\eta)\varphi(\xi) \, d\xi \tag{10.79}$$

für jedes $\varphi(\xi) \in S$ und $\eta \in K$. Das bedeutet aber, daß $F(\xi + i\eta)$ für $\eta \to 0$ in $\Gamma$ gegen eine temperierte Distribution konvergiert.


## 10.9. Das Produkt gewisser Klassen von Distributionen

Die Darstellung gewisser Distributionen (z.B. Fourier–Laplace-Transformierte von retardierten Distributionen) als Randwerte analytischer Funktionen erlaubt, solche Distributionen eindeutig miteinander zu multiplizieren. (s. Abschn. 6.3).

Seien $F_1(\zeta)$, $F_2(\zeta)$ analytische Funktionen in $\mathcal{T}_n$, die gegen die im Sinne der temperierten Distributionen $\tilde{f}_1(\xi)$, $\tilde{f}_2(\xi)$ für $\eta \to 0$, $\eta \in \Gamma$ konvergieren. Es ist einfach zu zeigen (als Folgerung des Satzes 10.11), daß die analytische Funktion $F_1(\zeta)F_2(\zeta)$ in $S'$ gegen eine temperierte Distribution konvergiert, die als Definition für das Produkt $\tilde{f}_1(\xi)\tilde{f}_2(\xi)$ von Distributionen aus $S'$ angenommen werden kann. Auf diese Weise kann man z.B. eine eindeutige Multiplikation in der Menge der retardierten Distributionen einführen.

Einige Beispiele für die Multiplikation von Fouriertransformierten retardierter Distributionen aus $S'$ werden wir in Abschn. 11.2 behandeln. Die Beispiele werden dabei aus der relativistischen Quantenfeldtheorie ausgewählt.


# 11. Mit dem Lichtkegel verknüpfte Distributionen


## 11.1. Distributionen, die auf einer glatten Fläche konzentriert sind

**11.1.1. Definitionen.** Das Dirac-Maß $\delta(x)$ und seine Ableitungen $\delta'(x)$, $\delta''(x)$, . . . in einer Veränderlichen ($x \in \mathbb{R}$) sind Distributionen, die im Ursprung konzentriert sind. Wir betrachten nun eine hinreichend glatte Fläche $S$ in $\mathbb{R}^n$ ($n > 1$) und $\mu(x)$ eine stetige Funktion auf $S$. Man kann die folgende Distribution $\mu\delta_S$ einführen:

$$(\mu\delta_S, \varphi) = \int \mu(x) \, \varphi(x) \, d\sigma, \quad \varphi \in \mathcal{D} \tag{11.1}$$

wobei $d\sigma$ das Flächenelement auf $S$ ist. Die Distribution $\mu\delta_S$ ist auf der Fläche $S$ konzentriert und heißt in der Physik die **einfache Schicht** (auf $S$) mit Dichte $\mu$. Wenn $\mu = 1$, definiert (11.1) eine Verallgemeinerung des eindimensionalen Dirac-Maßes. In der Physik wird auch die Doppelschicht auf einer hinreichend glatten Fläche mit zwei Seiten benützt. Die Doppelschicht (die als eine Verallgemeinerung des eindimensionalen $\delta'(x)$ angesehen werden kann) ist ebenfalls eine Distribution, die auf der Fläche $S$ konzentriert ist und mit Hilfe der ersten Ableitungen der Testfunktion $\varphi(x)$ auf der Fläche S definiert wird. Wir werden hier jedoch die einfache Schicht, Doppelschicht usw. nicht untersuchen. Wir werden dagegen in diesem Abschnitt Verallgemeinerungen (in $\mathbb{R}^n$) von $\delta(x), \delta'(x), \ldots$ $(x \in \mathbb{R})$ in einem anderen Sinne betrachten.

Sei $P \equiv P(x_1, \ldots, x_n)$ eine $\mathscr{C}^\infty$-Funktion in $\mathbb{R}^n$ derart, daß für $P = 0$,

$$\operatorname{grad} P \equiv \nabla P = \left(\frac{\partial P}{\partial x_1}, \ldots, \frac{\partial P}{\partial x_n}\right) \neq 0;$$

d.h. die Fläche $P = 0$ besitzt keine singulären Punkte. Wir führen die Heaviside-Funktion $\vartheta(P)$ der Fläche $P = 0$ (d.h. die charakteristische Funktion des Gebietes $P \geqslant 0$) ein:

$$\vartheta(P) = \begin{cases} 0 & \text{für} \quad P < 0 \\ 1 & \text{für} \quad P \geqslant 0 \end{cases}, \quad (\vartheta(P), \varphi) = \int\limits_{P \geqslant 0} \varphi(x)\, dx, \quad \varphi \in \mathscr{D}(\mathbb{R}^n) \tag{11.2}$$

Im Falle $n = 1$, $P(x) = x$ bekommt man aus (11.2) die gewöhnliche Heaviside-Funktion $\vartheta(x)$, $x \in \mathbb{R}$. Es gilt in diesem Fall $\vartheta'(x) = \delta(x)$. Sei nun $n > 1$. Wir wollen das verallgemeinerte Dirac-Maß $\delta(P)$ als Ableitung von $\vartheta(P)$ einführen:

**Definition.** Sei $P \equiv P(x_1, \ldots, x_n)$ eine $\mathscr{C}^\infty$-Funktion und $\nabla P \neq 0$ für $P = 0$. Wir definieren (s. [24], S. 2)

$$\delta(P) = \lim \frac{1}{c} [\vartheta(P + c) - \vartheta(P)] \tag{11.3}$$

und

$$\delta^{(k+1)}(P) = \lim_{c \to 0} \frac{1}{c} [\delta^{(k)}(P + c) - \delta^{(k)}(P)], \quad k = 0, 1, 2, \ldots \tag{11.4}$$

wobei die Grenzwerte im Sinne der Distributionen in $\mathscr{D}'(\mathbb{R}^n)$ zu verstehen sind.

Aus (11.3) folgt

$$\delta(P) = \lim_{c \to 0} \frac{1}{c} (\vartheta(P + c) - \vartheta(P), \varphi) = \lim_{c \to 0} \int\limits_{-c \leqslant P \leqslant 0} \varphi(x)\, dx$$

$$= \lim_{c \to 0} \frac{1}{c} \int\limits_{-c \leqslant P \leqslant 0} \varphi(x_1, \ldots, x_n)\, dx_1 \ldots dx_n$$

$$= \lim_{c \to 0} \frac{1}{c} \int\limits_{P=0} \varphi(x) c\, \frac{d\sigma}{|\nabla P|} = \int\limits_{P=0} \varphi(x)\, \frac{d\sigma}{|\nabla P|} \tag{11.5}$$

wobei $d\sigma$ das Flächenelement auf der Fläche $P = 0$ ist. Wir haben hier die Tatsache benützt (s. Fig. 11.1), daß (für $c \to 0$) der Abstand $\gamma$ zwischen den Flächen $P = -c$ und $P = 0$ bis auf höhere Ordnungen in $c$ gleich $c/|\nabla P|$ ist wie eine einfache Rechnung zeigt.

Wir wollen nun streng beweisen, daß die Grenzwerte in (11.3) und (11.4) (im Sinne der Distributionen) existieren.

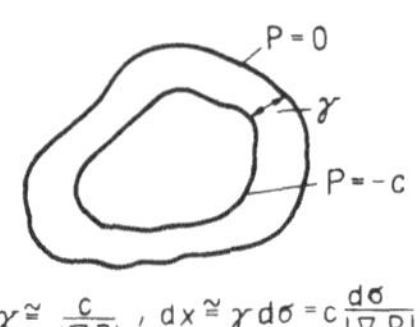


Fig. 11.1

Wir zeigen zunächst, daß die Grenzwerte (11.3) und (11.4) für spezielle lokale Koordinaten existieren. In einer hinreichend kleinen Umgebung V eines beliebigen Punktes der Fläche P = 0 können wir die neuen Koordinaten $u_1, \ldots, u_n$ einführen, derart, daß die Fläche P = 0 durch die Gleichung $u_1 = 0$ dargestellt wird. Zu diesem Zweck setzen wir $P = u_1$; die restlichen Koordinaten $u_2, \ldots, u_n$ können wir beliebig wählen, jedoch so, daß

die Funktionaldeterminante $D\begin{pmatrix} x \\ u \end{pmatrix}$ der Veränderlichen $x_1, \ldots, x_n$ nach der Veränderlichen $u_1, \ldots, u_n$ in der Umgebung des betrachteten Punktes von Null verschieden ist (eine solche Wahl ist immer möglich, da $\nabla P \neq 0$ für P = 0). Wenn z.B. $\partial P/\partial x_1 \neq 0$ in V können wir als lokale Koordinaten in V

$$u_1 = P, u_2 = x_2, \ldots, u_n = x_n \quad \text{wählen.}$$

Da aber $(\partial P/\partial x_1, \ldots, \partial P/\partial x_n) \neq 0$ für P = 0, können wir ohne Beschränkung der Allgemeinheit immer annehmen, daß $u_1 = P, u_2 = x_2, \ldots, u_n = x_n$ als lokale Koordinaten genommen werden dürfen.

Sei nun $\varphi \in \mathscr{D}(\mathbb{R}^n)$ mit supp $\varphi \subset V$; wir erhalten dann:

$$(\vartheta(P), \varphi) = \int\limits_{P \geqslant 0} \varphi \, dx = \int\limits_{u_1 \geqslant 0} \varphi \, D\begin{pmatrix} x \\ u \end{pmatrix} du$$

und

$$(\delta(P), \varphi) = \lim_{c \to 0} \frac{1}{c} (\vartheta(P + c) - \vartheta(P), \varphi)$$

$$= \lim_{c \to 0} \frac{1}{c} \int\limits_{-c \leqslant u_1 \leqslant 0} \varphi \left| D\begin{pmatrix} x \\ u \end{pmatrix} \right| du_1 \ldots du_n = \int \left[ \varphi \left| D\begin{pmatrix} x \\ u \end{pmatrix} \right| \right]_{u_1 = 0} du_2 \ldots du_n$$

$$\equiv \int\limits_{u_1 = 0} \left| D\begin{pmatrix} x \\ u \end{pmatrix} \right| du_2 \ldots du_n \tag{11.6}$$

Weiter gilt

$$(\delta'(P), \varphi) = \lim_{c \to 0} \int \frac{\left[ \varphi \left| D\begin{pmatrix} x \\ u \end{pmatrix} \right| \right]_{u_1 = -c} - \left[ \left| D\begin{pmatrix} x \\ u \end{pmatrix} \right| \right]_{u_1 = 0}}{c} du_1 \ldots du_n$$

$$= - \int \left[ \frac{\partial}{\partial u_1} \left( \varphi \left| D\begin{pmatrix} x \\ u \end{pmatrix} \right| \right) \right]_{u_1 = 0} du_2 \ldots du_n$$

Allgemein gilt

$$(\delta^{(k)}(P), \varphi) = (-1)^k \int \left[ \frac{\partial^k}{\partial u_1^k} \left( \varphi \left| D\begin{pmatrix} x \\ u \end{pmatrix} \right| \right) \right]_{u_1 = 0} du_2 \ldots du_n$$

$$\equiv (-1)^k \int\limits_{u_1 = 0} \frac{\partial^k}{\partial u_1^k} \left( \varphi \left| D\begin{pmatrix} x \\ u \end{pmatrix} \right| \right) du_2 \ldots du_n; \quad k = 0, 1, \ldots \tag{11.7}$$

Wir bemerken: Die Gleichung (11.7) stellt auch eine explizite Darstellung der Distribution $\delta^{(k)}(P)$, $k = 0, 1, \ldots$ (in lokalen Koordinaten) dar.

### 11.1.2. Beispiele

1. Sei $P(x_1, \ldots, x_n) = x_1$. Aus (11.7) erhält man

$$(\delta^{(k)}(x_1), \varphi) = \int \left[ \frac{\partial^k \varphi}{\partial x_1^k} \right]_{x_1=0} dx_2 \ldots dx_n \qquad (11.8)$$

2. Sei $P(x_1, \ldots, x_n) = r - R$, $R > 0$, wobei $r^2 = \sum_{j=1}^{n} x_j^2$ und $R$ Parameter. Wir haben $|\nabla P| = 1$. Aus (11.5) folgt

$$(\delta(r - R), \varphi) = \int_{r=R} \varphi \, d\sigma, \quad d\sigma = R^{n-1} \, d\Omega, \qquad (11.9)$$

wobei $d\Omega$ das Flächenelement auf der Einheitskugel $\Omega$ in $\mathbb{R}^n$ ist. Wir führen in (11.9) Polarkoordinaten $x = r\bar{\omega}$, $|\bar{\omega}| = 1$ ein; dann folgt

$$(\delta(r - R), \varphi) = \int_\Omega \varphi(R\bar{\omega}) R^{n-1} \, d\Omega = R^{n-1} \int_\Omega \varphi(R\bar{\omega}) \, d\Omega$$

Aus (11.4) folgt weiter

$$(\delta'(r - R), \varphi) = \lim_{c \to 0} \int_\Omega \frac{1}{c} \left[ \varphi(R - c)\bar{\omega}(R - c)^{n-1} - \varphi(R\bar{\omega})r^{n-1} \right] d\Omega$$

$$= - \int_\Omega \left[ \frac{\partial}{\partial r} (\varphi(r\bar{\omega})r^{n-1} \right]_{r=R} d\Omega$$

Im allgemeinen bekommt man

$$(\delta^{(k)}(r - R), \varphi) = (-1)^k \int_\Omega \left[ \frac{\partial^k}{\partial r^k} (\varphi(r\bar{\omega})r^{n-1}) \right]_{r=R} d\Omega, \quad k = 0, 1, \ldots$$

3. Sei $P = r^2 - R^2$, $r = \sum_{j=1}^{n} x_j^2$, $R$ reeller Parameter. Aus (11.3), (11.4) bekommt man genau wie in Beispiel 2

$$(\delta(r^2 - R^2), \varphi) = \tfrac{1}{2} \int_\Omega \varphi(R\bar{\omega}) R^{n-2} \, d\Omega = \tfrac{1}{2} R^{n-2} \int_\Omega \varphi(R\bar{\omega}) \, d\Omega$$

und

$$(\delta^{(k)}(r^2 - R^2), \varphi) = \tfrac{1}{2} \int_\Omega \left[ \left( \frac{1}{2r} \frac{\partial}{\partial r} \right)^k (\varphi(r\bar{\omega})r^{n-2}) \right]_{r=R} d\Omega; \quad k = 0, 1, \ldots$$

**4.** Wir setzen $P = x_0^2 - \left( \sum\limits_{j=1}^{s} x_j^2 \right) - m^2$, $n = s + 1$, $m > 0$. Die Fläche $P = 0$ in $\mathbb{R}^n$ ist das Hyperboloid

$$x_0^2 = \sum_{j=1}^{s} x_j^2 + m^2 = \overline{x}^2 + m^2, \ \overline{x} = (x_1, \ldots, x_s)$$

Wir können die lokalen Koordinaten $u_1 = P$, $u_2 = x_1, \ldots, u_n = x_s$ wählen. Es gilt

$$D\binom{u}{x} = 2x_0 \quad \text{und} \quad \frac{\partial}{\partial u_1} = \frac{\partial x_0}{\partial u_1} \frac{\partial}{\partial x_0} + \sum_{j=1}^{s} \frac{\partial x_j}{\partial u_1} \frac{\partial}{\partial x_j} = \frac{1}{2x_0} \frac{\partial}{\partial x_0}$$

Aus (11.7) folgt

$$(\delta^{(k)}(P), \varphi) = (-1)^k \int \left\{ \left[ \left( \frac{\partial}{2x_0 \partial x_0} \right)^k \left( \frac{\varphi(x_0, \ldots, x_s)}{2|x_0|} \right) \right]_{x_0 = \sqrt{\sum_{j=1}^{s} x_j^2 + m^2}} + \right.$$

$$\left. + \left[ \left( \frac{\partial}{2x_0 \partial x_0} \right)^k \left( \frac{\varphi(x_0, \ldots, x_s)}{2|x_0|} \right) \right]_{x_0 = -\sqrt{\sum_{j=1}^{s} x_j^2 + m^2}} \right\} dx_1 \ldots dx_s$$

$$= (-1)^k \int \left( \frac{\partial}{2x_0 \partial x_0} \right)^k \left( \frac{\varphi(x)}{2x_0} \right) \Bigg|_{x_0 = -\sqrt{\sum_{j=1}^{s} x_j^2 + m^2}}^{x_0 = \sqrt{\sum_{j=1}^{s} x_j^2 + m^2}} dx_1 \ldots dx_s$$

Wir erwähnen noch die folgenden Distributionen $\delta_\pm^{(k)}(P)$ mit $\delta^{(k)}(P) = \delta_+^{(k)}(P) + \delta_-^{(k)}(P)$,

$$(\delta_\pm^{(k)}(P), \varphi) = (-1)^k \int \left[ \left( \frac{\partial}{2x_0 \partial x_0} \right)^k \left( \frac{\varphi(x_0, \ldots, x_s)}{2|x_0|} \right) \right]_{x_0 = \pm \sqrt{\sum_{j=1}^{s} x_j^2 + m^2}} \tag{11.10}$$

Aus (11.19) und (11.20) erhalten wir für $k = 0$

$$(\delta_\pm(P), \varphi) = \int \frac{\varphi(x_0, \ldots, x_s)}{2|x_0|} \Bigg|_{x_0 = \pm \sqrt{\sum_{j=1}^{s} x_j^2 + m^2}} \tag{11.11}$$

$$\delta(P) = \delta_+(P) + \delta_-(P)$$

**11.1.3. Eigenschaften von $\delta(P)$, $\delta'(P)$, ....** Wir wollen hier zunächst die folgende Kettenregel beweisen

$$\frac{\partial}{\partial x_j} \delta^{(k)}(P) = \delta^{(k+1)}(P) \frac{\partial P}{\partial x_j}, \quad k = -1, 0, 1, \ldots \tag{11.12}$$

wobei $\delta^{(-1)}(P) \equiv \vartheta(P)$.

Den Beweis von (11.12) führen wir durch vollständige Induktion.

Wir führen folgende Bezeichnungen $\bar{\varphi}_j = (0, \ldots, \varphi_j, \ldots, 0)$ ein, wobei $\varphi_j$ in $\varphi_j$ an der j-Stelle steht. Es gilt

$$\left(\frac{\partial \vartheta(P)}{\partial P}, \varphi\right) = -\int\limits_{P \geqslant 0} \frac{\partial \varphi}{\partial x_j} \, dx = -\int\limits_{P \geqslant 0} \nabla \cdot \bar{\varphi}_j \, dx = -\int\limits_{P = 0} \varphi_j \cdot \bar{n} \, d\sigma$$

wobei $\bar{n} = -\dfrac{\nabla P}{|\nabla P|}$ der Einheitsvektor der äußeren Normalen der Fläche $P = 0$ (der Rand von $P \geqslant 0$) und $d\sigma$ das Flächenelement auf $P = 0$ ist. Hierbei wurde der Gaußsche Integralsatz angewandt. Es folgt

$$\left(\frac{\partial \delta^{(-1)}(P)}{\partial x_j}, \varphi\right) \equiv \left(\frac{\partial \vartheta(P)}{\partial x_j}, \varphi\right) = \int\limits_{P = 0} \frac{\partial P}{\partial x_j} \varphi \frac{d\sigma}{|\nabla P|} = \left(\frac{\partial P}{\partial x_j} \delta(P), \varphi\right)$$

also die Gleichung (11.12) für $k = -1$. Der Übergang $k - 1 \to k$ erfolgt auf folgende Weise:

$$\left(\frac{\partial}{\partial x_j} \delta^{(k)}(P), \varphi\right) = -\lim_{c \to 0} \left(\delta^{(k-1)}(P + c) - \delta^{(k-1)}(P), \frac{\partial \varphi}{\partial x_j}\right)$$

$$= \lim_{c \to \infty} \frac{1}{c} \left(\delta^{(k)}(P + c) - \delta^{(k)}(P), \frac{\partial P}{\partial x_j} \varphi\right) = \left(\frac{\partial P}{\partial x_j} \delta^{(k+1)}(P), \varphi\right)$$

Damit ist die Kettenregel (11.12) bewiesen.

Man kann (11.12) auch anders schreiben:

$$\text{grad } \delta^{(k)}(P) = \delta^{(k+1)} \text{ grad } P; \quad k = -1, 0, 1, \ldots \tag{11.13}$$

Wir wollen nun zeigen, daß

$$P\delta^{(k)}(P) = -k\delta^{(k-1)}(P); \quad k = 1, 2, \ldots \tag{11.14}$$

In der Tat gilt

$$(P\delta(P), \varphi) = \int\limits_{P = 0} \frac{P\varphi}{|\nabla P|} \, d\sigma = 0 \tag{11.15}$$

Durch Differentiation von (11.15) nach $x_j$ unter Verwendung von (11.12) bekommt man

$$\frac{\partial P}{\partial x_j} \delta(P) + \frac{\partial P}{\partial x_j} P\delta'(P) = 0$$

Daraus folgt $|\nabla P|^2(\delta(P) + P\delta'(P)) = 0$ und weil $|\nabla P| \neq 0$ auf P: $\delta(P) + P\delta'(P) = 0$. (11.14) erhält man durch wiederholte Differentiation von (11.15).

Seien nun P und Q $\mathscr{C}^\infty$-Funktionen in $\mathbb{R}^n$ so, daß $\nabla P \neq 0$ für $P = 0$ und $\nabla Q \neq 0$ für $Q = 0$ und P und Q ohne gemeinsame Nullstellen. Es gilt

$$(\delta(PQ), \varphi) = \int\limits_{PQ=0} \frac{\varphi}{|\nabla(PQ)|}\, d\sigma = \int\limits_{P=0} \frac{\varphi}{|Q||\nabla P|}\, d\sigma + \int\limits_{Q=0} \frac{\varphi}{|P||\nabla Q|}\, d\sigma$$

$$= \left( \frac{\delta(P)}{|Q|} + \frac{\delta(Q)}{|P|}, \varphi \right) \tag{11.16}$$

Wenn überall $Q > 0$, bekommt man aus (11.16)

$$\delta(PQ) = Q^{-1}\delta(P) \tag{11.17}$$

Als Anwendung von (11.17) berechnen wir

$$r^2 - R^2 = (r - R)(r + R), \quad r^2 = \sum_{j=1}^{n} x_j^2, \quad \text{R eine reelle Konstante}$$

Wir erhalten dann

$$\delta(r^2 - R^2) = \frac{\delta(r - R)}{r + R} = \frac{\delta(r - R)}{2r}$$

Man kann die Formel (11.17) ($Q > 0$) folgendermaßen verallgemeinern. Durch Differentiation von $Q\delta(PQ) = \delta(P)$ (s. (11.13)) folgt

$$\frac{\partial Q}{\partial x_j}(PQ) + Q\delta'(PQ)P\frac{\partial Q}{\partial x_j} + Q^2\delta'(PQ)\frac{\partial P}{\partial x_j} = \delta'(P)\frac{\partial P}{\partial x_j}$$

Aus dieser Gleichung zusammen mit (11.14) folgt weiter $Q^2\delta'(PQ)|\nabla P|^2 = \delta'(P)|\nabla P|^2$, also, wegen $\nabla P \neq 0$ für $P = 0$, $\delta'(PQ) = Q^{-2}\delta'(P)$. Durch Induktion folgt allgemein

$$Q^{k+1}\delta^{(k)}(PQ) = \delta^{(k)}(P) \tag{11.18}$$

wobei $Q > 0$ überall.

## 11.2. Distributionen, die auf einem Kegel konzentriert sind

Sei $P(x_0, x_1, \ldots, x_s) \equiv x_0^2 - \overline{x}^2 \equiv x_0^2 - \sum_{j=1}^{s} x_j^2$ wobei $x = (x_0, \overline{x})$, $\overline{x} = (x_1, \ldots, x_s)$. Die Gleichung $P = 0$ stellt einen Kegel dar mit einem singulären Punkt (dem Scheitel) im Koordinatenursprung. Die Fläche $P = 0$ ist nicht mehr glatt. Dennoch kann man durch Einführung von Polarkoordinaten bezüglich $\overline{x}$ zeigen, daß für $s \geq 2$ der Grenzwert in (11.3) existiert und die Formeln (11.5), (11.6) weiter gültig sind. Ebenso existiert der Grenzwert in (11.4) und (11.7), wenn $k < (s + 1)/2 (s > 1)$.

Wenn z.B. $s = 3$ ($n = 4$) ist, ist der Kegel $P \equiv x_0^2 - x_1^2 - x_2^2 - x_3^2 = 0$ der Lichtkegel aus der relativistischen Physik und in diesem Falle ist die Distribution $\delta(x^2)$ eindeutig definiert. Der Fall $s = 1$ ($n = 2$) kann mit unseren Mitteln nicht untersucht werden. Aus (11.6) und (11.7) bekommt man

$$\delta^{(k)}(x^2) = \delta_+^{(k)}(x^2) + \delta_-^{(k)}(x^2)$$

$$(\delta_\pm^{(k)}(x^2), \varphi(x)) = (-1)^k \int \left(\frac{\partial}{2x_0 \partial x_0}\right)^k \left(\frac{\varphi(x_0, \bar{x})}{2x_0}\right)\bigg|_{x_0 = \pm|\bar{x}|} d\bar{x} \tag{11.19}$$

wobei $k < (2 + 1)/2$, $s \geqslant 2$ und $\varphi(x) \in \mathscr{D}(\mathbb{R}^n)$. Insbesondere bekommt man aus (11.19) für $s \geqslant 2$

$$(\delta_\pm(x^2), \varphi(x)) = \int \frac{\varphi(x_0, \bar{x})}{2x_0}\bigg|_{x_0 = \pm|\bar{x}|} d\bar{x} \tag{11.20}$$

Die Distributionen $\delta_\pm^{(k)}(x^2)$ werden manchmal auch mit $\vartheta(\pm x_0)\delta^{(k)}(x^2)$ bezeichnet, $k < (s + 1)/2$. Man schreibt auch $\delta_+^{(k)}(x^2) - \delta_-^{(k)}(x^2) = \epsilon(x_0)\delta^{(k)}(x^2)$. Wir werden diese Gleichungen als reine Notationen betrachten und uns mit der Multiplikation von $\delta^{(k)}(x^2)$, $k < (s + 1)/2$ durch $\vartheta(\pm x_0)$, $\epsilon(x_0)$ nicht befassen.

Die Distributionen $\delta_\pm(x^2)$, $\delta(x^2)$ werden ausführlich in [29], S. 294, untersucht. Wir werden in diesem Abschnitt [29] folgen.

Sei $s \geqslant 2$, dann gilt die folgende interessante Formel:

$$\square[\vartheta(x_0)\vartheta(x^2)] = 2(s - 1)\delta_\pm(x^2) \tag{11.21}$$

wobei $\square = (\partial^2/\partial x_0^2) - (\partial^2/\partial x_1^2) - \cdots - (\partial^2/\partial x_s^2)$ der Wellenoperator ist.

Wir werden hier den Beweis[1]) nach [29], S. 294, durchführen. Sei $\varphi \in \mathscr{D}$; wir können schreiben:

$$\int \square[\vartheta(x_0)\vartheta(x^2)]\varphi(x)\, dx = \int \vartheta(x_0)\vartheta(x^2)\square\varphi(x)\, dx$$

$$= \int\limits_{x_0 > |\bar{x}|} \square\varphi(x)\, dx_0\, dx_1 \ldots dx_s$$

$$= \int\limits_{V^+} d\left(\frac{\partial\varphi}{\partial x_0}\, dx_1 \ldots dx_s + \frac{\partial\varphi}{\partial x_1}\, dx_0\, dx_2 \ldots dx_2 \ldots\right.$$

$$\left. \times (-1)^s \frac{\partial\varphi}{\partial x_s}\, dx_0\, dx_1 \ldots dx_{s-1}\right)$$

wobei $V^+ = \{x; x^2 > 0, x_0 > 0\}$ der Zukunftskegel ist.

Wir wenden nun den Satz von Stokes an. Da aber der Koordinatenursprung eine singuläre Stelle des Integranden ist, werden wir diese durch eine kleine Kugel $U(0, \epsilon)$ vom Radius $\epsilon$ ausschließen (s. Fig. 11.2).

---

[1]) In diesem Beweis werden elementare Kenntnisse aus der Theorie der Differentialformen benützt (s.z.B. [3], S. 205).

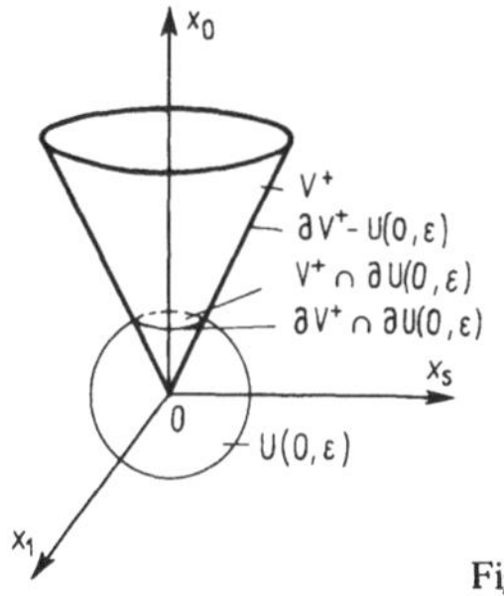

Es folgt

$$\int [\vartheta(x_0)\vartheta(x^2)]\varphi(x)\,dx = \lim_{\epsilon \to +0} \int \frac{\partial}{\partial x_0}\,dx_1 \ldots dx_s +$$

$$+ \frac{\partial \varphi}{\partial x_1}\,dx_0\,dx_2 \ldots dx_n - \cdots + (-1)^s \frac{\partial \varphi}{\partial x_s}\,dx_0\,dx_1 \ldots dx_{s-1} \qquad (11.22)$$

Fig. 11.2

Der Rand $\partial V_\epsilon^+$ besteht (s. Fig. 11.2) aus zwei Stücken: $\partial V^+ - U(0,\epsilon)$ und $V^+ \cap \partial U(0,\epsilon)$. Auf dem ersten Stück hat man $x_0^2 = \bar{x}^2$, also $x_0\,dx_0 = x_1\,dx_1 + \cdots + x_s\,dx_s$, $x_0 \geqslant \epsilon$. Auf Grund dieser Gleichung bekommt man

$$\frac{\partial \varphi}{\partial x_0}\,dx_1 \ldots dx_s + \frac{\partial \varphi}{\partial x_1}\,dx_0\,dx_2 \ldots dx_s + \cdots + (-1)^s \frac{\partial \varphi}{\partial x_s}\,dx_0\,dx_1 \ldots dx_{s-1}$$

$$= d\left[\frac{\varphi}{x_0}\left((-1)^{s-1}x_1\,dx_2 \ldots dx_s + \cdots + x_s\,dx_1 \ldots dx_{s-1}\right)\right] - 2(s-1)\varphi\,\frac{dx_1 \ldots dx_s}{2x_0}$$

Das Integral in (11.22) auf dem zweiten Stück $V^+ \cap U(0,\epsilon)$ konvergiert gegen Null für $\epsilon \to +0$. Unter erneuter Verwendung des Satzes von Stokes bekommt man

$$\int [\vartheta(x_0)\vartheta(x^2)]\varphi(x)\,dx = \lim_{\epsilon \to +0}\left[-2(s-1)\int_{\partial V_\epsilon^+ - U(0,\epsilon)} \varphi\,\frac{dx_1 \ldots dx_s}{2x_0} +\right.$$

$$\left. + \int_{\partial V^+ \cap \partial U(0,\epsilon)} \frac{\varphi}{x_0}\left((-1)^{s-1}x_1\,dx_2 \ldots dx_s + \cdots + x_s\,dx_1 \ldots dx_{s-1}\right)\right] \qquad (11.23)$$

Der zweite Summand auf der rechten Seite von (11.23) konvergiert gegen Null, wenn $\epsilon \to +0$. Die Integration in dem ersten Summanden auf der rechten Seite von (11.23) erfolgt auf der äußeren Seite von $\partial V_\epsilon^+ - U(0,\epsilon)$. Aus (11.20) und (11.23) folgt dann das gewünschte Ergebnis (11.21).

Die Gleichung (11.21) zeigt, daß die Distributionen $\delta_\pm(x^2)$ Ableitungen (im Sinne der Distributionen) der lokal integrierbaren Funktionen $\vartheta(\pm x_0)\vartheta(x^2)$ sind. Daher sind $\delta_\pm(x^2)$ und $\delta(x^2)$ temperierte Distributionen in $\mathbb{R}^n$. Ein anderer Beweis dieser Tatsache wird in Abschn. 11.4 gegeben.

Wir wollen nun formal die Ableitung $\Box^k[\vartheta(\pm x_0)\vartheta(x^2)]$ ausrechnen. Man bekommt:

$$\Box^k[\vartheta(\pm x_0)\vartheta(x^2)] = \frac{4^k\Gamma\left(\dfrac{s+1}{2}\right)}{\Gamma\left(\dfrac{s+1}{2} - k\right)}\,\vartheta(\pm x_0)\delta^{(k-1)}(x^2) \qquad (11.24)$$

wenn $k < (s+1)/2$ für n-ungerade und $k \geqslant 1$ beliebig für n-gerade.

Die Gleichung (11.24) kann man für $k < (s + 1)/2$ analog zu (11.21) beweisen.
Für $k \geqslant (s + 1)/2$, n gerade, definieren wir die Distributionen $\vartheta(\pm x_0)\delta^{(k)}(x^2)$,
$\delta^{(k)}(x^2) = \vartheta(x_0)\delta^{(k)}(x^2) + \vartheta(-x_0)\delta^{(k)}(x^2)$, $\epsilon(x_0)\delta^{(k)}(x^2) = \vartheta(x_0)\delta^{(k)}(x^2) - \vartheta(-x_0)\delta^{(k)}(x^2)$
durch (11.24) als Ableitungen (im Sinne der Distributionen) von $\vartheta(\pm x_0)\vartheta(x^2)$.
Wir führen nun die folgende Distribution ein

$$\square^k \ln |x^2| = (-1)^{k-1} \frac{4^k \Gamma(k)\Gamma\left(\dfrac{s+1}{2}\right)}{\Gamma\left(\dfrac{s+1}{2} - k\right)} \frac{1}{(x^2)^k} \tag{11.25}$$

wobei $1 \leqslant k < (s + 1)/2$ wenn s ungerade und $k \geqslant 1$ beliebig, wenn s gerade ist. Die
Distribution $1/(x^2)^k$ läßt sich also als Ableitung der lokal integrierbaren Funktion
$\ln |x^2|$ darstellen. Daher ist $1/(x^2)^k$ eine temperierte Distribution.

In Abschn. 6.5 und 8.2.5 haben wir gezeigt, daß im Falle einer Veränderlichen die
folgenden bekannten Gleichungen gelten

$$\frac{1}{(x \pm i0)^k} = \frac{(-1)^k}{(k-1)!} \frac{d^k}{dx^k} \ln(x \pm i0)$$

$$= \frac{(-1)^{k-1}}{(k-1)!} \frac{d^k}{dx^k} (\pm i\pi\vartheta(-x) + \ln|x|)$$

$$= \pm i\pi \frac{(-1)^k}{(k-1)!} \delta^{(k-1)}(x) + \frac{1}{x^k}$$

Wir wollen nun diese Gleichungen in einem bestimmten Sinne in $\mathbb{R}^n$, $n > 2$ verallgemeinern. Sei $T^{\pm} = \mathbb{R}^n \pm iV^+$, $T = T^+ \cup T^-$. Die Funktionen $\ln(-z^2)$, $(-z^2)^p$ (p eine
beliebige reelle Zahl) sind dann in T holomorph (und eindeutig).
In der Tat, kann man durch eine einfache Rechnung zeigen, daß $z^2 = (x + iy)^2 = x^2 + y^2 + 2ixy$, $x = (x_0, \bar{x})$, $y = (y_0, \bar{y})$ für $z \in T$ nicht positiv sein wird. Aus Abschn. 10.8 folgt,
daß diese Funktionen Randwerte im Sinne der temperierten Distributionen für $y = tY$,
$Y \in V^{\pm}$, $t \to +0$ besitzen. Da diese Randwerte von $Y \in V^{\pm}$ unabhängig sind, können wir
$y = (\pm\epsilon, \bar{0})$ mit $\epsilon \to +0$ nehmen und daher lassen sich die folgenden (temperierten)
Distributionen einführen

$$\lim_{\epsilon \to +0} [|\bar{x}|^2 - (x_0 \pm i\epsilon)^2]^{-k} = [|\bar{x}|^2 - (x_0 \pm i0)^2]^{-k}; \quad k = 1, 2, \ldots \tag{11.26}$$

$$\lim_{\epsilon \to +0} \ln [|\bar{x}|^2 - (x_0 \pm i\epsilon)^2] = \ln [|\bar{x}|^2 - (x_0 \pm i0)^2]$$

$$= \pm i\pi\epsilon(x_0)\vartheta(x^2) + \ln |x^2| \tag{11.27}$$

Weiter folgt

$$[|\bar{x}^2| - (x_0 \pm i0)^2]^{-k} = \frac{-\Gamma\left(\dfrac{s+1}{2} - k\right) \Box^k \ln\,[|\bar{x}|^2 - (x_0 \pm i0)^2]}{4^k \Gamma(k)\Gamma\left(\dfrac{s+1}{2}\right)}, \qquad (11.28)$$

wenn $1 \leqslant k < (s+1)/2$ für $s$ ungerade und $k \geqslant 1$ beliebig für $s$ gerade.

Aus (11.24), (11.25), (11.27) und (11.28) folgt nun die gesuchte Gleichung

$$[|\bar{x}|^2 - (x_0 \pm i0)^2]^{-k} = \frac{\pm i\pi}{(k-1)!}\, \epsilon(x_0)\delta(x^2) + (-1)^k \frac{1}{(x^2)^k}, \quad k = 1, 2, \ldots \quad (11.29)$$

Nach Abschn. 10.8 können wir annehmen, daß die Distributionen $[|\bar{x}|^2 - (x_0 \pm i0)^2]^{-k}$, $k = 1, 2, \ldots$ Fourier-Laplace-Transformierte gewisser temperierter Distributionen mit Träger in $V^{\pm}$ sind.

Betrachten wir nun die Funktion $\vartheta(p_0)\vartheta(p^2)$, die gleich Null außerhalb $\bar{V}^+$ ist. Die Fourier-Laplace-Transformierte dieser Funktion wird in $T^+ = \mathbb{R}^n + iV^+$ analytisch sein (s. Abschn. 10.8). Daher können wir diese analytische Funktion z.B. für Punkte der Form $z = (x_0 + i\epsilon, \bar{x})$, $\epsilon > 0$ ausrechnen und dann analytisch in ganz $T^+$ fortsetzen. Es gilt ($s \geqslant 2$)

$$\int \vartheta(p_0)\vartheta(p^2)\, e^{i(x_0 + i\epsilon)p_0 - i\bar{x}\bar{p}}\, dp$$

$$= \Omega_{s-1} \int_0^\infty \int_0^\pi |\bar{p}|^{s-1} \sin^{s-2}\vartheta\, e^{-i|\bar{x}||\bar{p}|\cos\vartheta}\, d\vartheta \int_{|\bar{p}|}^\infty e^{i(x_0+i\epsilon)p_0}\, dp_0\, d|p|$$

$$= \frac{i\Omega_{s-1}}{x_0 + i\epsilon} \int_0^\infty |\bar{p}|^{s-1}\, e^{i(x_0+i\epsilon)|\bar{p}|} \int_0^\pi \sin^{s-2}\vartheta\, e^{-i|\bar{x}||\bar{p}|\cos\vartheta}\, d\vartheta\, d|\bar{p}|$$

$$= \frac{i\Omega_{s-1}}{x_0 + i\epsilon} \sqrt{\pi}\, \Gamma\left(\frac{s-1}{2}\right)\left(\frac{2}{|\bar{x}|}\right)^{(s-2)/2} \int_0^\infty |\bar{p}|^{s/2} J_{(s-2)/2}(|\bar{x}||\bar{p}|)\, e^{i(x_0+i\epsilon)|\bar{p}|}\, d|\bar{p}|$$

$$= 2^s \pi^{(s-1)/s} \Gamma\left(\frac{s+1}{2}\right) [|\bar{x}|^2 - (x_0 + i\epsilon)^2]^{-(s+1)/2}$$

In dieser Rechnung wurde mit $\Omega_s$ die Einheitssphäre in $\mathbb{R}^s$ bezeichnet und die Formeln (6.413.1), S. 312, und (4.432.2), S. 236, aus [22] benützt.

Es folgt also

$$\int \vartheta(\pm p_0)\vartheta(p^2)\, e^{ipz}\, dp = 2^s \pi^{(s-1)/2} \Gamma\left(\frac{s+1}{2}\right)(-z^2)^{-(s+1)/2}, \quad z \in T^{\pm} \qquad (11.30)$$

Aus (11.21) folgt weiter

$$\int \vartheta(\pm p_0)\delta(p^2)\, e^{ipz}\, dp = \frac{1}{2(s-1)} \int \Box[\vartheta(\pm p_0)\vartheta(p^2)]\, e^{ipz}\, dp$$

$$= -\frac{z^2}{2(s-1)} \int \vartheta(\pm p_0)\vartheta(p^2)\, e^{ipz}\, dp$$

$$= \frac{2^{s-1}}{s-1}\, \pi^{(s-1)/2}\Gamma\left(\frac{s+1}{2}\right)[-z^2]^{-(s-1)/2}, \quad z \in T^{\pm} \tag{11.31}$$

Die Formeln (11.30) und (11.31) stellen Beispiele dar für die Fourier–Laplace-Transformierte von (temperierten) Distributionen mit gewissen Trägereigenschaften, die sich als analytische Funktionen darstellen lassen (s. Abschn. 10.8).

## 11.3. Die Lösung des Cauchyproblems für die Wellengleichung

Wir betrachten den Wellenoperator (in $\mathbb{R}^4$)

$$\Box = \frac{\partial^2}{\partial x_0^2} - \frac{\partial^2}{\partial \bar{x}^2} \equiv \frac{\partial^2}{\partial x_0^2} - \frac{\partial^2}{\partial x_1^2} - \frac{\partial^2}{\partial x_2^2} - \frac{\partial^2}{\partial x_3^2}$$

und die homogene Wellengleichung $\Box u = 0$ im Rahmen der Distributionen $u \equiv u(x_0,\bar{x}) \in \mathscr{D}(\mathbb{R}^4)$. Wir wollen zunächst die folgenden (temperierten) Distributionen einführen[1]

$$D^{\pm}(x) = \frac{\pm 1}{(2\pi)^3 i} \int \vartheta(\pm p_0)\delta(p^2)\, e^{ipx}\, dp \tag{11.32}$$

$$D(x) = D^{+}(x) + D^{-}(x) = \frac{1}{(2\pi)^3 i} \int \epsilon(p_0)\delta(p^2)\, e^{ipx}\, dp$$

Aus (11.31) und (11.29) folgt

$$D^{\pm}(x) = \frac{\pm 1}{4\pi^2 i}\, [|\bar{x}|^2 - (x_0 \pm i0)^2]^{-1}$$

$$D(x) = \frac{1}{4\pi^2 i}\, \{[|\bar{x}|^2(x_0 + i0)^2]^{-1} - [|\bar{x}|^2 - (x_0 - i0)^2]^{-1}\} \tag{11.33}$$

$$= \frac{1}{2\pi}\, \epsilon(x_0)\delta(x^2)$$

---

[1] Die Distributionen $D^{\pm}(x)$ werden in der relativistischen Physik oft anders bezeichnet (s. Abschn. 11.5).

Wir wollen zeigen, daß die temperierte Distribution D(x) die Wellengleichung $\Box D(x) = 0$ erfüllt und

$$\lim_{x_0 \to \pm 0} D(x_0, \bar{x}) = 0$$

$$\lim_{x_0 \to \pm 0} \frac{\partial}{\partial x_0} D(x_0, \bar{x}) = \delta(\bar{x}) \qquad (11.34)$$

im Sinne der temperierten Distributionen.

In der Tat, aus (11.20) folgt $p^2 \epsilon(p_0) \delta(p^2) = 0$ und daher aus (11.32), $\Box D(x) = 0$. Aus (11.33) folgt, daß für jedes feste $x_0$ die (temperierten) Distributionen

$$\frac{\partial^k D(x_0, \bar{x})}{\partial x_0^k}; \quad k = 0, 1, \ldots$$

sinnvoll sind[1]).

Die Gleichungen (11.34) lassen sich leicht nachprüfen (z.B. mit [29], S. 301, oder mit dem Beweis des Satzes (11.2)).

Aus (11.32) und (11.34) folgt, daß die Distribution D(x) für die Halbebenen $x_0 > 0$ bzw. $x_0 < 0$ gleichzeitig eine Grundlösung des Cauchyproblems ist. Seien nun $f(\bar{x})$, $g(\bar{x})$ zwei temperierte Distributionen aus $S'(\mathbb{R}^3)$. Dann ist

$$u(x) = D(x_0, \bar{x}') * g(\bar{x}') + \frac{\partial}{\partial x_0} D(x_0, \bar{x}') * f(\bar{x}') \qquad (11.35)$$

eine Lösung der Wellengleichung und es gilt

$$u(0, \bar{x}) = f(\bar{x}), \; \frac{\partial}{\partial x_0} u(0, \bar{x}) = g(\bar{x}) \qquad (11.36)$$

---

[1]) Für festes $x_0$ sind $\dfrac{\partial^k D(x_0, \bar{x})}{\partial x_0^k}$; $k = 0, 1, \ldots$ Distributionen aus $\mathscr{D}(\mathbb{R}^3)$. Diese Behauptung folgt ebenso aus der Tatsache, daß der Wellenoperator in der zeitlichen Variablen $x_0$ hypoelliptisch ist (s. [29] S. 27).

Ein partieller Differentialoperator mit konstanten Koeffizienten $P(iD_x, iD_y)$, $x \in \mathbb{R}^n$, $y \in \mathbb{R}^m$, heißt dabei hypoelliptisch in x, wenn jede Lösung $u = u(x, y)$ der Gleichung $P(iD_x, iD_y)u = 0$ (im Raum $\mathscr{D}'(\mathbb{R}^{n+m})$), unendlich oft differenzierbar nach x ist.

Der Wellenoperator $\Box = \dfrac{\partial^2}{\partial x_0^2} - \dfrac{\partial^2}{\partial x_1^2} - \cdots - \dfrac{\partial^2}{\partial x_s^2}$ ist in $x_0$ hypoelliptisch. Das heißt, daß jede distributionstheoretische Lösung $u(x_0, \bar{x})$ der Wellengleichung $\Box u = 0$ eine $\mathscr{C}^\infty$-Funktion in $x_0$ ist. Einen Beweis dieser Tatsache findet man z.B. in [9].

Aus der Tatsache, daß die Lösung des Cauchyproblems für die Wellengleichung eindeutig ist, folgt, daß (11.35) die allgemeine Form der Lösung der homogenen Wellengleichung (in $\mathbb{R}^4$) ist mit den Anfangsbedingungen

$$u(0,\bar{x}) = f(\bar{x}) \in S'(\mathbb{R}^3)$$

$$\frac{\partial u}{\partial x_0}(0,\bar{x}) = g(\bar{x}) \in S'(\mathbb{R}^3) \tag{11.37}$$

Wir werden diesen Abschnitt beenden mit der Bemerkung, daß die Distributionen (aus $S'(\mathbb{R}^4)$)

$$E^{\pm}(x) = \frac{1}{2\pi}\,\vartheta(\pm x_0)\delta(x^2) \tag{11.38}$$

Grundlösungen der Wellengleichung sind:

$$\Box E^{\pm}(x) = \delta(x) \tag{11.39}$$

Dafür genügt es zu zeigen, daß $-z^2\tilde{E}^{\pm}(z) = 1$, $z \in T^+$, wobei $\tilde{E}^{\pm}$ die Fourier-Laplace-Transformierte von $E^{\pm}(x)$ ist. Diese Gleichung folgt aber unmittelbar aus (11.24) und (11.21).

Die Ergebnisse dieses Abschnittes über die Wellengleichung in $\mathbb{R}^4$ lassen sich in $\mathbb{R}^n(= \mathbb{R}^{s+1})$, $s \geqslant 2$, verallgemeinern (s. [29], S. 294, und [24], S. 6).

## 11.4.  Die temperierten Distributionen $\delta_{\pm}(p^2 - m^2)$, $\delta(p^2 - m^2)$

Wir werden nun einige Distributionen untersuchen, die schon in Abschn. 11.1.2, Beispiel 4 eingeführt worden sind. In diesem Abschnitt führen wir unsere Untersuchungen dabei im $\mathbb{R}^4$ durch. Die unabhängige Variable wird durch $p = (p_0,\bar{p})$ $(p_0,p_1,p_2,p_3) \in \mathbb{R}^4$ bezeichnet, m wird eine positive Konstante sein. Diese Notationen lassen sich dadurch begründen, daß sie laufend in der Physik (Untersuchung der Klein-Gordon-Gleichung) benützt werden.

Es soll nun in diesem Abschnitt bewiesen werden, daß die Distributionen $\delta_{\pm}(p^2 - m^2)$, $\delta(p^2 - m^2)$ temperierte Distributionen sind und daß $\delta_{\pm}(p^2 - m^2) \to \delta_{\pm}(p^2)$ bzw. $\delta(p^2 - m^2) \to \delta(p^2)$ für $m \to 0$ im Sinne der temperierten Distributionen[1]).

Die Distributionen $\delta(p^2 - m^2)$ und $\delta_{\pm}(p^2 - m^2)$ wurden schon in Abschn. 11.1.2 eingeführt.

---

[1]) Als Nebenergebnis werden wir beweisen, daß auch die Distributionen $\delta_{\pm}(p^2)$, $\delta(p^2)$ temperiert sind, was wir eigentlich bereits wissen (s. Abschn. 11.2).

Aus (11.11) bekommt man

$$(\delta_\pm(p^2 - m^2), \varphi) = \frac{1}{2} \int \frac{\varphi(\pm\sqrt{\bar{p}^2 + m^2}, \bar{p})}{\sqrt{\bar{p}^2 + m^2}}\, d\bar{p} =$$

$$= \frac{1}{2} \int_0^\infty \frac{\bar{p}^2 \hat{\varphi}(\pm\sqrt{\bar{p}^2 + m^2}, \bar{p})}{\sqrt{\bar{p}^2 + m^2}}\, d|\bar{p}| \tag{11.40}$$

$$\delta(p^2 - m^2) = \delta_+(p^2 - m^2) + \delta_-(p^2 - m^2) \tag{11.41}$$

Aus (11.20) bekommt man

$$(\delta_\pm(p^2), \varphi) = \tfrac{1}{2} \int_0^\infty |\bar{p}| \hat{\varphi}(\pm|\bar{p}|, |\bar{p}|)\, d|\bar{p}|$$

$$\delta(p^2) = \delta_+(p^2) + \delta_-(p^2) \tag{11.42}$$

In (11.40) und (11.42) hat man gesetzt

$$\hat{\varphi}(p_0, |\bar{p}|) = \int_\Omega \varphi(p_0, |\bar{p}|\bar{\omega})\, d\Omega, \quad |\bar{\omega}| = 1 \tag{11.43}$$

wobei $\Omega$ die Einheitssphäre in $\mathbb{R}^s$ bedeutet und $\bar{\omega} \in \Omega$ (Polarkoordinaten).
Wir wollen zunächst ein Lemma angeben.

**Lemma.** Sei $P(x)$, $x \in \mathbb{R}^n$ ein beliebiges Polynom in $x$ und $\alpha = (\alpha_1, \ldots, \alpha_n)$ wobei $\alpha_1, \ldots, \alpha_n$ beliebige nichtnegative ganze Zahlen sind. Sei weiter

$$p(\varphi) = \sup_{x \in \mathbb{R}^n} |P(x) D^\alpha \varphi(x)|, \quad \varphi \in S(\mathbb{R}^n) \tag{11.44}$$

Dann ist $p(\varphi)$ eine Norm auf $S(\mathbb{R}^n)$ und die beiden Systeme von Normen $\{\|\varphi\|_p\}$ (s. (2.8)) und $\{p(\varphi)\}$ (s. (11.44)) sind äquivalent; d.h. jede Norm des ersten Systems ist schwächer (s. Abschn. 1.5) als eine Norm des zweiten Systems und jede Norm des zweiten Systems ist schwächer als eine Norm des ersten Systems.

Der Beweis des Lemmas folgt unmittelbar aus der Definition von Normen $\|\varphi\|_p$ und $p(\varphi)$.

Sei nun $G \subset \mathbb{R}^n$ offen. Unter $S(G)$ werden wir den Raum derjenigen $\mathscr{C}^\infty$-Funktionen auf $G$ verstehen, die im Unendlichen samt allen ihren Ableitungen schneller als jede Potenz verschwinden. Insbesondere werden wir den Raum $S(\mathbb{R} \times (0,\infty))$ betrachten. Die Topologie auf $S(\mathbb{R} \times (0,\infty))$ kann z.B. durch das folgende System von abzählbar vielen Normen definiert werden:

$$\|\psi\|_{\nu,\mu} = \sup_{\substack{s \in \mathbb{R}, t > 0 \\ \alpha \leqslant \nu, q \leqslant \mu}} |s^s t^\mu D_s^\alpha D_t^q \psi|, \quad \psi = \psi(s,t) \tag{11.45}$$

($\alpha$ und q bedeuten hier natürlich keine Multiindizes, sondern nichtnegative, ganze Zahlen). Im Sinne des Lemmas ist dieses System von Normen mit dem folgenden System äquivalent:

$$p(\psi) = \sup_{\substack{s \in \mathbb{R} \\ t > 0}} |P(s,t)D^{\alpha}\psi| \tag{11.46}$$

wobei $P(s,t)$ ein beliebiges Polynom in zwei Variablen s und t ist und $\alpha = (\alpha_1, \alpha_2)$. Wir wollen nun zeigen, daß die durch (11.40) und (11.42) definierten Distributionen temperiert sind. Zum Beweis brauchen wir den folgenden

**Hilfssatz 11.1.** Sei $\varphi \in S(\mathbb{R}^4)$ und

$$\hat{\varphi}(s,t) = \int_{\Omega} \varphi(s, t\bar{\omega}) \, d\Omega, \quad s = p_0, \quad t = |\bar{p}|, \quad \bar{p} \in \mathbb{R}^3 \tag{11.47}$$

wobei $\Omega$ die Einheitssphäre in $\mathbb{R}^3$ und $d\Omega$ deren Flächenelement ist. Durch $\varphi \mapsto \hat{\varphi}$ ist dann eine stetige lineare Abbildung $S(\mathbb{R}^4) \to S(\mathbb{R} \times (0,\infty))$ gegeben.

Beweis. Da der Integrationsbereich in (11.43) kompakt ist, ist $\hat{\varphi}$ eine $\mathscr{C}^{\infty}$-Funktion und man darf unter dem Integralzeichen differenzieren:

$$\frac{\partial}{\partial t} \hat{\varphi} = \int_{\Omega} \frac{\partial}{\partial t} \varphi(s, t\bar{\omega}) \, d\Omega = \int_{\Omega} \left( \sum_{j=1}^{3} \frac{\partial}{\partial p_j} \varphi(s, t\bar{\omega}) \omega_j \right) d\Omega$$

Es folgt

$$|s^{\nu} t^{\mu} D_s^{\alpha} D_t^{q} \hat{\varphi}(s,t)| \leqslant \int_{\Omega} \sum_{|\beta|=q} s^{\nu} |\bar{p}|^{\mu} D_s^{\alpha} D_{\bar{p}}^{\beta} \varphi(p_0, |\bar{p}|) \bar{\omega}^{\beta} \, d\Omega$$

$$\leqslant \int_{\Omega} \left( \sum_{|\beta|=q} (1 + \bar{p}^2)^{\mu} |s^{\nu} D_s^{\alpha} D_{\bar{p}}^{\beta} \varphi(s, |\bar{p}|\bar{\omega})| \right) d\Omega \tag{11.48}$$

$$\leqslant 4\pi^2 \sum_{|\beta|=q} \sup_{p \in \mathbb{R}^4} |p_0^{\nu}(1 + \bar{p}^2)^{\mu} D_{p_0}^{\alpha} D_{\bar{p}}^{\beta} \varphi|$$

wobei $\beta = (\beta_1, \beta_2, \beta_3)$, $\bar{\omega}^{\beta} = (\omega_1^{\beta_1}, \omega_2^{\beta_2}, \omega_3^{\beta_3})$. Benutzt wurde, daß $|\bar{\omega}^{\beta}| \leqslant 1$ ist und $|\bar{p}|^{\mu} \leqslant (1 + \bar{p}^2)^{\mu}$. Aus dem Lemma und aus (11.48) folgt, daß die Abbildung $\varphi \mapsto \hat{\varphi}$ stetig ist. Die Linearität dieser Abbildung ist ohnehin klar.

**Satz 11.1.** Die Distributionen $\delta_{\pm}(p^2 - m^2)$, $\delta(p^2 - m^2)$, $\delta_{\pm}(p^2)$, $\delta(p^2)$ sind temperiert.

Beweis. Sei $\psi \in S(\mathbb{R} \times (0,\infty))$. Durch

$$p(\psi) = \sup_{\substack{x \in \mathbb{R} \\ y \in (0,\infty)}} |f(x,y)\psi(x,y)|$$

ist eine Norm p auf $S(\mathbb{R} \times (0,\infty))$ gegeben. Hat das Polynom $f(x,y)$ keine Nullstellen, so gilt

$$|\hat\varphi(x,y)| \leqslant \frac{p(\hat\varphi)}{|f(x,y)|}; \quad x \in \mathbb{R}, \quad y > 0$$

wählt man speziell $f(x,y) = (1 + y^2)^2$, so ist für $y > 0$

$$|(y^2 + m^2)^{-1/2} y^2 \hat\varphi(\pm\sqrt{y^2 + m^2}, y)| \leqslant \frac{1}{m} y^2 \frac{p(\hat\varphi)}{(1 + y^2)^2} \leqslant \frac{p(\hat\varphi)}{m(1 + y^2)},$$

also

$$\left| \int\limits_0^\infty (y^2 + m^2)^{-1/2} y^2 \hat\varphi(\pm\sqrt{y^2 + m^2}, y)\, dy \right| \leqslant \int\limits_0^\infty \frac{p(\hat\varphi)}{m(1 + y^2)}\, dy = \frac{p(\hat\varphi)}{m} \int\limits_0^\infty \frac{dy}{1 + y^2} = \text{const} \cdot p(\hat\varphi)$$

Bei Beachtung des Hilfssatzes 11.1 folgt, daß $\delta_\pm(p^2 - m^2)$ temperierte Distributionen sind. Eine analoge Abschätzung mit $f(x,y) = (1 + y^2)(1 + y)$ zeigt, daß $\delta_\pm(p^2)$ auch temperierte Distributionen sind.

**Satz 11.2.** Es gilt

$$\lim_{m \to 0} \delta_\pm(p^2 - m^2) = \delta_\pm(p^2)$$

$$\lim_{m \to 0} \delta(p^2 - m^2) = \delta(p^2)$$

(11.49)

im Sinne der Topologie von $S'(\mathbb{R}^4)$.

Beweis. Es genügt

$$\lim_{m \to 0} (\delta_+(p^2 - m^2), \varphi) = (\delta_+(p^2), \varphi)$$

mit $\varphi \in S'(\mathbb{R}^4)$ nachzuweisen. Wir haben

$$2|(\delta_+(p^2 - m^2), \varphi) - (\delta_+(p^2), \varphi)| \leqslant \int\limits_0^\infty \left| \frac{|\bar{p}|}{\sqrt{\bar{p}^2 + m^2}} |\bar{p}| \hat\varphi(\sqrt{\bar{p}^2 + m^2}, |\bar{p}|) - \right.$$

$$\left. - |\bar{p}| \hat\varphi(|\bar{p}|, |\bar{p}|) \right| d|\bar{p}|$$

$$= \int\limits_0^\infty \left| \left( \frac{|\bar{p}|}{\sqrt{\bar{p}^2 + m^2}} - 2 \right) |\bar{p}| \hat\varphi(\sqrt{\bar{p}^2 + m^2}, |\bar{p}|) \right.$$

$$\left. + |\bar{p}| \hat\varphi(\sqrt{\bar{p}^2 + m^2}, |\bar{p}|) - |\bar{p}| \hat\varphi(|\bar{p}|, |\bar{p}|) \right| d|\bar{p}|$$

$$\leqslant \int\limits_0^\infty \left| \left( \frac{|\bar{p}|}{\sqrt{\bar{p}^2 + m^2}} - 1 \right) |\bar{p}| \hat\varphi(\sqrt{\bar{p}^2 + m^2}, |\bar{p}|) \right| d|\bar{p}| +$$

$$+ \int\limits_0^\infty \left| \int\limits_{|\bar{p}|}^{\sqrt{\bar{p}^2 + m^2}} \frac{\partial}{\partial y} (|\bar{p}| \hat\varphi(y, |\bar{p}|)\, dy \right| d|\bar{p}|$$

Das erste Integral in diesem Ausdruck geht gegen Null für m → +0, denn wegen $0 \leqslant |\bar{p}|/\sqrt{\bar{p}^2 + m^2} \leqslant 1$ für alle $|\bar{p}|$ und m, wird das Integrand durch eine (Lebesgue-) integrierbare Funktion majorisiert, und man braucht lediglich den Lebesgueschen Grenzwertsatz (s. [21]) anzuwenden. Weil $\hat{\varphi} \in S(\mathbb{R} \times (0,\infty))$ ist und $\sqrt{\bar{p}^2 + m^2} \leqslant |\bar{p}| + m$ für $|\bar{p}|, m \geqslant 0$ gilt, haben wir ferner für geeignetes M > 0:

$$\int_{|\bar{p}|}^{\sqrt{\bar{p}^2+m^2}} \frac{\partial}{\partial y} (|\bar{p}|\hat{\varphi}(y,|\bar{p}|)) \, dy \;\leqslant\; \int_{|\bar{p}|}^{\sqrt{\bar{p}^2+m^2}} \frac{M}{1 + \bar{p}^2} \, dy$$

$$= \frac{M}{1 + \bar{p}^2} (\sqrt{\bar{p}^2 + m^2} - |\bar{p}|) \leqslant \frac{Mm}{1 + \bar{p}^2}$$

Das zweite Integral wird daher durch const m majorisiert und geht folglich gegen Null. Damit ist der Satz 11.2 bewiesen.


## 11.5. Einige Fouriertransformierte

In Abschn. 11.3 haben wir die folgenden Distributionen eingeführt (s. (11.32)):

$$D^{\pm}(x) = \frac{\pm i}{(2\pi)^3 i} \int \vartheta(\pm p_0)\delta(p^2) \, e^{ipx} \, dp$$

$$D(x) = D^+(x) + D^-(x) = \frac{1}{(2\pi)^3 i} \int \epsilon(p_0)\delta(p^2) \, e^{ipx} \, dp$$

Die (temperierten) Distributionen $D^{\pm}(x)$, $D(x)$ sind also Fouriertransformierte von $\vartheta(\pm p_0)\delta(p^2)$ und $\epsilon(p_0)\delta(p^2)$. Diese Fouriertransformierten sind in Abschn. 11.2 berechnet worden (s. (11.33)):

$$D^{\pm}(x) = \frac{\pm 1}{4\pi^2 i} [|\bar{x}|^2 - (x_0 \pm i0)^2]^{-1}$$

$$D(x) = \frac{1}{2\pi} \epsilon(x_0)\delta(x^2)$$

In der relativistischen Physik werden auch die folgenden Fouriertransformierten betrachtet:

$$D_m^{\pm}(x) = \frac{\pm 1}{(2\pi)^3 i} \int \vartheta(\pm p_0)\delta(p^2 - m^2) \, e^{ipx} \, dp = \frac{\pm 1}{(2\pi)^3 i} \int \delta_{\pm}(P^2 - m^2) \, e^{ipx} \, dp \qquad (11.50)$$

$$D_m(x) = D_m^+(x) + D_m^-(x) = \frac{1}{(2\pi)^3 i} \int \epsilon(p_0)\delta(p^2 - m^2) \, e^{ipx} \, dp$$

$$= \frac{1}{(2\pi)^3 i} \int (\delta_{+}(p^2 - m^2) - \delta_{-}(p^2 - m^2)) \, e^{ipx} \, dp \qquad (11.51)$$

Aus 11.4 folgt, daß $D_m^\pm(x)$, $D_m(x)$ temperierte Distributionen sind, und $\Gamma$ (im Sinne der temperierten Distributionen)

$$\lim_{m \to 0} D_m^\pm(x) = D^\pm(x), \quad \lim_{m \to 0} D_m(x) = D(x)$$

Die Fouriertransformierten $D_m^\pm(x)$, $D_m(x)$ lassen sich explizit berechnen. Wir werden in dem vorliegenden Buch jedoch diese (ziemlich umfangreiche) Rechnung nicht angeben. Wir verweisen dazu auf die Literatur, z.B. [1], [13] und [7]. Die Distributionen $D_m^\pm(x)$ lassen sich wegen der Trägereigenschaften von $\delta_\pm(p^2 - m^2)$ als Randwerte gewisser analytischer Funktionen darstellen (s.z.B. [7]). Aus (11.50) folgt ferner:

$$D_m^-(x) = -D_m^+(-x)$$

Wir werden nun die Fouriertransformierte von $D_m^+(x)$ angeben. Wir schreiben zunächst

$$\Delta_m^\pm(x) = \frac{\pm 1}{(2\pi)^3 i} \int \vartheta(p_0)\delta(p^2 - m^2)\, e^{-ipx}\, dp, \quad \Delta_m(x) = \Delta_m^+(x) + \Delta_m^-(x) \qquad (11.52)$$

Es gilt: $\Delta_m^+(x) = -D_m^-(x) = D_m^+(-x)$ und (s. [13])

$$\Delta_m^+(x) = \lim_{\substack{\eta \to 0 \\ \eta \in V^+}} \frac{1}{(2\pi)^2 i} \frac{K_1\{m[-(x - i\eta)^2]^{1/2}\}}{m[-(x - i\eta)^2]^{1/2}} \qquad (11.53)$$

wobei $K_1$ die modifizierte Besselfunktion zweiter Art ist (s. [1] S. 151). Wenn man $\eta = (\epsilon,0,0,0), \epsilon > 0$ wählt, bekommt man aus (11.53):

$$\Delta_m^+(x) = \lim_{\epsilon \to +0} \frac{1}{(2\pi)^2 i} \frac{K_1\{m[|\bar{x}|^2 - (x_0 - i\epsilon)^2]^{1/2}\}}{m[|\bar{x}|^2 - (x_0 - i\epsilon)^2]^{1/2}}$$

$$= \frac{1}{(2\pi)^2 i} \frac{K_1\{m[|\bar{x}|^2 - (x_0 - i0)^2]^{1/2}\}}{m[|\bar{x}|^2 - (x_0 - i0)^2]^{1/2}} \qquad (11.54)$$

und

$$D_m^\pm(x) = \frac{\pm 1}{(2\pi)^2 i} \frac{K_1\{m[|\bar{x}|^2 - (x_0 \pm i0)^2]^{1/2}\}}{m[|\bar{x}|^2 - (x_0 \pm i0)^2]^{1/2}} \qquad (11.55)$$

Andere Ausdrücke für $D_m^\pm(x)$ bzw. $\Delta_m^\pm(x)$ findet man in [1], S. 136. Die Distribution $D_m(x)$ (bzw. $\Delta_m(x)$) hat außerdem die folgende wichtige Eigenschaft (s. [1], S. 136):

$$D_m(x) = 0 \quad \text{für} \quad x^2 < 0 \qquad (11.56)$$

Aus (11.56) folgt für eine Testfunktion $\varphi$ aus $S(\mathbb{R}^4)$ mit Träger in $\{x \in \mathbb{R}^4; x^2 < 0\}$:

$$(D_m(x), \varphi(x)) = 0.$$

# 12. Hilbertraum und Distributionen. Anwendungen in der Physik

### 12.1. Vorbereitung: Einige elementare Bemerkungen über lineare Operatoren im Hilbertraum

In diesem Kapitel werden wir einige elementare Ergebnisse aus der Theorie der linearen Operatoren im Hilbertraum voraussetzen (solche Ergebnisse findet man in jedem Buch über die Theorie der Hilberträume; wir empfehlen dem Leser z.B. [19]). Um es dem Leser bequemer zu machen, werden wir hier einige Ergebnisse zusammenfassen.

Sei $\mathcal{H}$ ein unendlichdimensionaler, separabler Hilbertraum (s. Abschn. 1.4). Wir werden mit u, v, . . . die Elemente aus $\mathcal{H}$ bezeichnen. Das Skalarprodukt (u,v) wird als linear im zweiten Faktor und antilinear im ersten angenommen. Im Raum $\mathcal{H}$ sei eine gewisse Punktmenge D gegeben. Eine Abbildung $A:D \to \mathcal{H}$ die jedem Element $u \in D$ ein bestimmtes Element $Au = v \in R \subset \mathcal{H}$ zuordnet, heißt ein Operator im Raum $\mathcal{H}$ mit Definitionsbereich D und Wertebereich R. R besteht aus allen v = Au, wobei u ganz D durchläuft. Um Unklarheiten zu vermeiden, werden wir den Definitionsbereich bzw. den Wertebereich eines bestimmten Operators A mit D(A) bzw. R(A) bezeichnen. Wenn ein Operator A je zwei verschiedenen Elementen aus D(A) verschiedene Elemente aus R(A) zuordnet, so besitzt A einen inversen Operator $A^{-1}$, der den Elementen aus R(A) Elemente aus D(A) zuordnet.

Zwei Operatoren heißen gleich, wenn ihre Definitionsbereiche zusammenfallen und wenn in jedem Punkt ihres Definitionsbereichs die Werte dieser Operatoren übereinstimmen. Der Operator A heißt eine Erweiterung des Operators B, man schreibt $B \subset A$, wenn $D(B) \subset D(A)$ und Au = Bu für jedes $u \in D(B)$. Ein Operator A heißt stetig im Punkte $u_0$ ($u_0 \in D(A)$), wenn

$$\lim_{u \to u_0} Au = Au_0 \quad (u \in D(A))$$

Seien A und B zwei Operatoren gegeben mit der Eigenschaft, daß D(A) = D(B) = R(A) = R(B) = $D_0$. Der Operator [A,B] = AB − BA mit Definitionsbereich $D_0$ heißt Kommutator von A und B. Die Operatoren A und B heißen vertauschbar, wenn [A,B] = 0.

Ein Operator heißt linear, wenn sein Definitionsbereich D(A) ein linearer Teilraum ist und die Gleichung

$$A(\alpha u + \beta v) = \alpha Au + \beta Av$$

für beliebige $u,v \in D(A)$ und beliebige komplexe Zahlen $\alpha,\beta$ gilt.

Ein linearer Operator heißt beschränkt, wenn

$$\|A\| = \sup_{u \in D(A), \|u\| \leqslant 1} \|Au\| < \infty$$

gilt. Die nichtnegative Zahl $\|A\|$ heißt die Norm des Operators A (in D(A)).

**Jeder beschränkte lineare Operator ist stetig.** Ist ein linearer Operator in einem einzigen Punkt stetig, so ist er beschränkt. Jeder lineare und beschränkte Operator A mit Definitionsbereich $D(A) \subset \mathcal{H}$ kann derart zu einem auf ganz $\mathcal{H}$ definierten linearen Operator $\tilde{A}$ erweitert werden, daß die Norm erhalten bleibt: $\|\tilde{A}\| = \|A\|$. Deshalb kann man für lineare beschränkte Operatoren von Anfang an annehmen, daß sie auf ganzen Hilberträumen $\mathcal{H}$ definiert sind. Für unbeschränkte Operatoren ist aber die Angabe des Definitionsbereiches erforderlich.

Ein Operator A heißt **abgeschlossen**, wenn aus dem Bestehen der Relationen

$$u_n \in D(A), \quad \lim u_n = u, \quad \lim Au_n = v$$

die Eigenschaften

$$u \in D(A), \quad Au = v$$

folgen.

Ein Operator B (wenn er existiert) heißt eine **abgeschlossene Erweiterung** eines Operators A, wenn $B \supset A$ und B abgeschlossen ist. Unter diesen abgeschlossenen Erweiterungen ist eine **minimale abgeschlossene Erweiterung** $\bar{A}$ ausgezeichnet, die in jeder abgeschlossenen Erweiterung des Operators A enthalten ist. Die minimale abgeschlossene Erweiterung $\bar{A}$ des Operators A heißt **Abschließung** von A.

Sei nun A ein linearer Operator mit dichtem Definitionsbereich, d.h. $D(A)$ liegt dicht in $\mathcal{H}$.

Wir definieren den **adjungierten Operator A***; sein Definitionsbereich ist die Menge aller $v \in \mathcal{H}$ für die ein $v^*$ existiert, so daß

$$(v, Au) = (v^*, u) \quad \text{für alle} \quad u \in D(A)$$

und es ist

$$A^*v = v^*$$

Dabei ist es möglich, daß der Definitionsbereich $D(A^*)$ nur aus dem Nullelement besteht. Wenn aber $D(A^*)$ wieder dicht in $\mathcal{H}$ liegt, können wir den Operator $A^{**}$ definieren. Der Operator $A^{**}$ ist gleich der Abschließung des Operators A. Wir haben $A^{***} = A^*$, so daß $A^*$ abgeschlossen ist.

Wir werden nur Operatoren betrachten, für die $D(A^*)$ dicht in $\mathcal{H}$ liegt, also Operatoren, die abgeschlossene Erweiterungen besitzen.

Der dicht definierte Operator A heißt **symmetrisch (oder hermitesch)**, wenn für alle $u, v \in D(A)$

$$(u, Av) = (Au, v).$$

Für einen symmetrischen Operator A ist $A^*$ eine Erweiterung von A, existiert $A^{**}$ und es gilt $A \subset A^{**} \subset A^*$. Wenn $A = A^*$ ist, so heißt A **selbstadjungiert**, wenn $A^* = A^{**}$ ist, so heißt A **wesentlich selbstadjungiert**.

Selbstverständlich ist ein selbstadjungierter Operator wesentlich selbstadjungiert; ein wesentlicher selbstadjungierter Operator hat eine einzige selbstadjungierte Erweiterung.

Nicht jeder symmetrische Operator hat eine selbstadjungierte Erweiterung.

Eine Abbildung C: $\mathcal{H} \to \mathcal{H}$ heißt eine **komplexe Konjugation**, wenn sie konjugiert linear d.h.

$C(\alpha u + \beta v) = \bar{\alpha} u + \bar{\beta} v$; $u, v \in \mathcal{H}$; $\alpha, \beta$ komplexe Zahlen und wenn zusätlich $C^2 = I$.

Es gilt das folgende Kriterium für die Existenz einer selbstadjungierten Erweiterung eines symmetrischen Operators (von Neumann):

**Satz.** Existiert für einen symmetrischen Operator A eine komplexe Konjugation C mit CA = AC, dann besitzt A mindestens eine selbstadjungierte Erweiterung.

Ein anderes Kriterium für die Existenz einer selbstadjungierten Erweiterung eines symmetrischen Operators kann man mit Hilfe sogenannter Defektindizes angeben.

Die **Defektindizes** $m_+$ und $m_-$ sind gleich der Anzahl der linearen unabhängigen Lösungen von

$$A^* u = \pm iu$$

Eine notwendige und hinreichende Bedingung dafür, daß der symmetrische Operator eine selbstadjungierte Erweiterung besitzt ist, daß $m_+ = m_-$.

Notwendig und hinreichend dafür, daß A wesentlich selbstadjungiert ist, ist $m_+ = m_- = 0$. Diese Bedingung kann man infolge der Gleichung $\mathrm{Ker}(A^* \mp i) = R(A \pm i)^\perp$ auch auf folgende Weise ausdrücken:

Der symmetrische Operator A ist wesentlich selbstadjungiert genau dann, wenn $R(A \pm i)$ dicht in $\mathcal{H}$ liegt.

Ein einfaches, aber wichtiges **Beispiel** eines unbeschränkten Operators in der Physik ist

der Impulsoperator $P = -i\,\dfrac{d}{dx}$ in $L^2(\mathbb{R})$ mit Definitionsbereich gleich der Menge aller

absolut stetigen[1]) Funktionen aus $L^2$, so daß die ersten Ableitungen dieser Funktionen auch in $L^2$ sind. Dieser Operator mit dem angegebenen Definitionsbereich ist selbstadjungiert.

Ein Operator U der auf dem ganzen Raum $\mathcal{H}$ definiert ist und mit Wertebereich ganz $\mathcal{H}$, heißt **unitär**, wenn er das Skalarprodukt erhält, d.h.

$$(Uf, Ug) = (f, g)$$

Die Forderung, daß $D(U) = R(U) = \mathcal{H}$, ist wesentlich. Wenn diese Forderung nicht erfüllt ist, heißt der Operator U **isometrisch**. Ein isometrischer Operator wird durch die Gleichung $U^*U = I$ charakterisiert. Wenn ein isometrischer Operator auch der Gleichung $UU^* = I$ genügt, dann ist er unitär.

————————

[1]) Für die Definition der absolut stetigen Funktionen siehe z.B. [14], S. 63. Eine Funktion ist genau dann absolut stetig, wenn sie das unbestimmte Integral einer (Lebesgue-) lokal integrierbaren Funktion ist. Eine absolut stetige Funktion ist fast überall differenzierbar (s. [14], S. 63).

Ein selbstadjungierter Operator hat eine eindeutige Spektraldarstellung

$$A = \int_{-\infty}^{\infty} \lambda \, dE(\lambda) \tag{12.1}$$

wobei $E(\lambda)$ das zu $A$ gehörige Spektralmaß auf $\mathbb{R}$ ist ([19]). Das Umgekehrte ist auch richtig: jeder Operator der Form (12.1) mit Spektralmaß $E(\lambda)$ auf $\mathbb{R}$ ist ein selbstadjungierter Operator mit Definitionsbereich

$$D(A) = \{u; \int_{-\infty}^{\infty} \lambda^2 \, d(u, E(\lambda)u) < \infty\}$$

Ein unitärer Operator $U$ hat eine Spektraldarstellung

$$U = \int_{-0}^{2\pi} e^{i\varphi} \, dE(\varphi)$$

wobei $E(\varphi)$ ein Spektralmaß auf dem Einheitskreis ist.

Eine schwachstetige einparametrige Gruppe unitärer Operatoren $U(t)$ läßt sich wie folgt definieren

$$U(t_1 + t_2) = U(t_1)U(t_2), \quad -\infty < t_1, t_2 < +\infty$$

$$U^{-1}(t) = U^*(t)$$

$$(u, U(t)v) \quad \text{ist stetig in } t \text{ für alle } u, v \in \mathscr{H}.$$

Eine solche Gruppe hat die folgende Spektraldarstellung (Satz von Stone)

$$U(t) = \int_{-\infty}^{\infty} e^{i\lambda t} \, dE(\lambda) \tag{12.2}$$

wobei $E(\lambda)$ ein Spektralmaß auf $\mathbb{R}$ ist. Es gilt auch die Umkehrung; die Operatoren (12.2) bilden eine schwachstetige[1]) einparametrige Gruppe unitärer Operatoren. Der selbstadjungierte Operator

$$A = \int_{-\infty}^{\infty} \lambda \, dE(\lambda) = \frac{1}{i} \lim_{t \to 0} t^{-1}[U(t) - U(0)]$$

heißt Generator oder infinitesimaler Operator der Gruppe. Es gilt

$$U(t) = e^{itA} \tag{12.3}$$

In der Quantenmechanik spielt der Hamiltonoperator (oder Energieoperator) $H$ eine bedeutende Rolle. $H$ wird als selbstadjungierter Operator angenommen. Der Operator $V(t) = e^{itH}$ ist ein unitärer Operator, der die Dynamik des Quantensystems beschreibt d.h. die Zeitevolution der Zustände in der Schrödingerdarstellung oder der Observablen in der Heisenbergdarstellung. Daß $V(t)$ unitär ist, steht im Einklang mit der Tatsache, daß sich die Wahrscheinlichkeit erhält. Wir bemerken hier ausdrücklich, daß der Hamiltonoperator in der Physik selbstadjungiert ist und nicht nur hermitesch.

---

[1]) Aus der schwachen Stetigkeit der Abbildung $t \mapsto U(t)$ folgt unmittelbar auf Grund der Tatsache, daß $U(t)$ unitär ist, auch die starke Stetigkeit dieser Abbildung.

Kehren wir zurück zu dem Impulsoperator $P = -i\,\dfrac{d}{dx}$ mit dem Definitionsbereich

gebildet aus absolutstetigen Funktionen aus $L^2(\mathbb{R})$ mit ersten Ableitungen aus $L^2(\mathbb{R})$. Die Eigenfunktionen dieses Operators sind nicht in $L^2(\mathbb{R})$ (im Hilbertraum). Der Grund dafür ist, daß der Operator P nicht ein diskretes, sondern ein kontinuierliches Spektrum hat. In der Quantenmechanik spricht man über die „Eigenfunktionen" $e^{ipx}$ von P, die reellen Eigenwerten p zugeordnet sind. Es ist klar, daß wegen $|e^{ipx}|^2 = 1$ die Funktionen $e^{ipx}$ nicht in $L^2(\mathbb{R})$ liegen. Wir bemerken aber, daß die Funktionen $e^{ipx}$ in $S'$ liegen ($S'$ ist der Raum der temperierten Distributionen). Der Operator P ist stetig bezüglich der Topologie von S (obwohl dieser Operator unstetig bezüglich des Skalarproduktes in $L^2(\mathbb{R})$ ist. Der Operator P bildet den Raum S in sich selbst ab. Der Operator P über S (der Raum S ist dicht in $L^2$!) hat auch andere Eigenschaften; z.B. ist das Theorem über die Existenz und Vollständigkeit der Menge der Eigenvektoren eines selbstadjungierten Operators mit diskretem Spektrum auch auf P übertragbar, wenn die Funktionen $e^{ipx}$ als verallgemeinerte Eigenvektoren betrachtet werden; d.h.

$$(e^{ipx}, P\varphi) = p(e^{ipx},\varphi)$$

für jedes Element $\varphi \in S$. Hier bietet die Tatsache, daß sich jede temperierte Distribution, also auch jede Funktion aus $L^2$, in eine Fourierreihe entwickeln läßt (Entwicklung nach verallgemeinerten Eigenfunktionen $e^{ipx}$!) einen Ersatz für die Vollständigkeit der Menge der Eigenvektoren eines selbstadjungierten Operators mit diskretem Spektrum. Der Operator P läßt sich natürlich im Rahmen des Tripels

$$S \subset L^2 \subset S'$$

behandeln. Ganz allgemein nennt man ein Tripel $\Omega \subset H \subset \Omega'$ wobei H ein Hilbertraum ist und $\Omega$ ein abzählbar normierter nuklearer[1]) Raum, ein **Gelfandsches Raumtripel**.

---

[1]) Die nuklearen abzählbar normierten Räume wurden in diesem Buch nicht eingeführt (für die Untersuchung dieser in den Anwendungen wichtigen Räume siehe [5]). Wir wollen hier nur den sogenannten Satz vom Kern (L. Schwartz) für den Fall des Raumes S ohne Beweis formulieren. Aus diesem Satz folgt, daß der Raum S nuklear ist (s. [5], S. 26).

**Satz vom Kern.** (L. Schwartz) Sei $\varphi(x) = \varphi(x_1,\ldots,x_k)$ in $S(\mathbb{R}^k)$ und $\psi(y) = \psi(y_1,\ldots,y_m)$ in $S(\mathbb{R}^m)$. Jedes in beiden Argumenten getrennt stetige bilineare Funktional $B(\varphi,\psi)$ kann in der folgenden Form geschrieben werden:

$$B(\varphi,\psi) = (F,\varphi(x)\psi(y))$$

wobei F eine temperierte Distribution aus $S'(\mathbb{R}^{k+m})$ ist. Die Distribution F wird eindeutig durch B bestimmt.

Das Funktional $B(\varphi,\psi)$ heißt bilinear, wenn B sowohl in $\varphi$ als auch in $\psi$ linear ist.

Wir möchten bemerken, daß dieser Satz über stetige Bilinearformen kein Analogon im Hilbertraum hat. Wir zeigen das an einem **Beispiel**:

Sei

$$B(\varphi,\psi) = \int\cdots\int_{\mathbb{R}^k} dx_1,\ldots,dx_k\varphi(x_1,\ldots,x_k)\psi(x_1,\ldots,x_k).$$

$B(\varphi,\psi)$ ist eine stetige Bilinearform auf $L^2(\mathbb{R}^k) \times L^2(\mathbb{R}^k)$. Man findet aber keine Funktion $K_1(x_1,\ldots,x_k; y_1,\ldots,y_k)$ aus $L_2(\mathbb{R}^{2k})$, so daß

$$B(\varphi,\psi) = \int\cdots\int_{\mathbb{R}^{2k}} dx_1,\ldots,dx_k\,dy_1,\ldots,dy_k\varphi(x_1,\ldots,x_k)\psi(y_1,\ldots,y_k)K(x_1,\ldots,x_k; y_1,\ldots,y_k)$$

(das Dirac-Maß ist nicht in $L^2$!)

Das Gelfandsche Raumtripel $S \subset L^2 \subset S'$ ist gut geeignet für das Studium des Impuls-operators, aber andere Operatoren mit kontinuierlichem Spektrum verlangen im allgemeinen andere Raumtripel. Das Gelfandsche Raumtripel ist ein geeigneter Rahmen für die Spektraltheorie selbstadjungierter und unitärer Operatoren mit stetigem Spektrum. Dem Leser, der sich mit den Gelfandschen Raumtripeln vertraut machen möchte, empfehlen wir die Arbeiten [5] und [15].

Wir werden in diesem Buch das Gelfandsche Raumtripel nicht benützen und deshalb wird diese Methode hier nicht entwickelt.

Wie wir schon bemerkt haben, sind die selbstadjungierten und die wesentlich selbstad-jungierten Operatoren für die Beschreibung eines physikalischen Systems wichtig. Wir wollen nun ein Kriterium für die wesentliche Selbstadjungiertheit eines Operators beweisen. Dieses Kriterium, bekannt als der Satz von Nelson, wird sich als sehr nützlich erweisen.

## 12.2. Analytische Vektoren. Der Satz von Nelson

Sei A ein Operator im Hilbertraum $\mathcal{H}$ mit Definitionsbereich $D(A)$. Sei $D(A^n)$ der Definitionsbereich von $A^n$, $n = 1, 2, \ldots$ und sei $C_0(A) \equiv \bigcap_{n=1}^{\infty} D(A^n)$. Ein Vektor $u \in C_0(A)$ heißt a n a l y t i s c h e r  V e k t o r von A, wenn eine positive Zahl t existiert, so daß

$$\sum_{n=0}^{\infty} \frac{\|A^n u\|}{n!}\, t^n < \infty. \quad (A^0 = I) \tag{12.4}$$

Mit Hilfe des Begriffes des analytischen Vektors wollen wir nun ein nützliches Kriterium für die wesentliche Selbstadjungiertheit eines symmetrischen Operators angeben.

**Satz 12.1.** (Nelson [17]). Sei A ein symmetrischer Operator. Wenn $D(A)$ eine dichte Menge analytischer Vektoren von A enthält, dann ist A wesentlich selbstadjungiert.

Für den Beweis[1]) des Satzes führen wir zunächst den Begriff eines E i n d e u t i g k e i t s -vektors des symmetrischen Operators A ein.

Sei A ein symmetrischer Operator und u aus $C_0(A)$ fest. Sei weiter

$$D_u = \left\{ v; v = \sum_{n=0}^{N} a_n A^n u, \, a_n \text{ beliebige komplexe Zahlen} \right\}$$

und sei $\mathcal{H}_u$ die Abschließung von $D_u$: $\mathcal{H}_u = \bar{D}_u$. Man definiert den Operator $A_u$ auf $\mathcal{H}_u$ durch die Gleichung $A_u = A|_{D_u}$ d.h. $A_u$ ist die Einschränkung von A auf $D_u$. Der Vektor u heißt E i n d e u t i g k e i t s v e k t o r für A, wenn $A_u$ wesentlich selbstandjungiert ist.

------

[1]) Der hier angegebene Beweis des Satzes von Nelson wurde aus [25] entnommen.

**Hilfssatz 12.1.** (Nussbaum [18] S. 179). Sei A ein symmetrischer Operator mit einer dichten Menge von Eindeutigkeitsvektoren in $\mathcal{H}$. Dann ist A wesentlich selbstadjungiert.

Beweis. Wir brauchen nur zu zeigen, daß $R(A + i)$ dicht in $\mathcal{H}$ ist. Sei $\epsilon > 0$ und $v \in \mathcal{H}$ gegeben; wir finden einen Eindeutigkeitsvektor u, so daß $\|v - u\| < \epsilon/2$. Weil $u \in \mathcal{H}_u$ und weil $A_u$ wesentlich selbstadjungiert ist, kann man $w \in \mathcal{H}_u$ finden, so daß $\|(A_u + i)w - u\| < \epsilon/2$. Daraus folgt aber, daß $\|(A + i)w - v\| < \epsilon$. Weil $\epsilon > 0$ beliebig ausgewählt werden kann folgt, daß $R(A + i)$ in $\mathcal{H}$ dicht liegt. Genauso zeigt man, daß $R(A - i)$ dicht in $\mathcal{H}$ ist.

Jetzt können wir zum B e w e i s des Satzes 12.1 übergehen.

Auf Grund des Hilfssatzes 12.1 genügt es zu zeigen, daß jeder analytische Vektor ein Eindeutigkeitsvektor ist. Sei die Abbildung C: $\mathcal{H}_u \to \mathcal{H}_u$ definiert durch

$$C\left(\sum_{n=0}^{N} a_n A^n u\right) = \sum_{n=0}^{N} \bar{a}_n A^n u$$

wobei die $a_n$ komplexe Zahlen sind und der Querstrich die komplexe Konjugation bedeutet. C ist eine komplexe Konjugation (s. 12.1) und es gilt $CA_u = A_u C$. Auf Grund eines Kriteriums von von Neumann, das in Abschn. 12.1 angegeben wurde, hat $A_u$ eine selbstadjungierte Erweiterung. Sei B eine selbstadjungierte Erweiterung von $A_u$.

Es gilt dann

$$e^{itB} u = \sum_{n=0}^{\infty} (it)^n \frac{A^n u}{n!} \tag{12.5}$$

für eine bestimmte positive Zahl t.

Zum Beweis von (12.5) schreiben wir

$$e^{itB} u = \int_{-\infty}^{\infty} e^{it\lambda} \, dE(\lambda)u = \int_{-\infty}^{\infty} \sum_{n=0}^{\infty} \frac{(it\lambda)^n}{n!} \, dE(\lambda)u = \int_{-\infty}^{\infty} \left(\sum_{n=0}^{m} + \sum_{n=m+1}^{\infty}\right) \frac{(it\lambda)^n}{n!} \, dE(\lambda)u$$

$$= \sum_{n=0}^{\infty} \int_{-\infty}^{\infty} \frac{(it\lambda)^n}{n!} \, dE(\lambda)u + \int_{-\infty}^{\infty} \sum_{n=m+1}^{\infty} \frac{(it\lambda)^n}{n!} \, dE(\lambda)u$$

wobei $dE(\lambda)$ die Spektralschar von B ist.

Es gilt weiter

$$\left\| \int_{-\infty}^{\infty} \sum_{n=}^{\infty} \frac{(it\lambda)^n}{n!} \, dE(\lambda)u \right\| = \lim_{M \to \infty} \left\| \int_{-M}^{M} \sum_{n=m+1}^{\infty} \frac{(it\lambda)^n}{n!} \, dE(\lambda)u \right\|$$

$$= \lim_{M \to \infty} \left\| \sum_{n=m+1}^{\infty} \frac{(it)^n}{n!} \int_{-M}^{M} \lambda^n \, dE(\lambda)u \right\| \leqslant \lim_{M \to \infty} \sum_{n=m+1}^{\infty} \frac{t^n}{n!} \left\{ \int_{-M}^{M} |\lambda|^{2n} \, d\|E(\lambda)u\|^2 \right\}^{1/2}$$

$$\leqslant \lim_{M \to \infty} \sum_{n=m+1}^{\infty} \frac{t^n}{n!} \left\{ \int_{-\infty}^{\infty} |\lambda|^{2n} \, d\|E(\lambda)u\|^2 \right\}^{1/2} = \sum_{n=m+1}^{\infty} \frac{t^n}{n!} \|A^n u\|$$

Hier haben wir die (lokale) Gleichmäßigkeit der Konvergenz der Reihe $\sum\limits_{n=m+1}^{\infty} \dfrac{(it\lambda)^n}{n!}$ benützt. Die Gleichung (12.5) folgt nun auf Grund von (12.4). Das heißt, daß $e^{itB}u$ eindeutig bestimmt ist, unabhängig von der Wahl der selbstadjungierten Erweiterung von $A_u$. Analog kann man zeigen, daß jeder Vektor $v \in D_u$ eindeutig $e^{itB}v$ bestimmt. Sei nun $\tilde{B}$ eine andere selbstadjungierte Erweiterung von $A_u$. Man hat $e^{it\tilde{B}} = e^{itB}$ auf $D_u$ und, weil diese Operatoren beschränkt sind, auch auf $\mathcal{H}_u$. Aus dem Satz von Stone (s. Abschn. 12.1) folgt dann $\tilde{B} = B$ und der Satz von Nelson ist bewiesen. Anwendungen dieses Satzes werden wir im nächsten Abschnitt bringen.

## 12.3. Der Fock-Raum und die Vernichtungs- und Erzeugungsoperatoren

**12.3.1. Der Fock-Raum.** Der einfachste Formalismus für die Beschreibung einer unendlichen Zahl von Teilchen in der Quantenmechanik ist der Fock-Raum-Formalismus. Wir werden hier den Fock-Raum zunächst definieren.

Sei $\mathbb{R}^{s+1} = \mathbb{R}^1 \times \mathbb{R}^s$ das Zeit-Raum-Kontinuum. Statt $x \in \mathbb{R}^{s+1}$ werden wir auch $x = (x_0, \bar{x})$ schreiben, wo $x_0$ die zeitliche und $\bar{x}$ die räumliche Komponente von $x$ ist ($xy = x_0 y_0 - \bar{x}\bar{y}$ wird das Minkowski Skalarprodukt sein).

**Definition.** Die symmetrische Tensoralgebra $\mathcal{F}$ über $L^2(\mathbb{R}^s)$ heißt der **symmetrische nichtrelativistische Fock-Raum**.

Mit anderen Worten:

$$\mathcal{F} = \overset{\infty}{\underset{n=0}{\oplus}} \mathcal{F}_n, \quad \mathcal{F}_0 = \mathbb{C}, \quad \mathcal{F}_1 = L^2(\mathbb{R}^s), \tag{12.6}$$

$$\mathcal{F}_n = \mathcal{F}_1 \otimes_s \cdots \otimes_s \mathcal{F}_1$$

wobei mit $\otimes_s$ das symmetrische Tensorprodukt gekennzeichnet wurde.
Die Elemente aus $\mathcal{F}_n$ sind also quadratintegrierbare Funktionen $\varphi_n(\bar{k}_1, \ldots, \bar{k}_n)$ symmetrisch in den Variablen $k_1, \ldots, k_n$ ($k_i$, $i = 1, \ldots, n$ sind s-dimensionale Vektoren). $\mathcal{F}_n$ ist ein Hilbertraum mit Skalarprodukt

$$(\varphi_n, \psi_n) = \int \prod_{i=1}^{n} d\bar{k}_i \overline{\varphi_n(\bar{k}_1, \ldots, \bar{k}_n)} \psi_n(\bar{k}_1, \ldots, \bar{k}_n)$$

Die Elemente des Raumes $\mathcal{F}$ sind Folgen $\varphi = \{\varphi_0, \varphi_1, \ldots, \varphi_n, \ldots\}$, $\varphi_n \in \mathcal{F}_n$, so daß

$$(\varphi, \varphi) = |\varphi_0|^2 + \sum_{n=1}^{\infty} (\varphi_n, \varphi_n) < +\infty \tag{12.7}$$

Der Raum $\mathcal{F}$ ist, wie man leicht sieht, ein Hilbertraum mit Skalarprodukt

$$(\varphi, \psi) = (\varphi_0, \psi_0) + \sum_{n=1}^{\infty} (\varphi_n, \psi_n) \tag{12.8}$$

($\mathcal{F}$ ist die direkte Summe der Hilberträume $\mathcal{F}_n$, $\mathcal{F} = \overset{\infty}{\underset{n=0}{\oplus}} \mathcal{F}_n$).

Wir werden das Element $\varphi_n \in \mathscr{F}_n$ mit dem Element $(0, \ldots, 0, \varphi_n, 0 \ldots 0, \ldots) \in \mathscr{F}$ identifizieren.

Das Element $\varphi_0 \equiv 1 \in \mathscr{F}_0$ heißt Vakuum. Sei $S_n^s = S(\mathbb{R}^{sn}) \cap \mathscr{F}_n$ der Raum der symmetrischen schnell fallenden $\mathscr{C}^\infty$-Funktionen. $S_n^s$ ist ein abzählbar normierter Raum und wir können die direkte Summe (s. Abschn. 1.10.2)

$$\mathscr{S}^s = \overset{\infty}{\underset{n=0}{\oplus}} {}' S_n^s \tag{12.9}$$

bilden.

Sei weiter $\mathscr{S}^{s'}$ der starke Dualraum von $\mathscr{S}^s$ (s.z.B. [15], Appendix A).

Der Strich auf der rechten Seite von (12.9) erinnert an die Tatsache, daß die direkte Summe $\mathscr{S}^s$ aus Folgen der Form $\{\varphi_n\}$, $\varphi_n \in S_n^s$, $n = 0, 1, \ldots$ besteht, die nur eine endliche Zahl von Elementen $\varphi_n \neq 0$ enthält. Im Gegensatz dazu kann $\mathscr{F}$ auch Folgen $\{\varphi_n\}$, $\varphi_n \in \mathscr{F}_n$ enthalten, so daß unendlich viele der $\varphi_n$ nicht Null sind. Sei $\mathscr{F}_e$ der Unterraum von $\mathscr{F}$, der alle Folgen $\{\varphi_n\}$, $\varphi_n \in \mathscr{F}_n$ enthält mit nur endlich vielen von Null verschiedenen Elementen $\varphi_n$. Wir haben (mengentheoretisch)

$$\mathscr{S}^s \subset \mathscr{F}_e \subset \mathscr{F} \subset \mathscr{S}^{s'}$$

**12.3.2. Die Vernichtungs- und Erzeugungsoperatoren.** Wir betrachten die folgenden linearen Abbildungen von $\mathscr{S}^s \to \mathscr{S}^{s'}$

$$(a(\bar{k})\varphi_n)(\bar{k}_1, \ldots, \bar{k}_{n-1}) = n^{1/2} \varphi_n(\bar{k}_1, \ldots, \bar{k}_{n-1}, \bar{k}) \tag{12.10a}$$

$$(a^*(\bar{k})\varphi_n)(\bar{k}_1, \ldots, \bar{k}_{n+1}) = (n+1)^{-1/2} \sum_{j=1}^{n+1} \delta(\bar{k} - \bar{k}_j)\varphi_n(\bar{k}_1, \ldots, \cancel{\bar{k}}_j, \ldots, \bar{k}_{n+1}) \tag{12.10b}$$

$a(\bar{k})$ und $a^*(\bar{k})$ heißen Vernichtungs- bzw. „Erzeugungsoperator".

Wir bemerken weiter, daß der Vernichtungsoperator $a(\bar{k})$ sogar eine Abbildung von $\mathscr{S}^s$ in sich selbst darstellt. Man kann also $a(\bar{k})$ auch als Operator im Hilbertraum $\mathscr{F}$ mit Definitionsbereich $D_0 \equiv \mathscr{S}^s$ auffassen ($\mathscr{S}^s$ liegt dicht in $\mathscr{F}$). Jedoch ist der „Erzeugungsoperator" $a^*(\bar{k})$ kein Operator im Fock-Raum (in (12.10b) tritt $\delta(k - k_j)$ auf). Wir können jedoch $a^*(\bar{k})$ als dicht definierte Bilinearform über $\mathscr{S}^s \times \mathscr{S}^s \equiv D_0 \times D_0$ auffassen. Als Operator ist natürlich auch $a(\bar{k})$ eine Bilinearform über $D_0 \times D_0$. Betrachten wir nun $a(\bar{k})$, $a^*(\bar{k})$ als lineare Abbildungen von $\mathscr{S}^s$ nach $\mathscr{S}^{s'}$[1]).

Aus (12.10a), (12.10b) folgt, daß die folgenden (kanonischen) Vertauschungsrelationen gelten:

$$[a(\bar{k}), a(\bar{\ell})] = [a^*(\bar{k}), a^*(\bar{\ell})] = 0$$

$$[a(\bar{k}), a^*(\bar{\ell})] = \delta(\bar{k} - \bar{\ell}) \tag{12.11}$$

---

[1]) $a(k)$ und $a^*(k)$ können als operatorwertige Distributionen betrachtet werden (s. Abschn. 12.4.2). Die Gleichungen (12.11), (12.12) gelten im Sinne der operatorwertigen Distributionen.

Wir haben auch

$$a(\bar{k})\varphi_0 = 0 \tag{12.12}$$

Wir möchten nun die Operatoren $a(f)$ und $a^*(f)$ im Fock-Raum einführen, wobei $f(\bar{k}) \in L^2(\mathbb{R}^s)$. Die linearen Operatoren $a(f)$ und $a^*(f)$ im Fock-Raum sind für $\varphi \in D_0$ wie folgt definiert:

$$(a(f)\varphi_n)(\bar{k}_1, \ldots, \bar{k}_{n-1}) = n^{1/2} \int f(\bar{k})\varphi_n(\bar{k}_1, \ldots, \bar{k}_{n-1}) \, d\bar{k} \tag{12.13a}$$

$$(a^*(f)\varphi_n)(\bar{k}_1, \ldots, \bar{k}_{n+1}) = (n+1)^{-1/2} \sum_{j+1}^{n+1} f(\bar{k}_j)\varphi_n(\bar{k}_1, \ldots, \bar{\bar{k}}_j, \ldots, \bar{k}_{n+1}) \tag{12.13b}$$

Wir werden mit $a^\#(f)$ einen von den beiden Operatoren $a(f)$ und $a^*(f)$ bezeichnen. Wir bemerken, daß die Operatoren $a^\#(f)$ laut (12.13a,b) über $\mathscr{F}_e$ definiert sind und $a^\#(f)\mathscr{F}_e \subset \mathscr{F}_e$ für $f \in L^2(\mathbb{R}^s)$.

Sei nun

$$A^\#(f) = \int f(\bar{k})a^\#(\bar{k}) \, d\bar{k} \tag{12.14}$$

wobei die Integration im Sinne der (schwachen) Integration von Bilinearformen verstanden wird. Mit anderen Worten (12.14) definiert $A^\#(f)$ als eine Bilinearform auf $D_0 \times D_0$, so daß für je zwei Vektoren $\varphi, \psi \in D_0$

$$(\varphi, A^\#(f)\psi) = \int d\bar{k} f(\bar{k})(\varphi, a^\#(\bar{k})\psi)$$

Wenn man das Integral hier ausrechnet, bekommt man

$$(\varphi, A^\#(f)\psi) \equiv (\varphi, a^\#(f)\psi)$$

wobei $a^\#(f)$ die Operatoren (12.13a,b) sind. Es folgt, daß die Bilinearform $A^\#(f)$ eindeutig den Operator $a^\#(f)$ erzeugt. Man schreibt

$$a^\#(f) = \int f(\bar{k})a^\#(\bar{k}) \, d\bar{k}$$

In Abschn. 12.3.3 werden wir dieses Ergebnis verallgemeinern.

Sei nun $N$ ein linearer Operator im Fock-Raum mit Definitionsbereich $D_0$ und definiert durch

$$N\varphi_n = n\varphi_n \tag{12.15}$$

Der Operator $N$ kann als linearer Operator im Fock-Raum auch auf $\mathscr{F}_e$ fortgesetzt werden (natürlich ist wegen der Zahl $n$ auf der rechten Seite von (12.15) der Operator $N$ nicht auf dem ganzen Fock-Raum definiert). Wir bemerken wieder, daß formal aus (12.15) folgt

$$N = \int a^*(\bar{k})a(\bar{k}) \, d\bar{k} \tag{12.16}$$

Die mathematische Untersuchung dieser Integration wird in Abschn. 12.3.3 durchgeführt.

### 12.3.3. Quantisierte Distributionen.

Wir haben gesehen, daß $a^{\#}(\bar{k})$ dicht definierte Bilinearformen über $D_0 \times D_0$ sind.

Wir betrachten das Produkt

$$a^*(\bar{k}_1) \ldots a^*(\bar{k})a(\bar{p}_1) \ldots a(\bar{p}) \tag{12.17}$$

mit Erzeugungsoperatoren links von Vernichtungsoperatoren. Das Produkt (12.17) kann auch als Bilinearform über $D_0 \times D_0$ aufgefaßt werden, mit Werten

$$(\psi, a^*(\bar{k}) \ldots a^*(\bar{k}_\alpha)a(\bar{p}_1) \ldots a(\bar{p}_\beta)\,\varphi)$$
$$\equiv (a(k_\alpha) \ldots a(k_1)\psi, a(\bar{p}_1) \ldots a(\bar{p}_\beta)\varphi) \in S(\mathbb{R}^{\alpha s + \beta s})$$

für alle $\psi, \varphi \in D_0$. Sei nun $c_{\alpha\beta}(\bar{k}_1, \ldots, \bar{k}_\alpha, \bar{p}_1, \ldots, \bar{p}_\beta) \equiv c_{\alpha\beta}(\bar{k}; \bar{p})$ eine temperierte Distribution in $S(\mathbb{R}^{\alpha s + \beta s})$.

Wir definieren nun die Bilinearform

$$C_{\alpha\beta} = \int c_{\alpha\beta}(\bar{k}; \bar{p})a^*(\bar{k}_1) \ldots a^*(\bar{k})a(\bar{p}_1) \ldots a(\bar{p}) \, d\bar{k} \, d\bar{p} \tag{12.18}$$

wobei das Integral im Sinne der schwachen Integration der Bilinearformen zu verstehen ist; mit anderen Worten, wenn $\psi, \varphi \in D_0$, dann ist

$$(\psi, C_{\alpha\beta}\varphi) = (c_{\alpha\beta}(\bar{k}; \bar{p}), (\psi, a^*(\bar{k}_1) \ldots a^*(\bar{k}_\alpha)a(\bar{p}_1) \ldots a(\bar{p}_\beta)\varphi)) \tag{12.19}$$

Die Formel (12.9) ist sinnvoll, weil $(\psi, a^*(\bar{k}_1) \ldots a^*(\bar{k}_\alpha)a(\bar{p}_1) \ldots a(\bar{p}_\beta)\varphi)$ eine Testfunktion in $S(\mathbb{R}^{\alpha s + \beta s})$ ist.

Die Bilinearform $C_{\alpha\beta}$ heißt die Quantisierung der temperierten Distribution $c_{\alpha\beta}$. Falls die Distribution $c_{\alpha\beta}$ gewisse zusätzliche Regularitätsbedingungen erfüllt, dann werden wir zeigen, daß $C_{\alpha\beta}$ nicht nur eine Bilinearform, sondern auch ein Operator über $D_0$ ist. Sei N der Operator in $\mathscr{F}$, der in (12.15) definiert wurde. Dann gilt:

**Satz 12.2.** Sei $c_{\alpha\beta}(\bar{k}; \bar{p}) \in S'(\mathbb{R}^{\alpha s + \beta s})$ und

$$C_{\alpha\beta} = \int c_{\alpha\beta}(\bar{k}; \bar{p})a^*(\bar{k}_1) \ldots a^*(\bar{k}_\alpha)a(\bar{p}_1) \ldots a(\bar{p}_\beta) \, d\bar{k} \, d\bar{p}$$

die entsprechende quantisierte Distribution, die eine Bilinearform über $D_0 \times D_0$ ist, wobei die Integration im Sinne der (schwachen) Integration der Bilinearformen genommen ist. Dann wird $C_{\alpha\beta}$ ein dicht definierter Operator, wenn $c_{\alpha\beta}(\bar{k}; \bar{p}) \in L^2(\mathbb{R}^{\alpha s + \beta s})$. Der Operator $(N + 1)^{-\alpha/2}C_{\alpha\beta}(N + 1)^{-\beta/2}$ ist dann beschränkt

$$\|(N + 1)^{-\alpha/2}C_{\alpha\beta}(N + 1)^{-\beta/2}\| \leqslant \|c_{\alpha\beta}\|_2 \tag{12.20}$$

wobei $\|\cdot\|_2$ die $L^2$-Norm ist.

Beweis. Weil $C_{\alpha\beta}$ aus $\beta$ Vernichtungs- und $\alpha$ Erzeugungsoperatoren besteht, sind die Zahlen $(\psi, C_{\alpha\beta}\varphi)$ ungleich Null nur, wenn $\psi = \psi_{\alpha+\gamma}$ und $\varphi = \varphi_{\beta+\gamma}$ wo $\gamma$ nichtnegativ ganzzahlig ist. Weiter gilt

$$(\psi_{\alpha+\gamma}, C_{\alpha\beta}\varphi_{\beta+\gamma}) = \left[\frac{(\alpha + \gamma)!}{\gamma!} \frac{(\beta + \gamma)!}{\gamma!}\right]^{1/2} \int c_{\alpha\beta}(\bar{k}; \bar{p})\bar{\psi}_{\alpha+\gamma}(\bar{q}; \bar{k})\varphi_{\beta+\gamma}(\bar{q}; \bar{p}) \, d\bar{q} \, d\bar{k} \, d\bar{p}$$

$$\tag{12.21}$$

mit $\bar{k} = \bar{k}_1, \ldots, \bar{k}_\alpha$; $\bar{p} = \bar{p}_1, \ldots, \bar{p}_\beta$; $\bar{q} = \bar{q}_1, \ldots, \bar{q}_\gamma$.

In (12.21) werden wir zweimal die Schwarzsche Ungleichung anwenden.

Wir haben

$$\left| \int c_{\alpha\beta}(\bar{k}; \bar{p}) \bar{\psi}_{\alpha+\gamma}(\bar{q}; \bar{k}) \varphi_{\beta+\gamma}(\bar{q}; \bar{p}) \, d\bar{q} \, d\bar{k} \, d\bar{p} \right|$$

$$\leqslant \left[ \int |c_{\alpha\beta}(\bar{k}; \bar{p})|^2 \, d\bar{k} \, d\bar{p} \right]^{1/2} \left[ \int \left| \int \bar{\psi}_{\alpha+\gamma}(\bar{q}; \bar{k}) \varphi_{\beta+\gamma}(\bar{q}; \bar{p}) \, d\bar{q} \right|^2 \, d\bar{k} \, d\bar{p} \right]^{1/2}$$

$$\leqslant \|c_{\alpha\beta}\|_2 \left[ \int |\bar{\psi}_{\alpha+\gamma}(\bar{q}; \bar{k})|^2 \, d\bar{q} \, d\bar{k} \right]^{1/2} \left[ \int |\varphi_{\beta+\gamma}(\bar{q}; \bar{p})|^2 \, d\bar{q} \, d\bar{p} \right]^{1/2}$$

$$= \|c_{\alpha\beta}\|_2 \, \|\psi_{\alpha+\gamma}\|_2 \, \|\varphi_{\beta+\gamma}\|_2$$

Weil

$$\frac{(\alpha+\gamma)!}{\gamma!} \leqslant (\alpha+\gamma)^{\alpha/2}, \quad \frac{(\beta+\gamma)!}{\gamma!} \leqslant (\beta+\gamma)^{\beta/2}$$

findet man die folgende Abschätzung

$$|(\varphi_{\alpha+\gamma}, C_{\alpha\beta}\varphi_{\beta+\gamma})| \leqslant \|c_{\alpha\beta}\|_2 (\alpha+\gamma)^{\alpha/2} \|\psi_{\alpha+\gamma}\|_2 (\beta+\gamma)^{\beta/2} \|\varphi_{\beta+\gamma}\|_2 \tag{12.22}$$

Die Abschätzung (12.20) und die Tatsache, daß $C_{\alpha\beta}$ ein (unbeschränkter) Operator über $D_0$ ist, folgt nun leicht aus (12.22), wenn man auch (12.15) berücksichtigt.

Wir können nun einen speziellen Fall der schwachen Integration der Bilinearformen betrachten:

$$N = \int \delta(\bar{k} - \bar{k}') a^*(\bar{k}) a(\bar{k}') \, d\bar{k} \, d\bar{k}'$$

N ist eine Bilinearform, weil $\delta(\bar{k} - \bar{k}') \in S'(\mathbb{R}^{2s})$. Unser Satz[1]) erlaubt uns nicht auszuschließen, daß die Bilinearform N ein Operator ist. Eine einfache direkte Rechnung nach (12.10 a, b) zeigt aber, daß die Bilinearform ein Operator ist, der mit dem Operator (12.15) zusammenfällt. Man pflegt diesen Operator in Form (12.16) zu schreiben.

Nun wollen wir den folgenden Satz beweisen:

**Satz 12.3.** Die Menge $D_0$ bildet eine dichte Menge analytischer Vektoren für $a^{\#}(f)$, $f \in L^2(\mathbb{R}^s)$.

Beweis. Wenn wir in den Satz 12.2 $\alpha = 1$, $\beta = 0$ und $c_{10}(\bar{k}) = f(\bar{k})$ nehmen, dann liefert (12.20)

$$\|(N+1)^{-1/2} a^*(f)\| \leqslant \|f\|_2$$

Für $\alpha = 0$, $\beta = 1$, $c_{01}(\bar{p}) = f(\bar{p})$ erhält man eine analoge Ungleichung. Man kann also den Operator $a^{\#}(f)$ durch den Operator $(N+1)^{1/2}$ majorisieren und es gilt offenbar für $\varphi \in D_0$

$$\|a^{\#}(f)^n \varphi\| < C(n+1)^{n/2} \tag{12.23}$$

---

[1]) Man kann den Satz 12.2 verschärfen und damit kann man auch zeigen, daß N ein Operator ist (s.z.B. [11], S.8).

wobei C eine Konstante ist, die nur von f und $\varphi$ abhängt. Für $z \in \mathbb{C}$ hat man

$$\sum_{n=0}^{\infty} \frac{|z|^n}{n!} \, \|a^{\#}(f)^n \varphi\| < \infty$$

also ist $\varphi$ ein analytischer Vektor für $a^{\#}(f)$.

Sei nun

$$\Phi(f) = \frac{1}{\sqrt{2}} \, (a^*(f) + a(f)) \tag{12.24a}$$

$$\Pi(f) = i \, \frac{1}{\sqrt{2}} \, (a^*(f) - a(f)) \tag{12.24b}$$

und $f = \bar{f} \in L^2(\mathbb{R}^s)$. Die Operatoren $\Phi(f)$ und $\Pi(f)$ sind symmetrische Operatoren. Auf Grund der Sätze 12.2 und 12.1 folgt, daß $\Phi(f)$ und $\Pi(f)$ wesentlich selbstadjungiert auf $D_0$ sind. Ebenso gilt auf Grund von (12.11)

$$[\Phi(f), \Phi(g)] = [\Pi(f), \Pi(g)] = 0$$

$$[\Pi(f), \Phi(g)] = -i(f,g) \tag{12.25}$$

Seien nun $\Phi(f)^-$ und $\Pi(f)^-$ die Abschließungen von $\Phi(f)$ und $\Pi(f)$. Die Operatoren $\Phi(f)$ und $\Pi(f), f \in L^2(\mathbb{R}^s)$ sind selbstadjungiert. Dann sind

$$U(f) = \exp i\Phi(f)^-$$

$$V(f) = \exp i\Pi(f)^- \tag{12.26}$$

unitäre Operatoren und auf Grund von (12.26) bekommt man

$$U(f)U(g) = U(f + g)$$

$$V(f)V(g) = V(f + g) \tag{12.27}$$

$$U(f)V(g) = \exp -i(f,g)V(g)U(f)$$

Die Abbildungen $t \mapsto U(t)$, $t \mapsto V(t)$ sind stark stetig (d.h. für jedes $\varphi \in \mathscr{F}$ gilt $\|(U(t) - U)\varphi\|, \|(V(t) - V)\varphi\| \to 0$ für $t \to 0$).

**Definition.** Sei $f = \bar{f} \in L^2(\mathbb{R}^s)$ und $g = \bar{g} \in L^2(\mathbb{R}^s)$. Zwei Familien von unitären Operatoren $U(f)$ und $V(f)$ definieren eine reguläre Darstellung der kanonischen Vertauschungsrelationen im Sinne von Weyl, wenn die Abbildungen $t \mapsto U(tf)$ und $t \mapsto V(tf), t \in \mathbb{R}$, stark stetig sind und die folgenden Gleichungen erfüllt sind

$$U(f)U(g) = U(f + g)$$

$$V(f)V(g) = V(f + g)$$

$$U(f)V(g) = \exp [-i(f,g)]V(g)U(f).$$

Es folgt also, daß die Operatoren (12.26), die wir konstruiert haben, eine Darstellung der Vertauschungsrelationen (12.27) geben. Man sagt in der Physik, daß die Operatoren

(12.26) eine reguläre Darstellung der kanonischen Vertauschungsrelationen im Sinne von Weyl geben.


## 12.4. Das freie skalare neutrale Feld


**12.4.1. Der relativistische Fock-Raum.** Sei $\mathbb{R}^{s+1} = \mathbb{R}^1 \times \mathbb{R}^s$ der Zeit-Raum mit einer zeitlichen und s räumlichen Dimension. In der relativistischen Physik hat man s = 3. Ein Vektor $x \in \mathbb{R}^{s+1}$ wird auch $x \equiv (x_0, \bar{x})$ geschrieben, wobei $x_0 \in \mathbb{R}^1$ der zeitliche und $\bar{x} = (x_1, \ldots, x_s) \in \mathbb{R}^s$ der räumliche Anteil von $\bar{x}$ ist. In $\mathbb{R}^{s+1}$ führen wir das Minkowski Skalarprodukt ein

$$xy = x_0 y_0 - \bar{x}\bar{y}$$

Nun sei $k = (k_0, \bar{k})$ aus $\mathbb{R}^{s+1}$. Die Gleichung $k^2 = k_0^2 - \bar{k}^2 = 0$ stellt den sog. Lichtkegel dar. Sei weiter m > 0; die Gleichung $k^2 = m^2$; also $k_0 = \pm\sqrt{\bar{k}^2 + m^2}$ stellt dann ein Hyperboloid dar. Wir führen die folgenden Bezeichnungen ein

$$\omega(\bar{k}) = \sqrt{\bar{k}^2 + m^2}$$

$$d\Omega = \frac{d\bar{k}}{\omega(\bar{k})} = \frac{d\bar{k}}{\sqrt{\bar{k}^2 + m^2}}$$

In $\mathbb{R}^s$ ist $d\Omega$ ein Maß. Wir betrachten den Raum $L^2(\mathbb{R}^s, d\Omega)$ der quadratintegrierbaren Funktionen bezüglich $d\Omega$. Die Räume $L^2(\mathbb{R}^s, d\Omega)$ und $L^2(\mathbb{R}^s)$ sind unter der Abbildung

$$\chi(\bar{k}) \mapsto \frac{\chi(\bar{k})}{\sqrt{\omega(\bar{k})}} \qquad (12.28)$$

mit $\chi(\bar{k}) \in L^2(\mathbb{R}^s, d\Omega)$ und $\dfrac{\chi(\bar{k})}{\sqrt{\omega(\bar{k})}} \in L^2(\mathbb{R}^s)$ isomorph und isometrisch.

Wir konstruieren nun den Fock Raum $\hat{\mathscr{F}}$ über $L^2(\mathbb{R}^s, d\Omega)$ genauso, wie wir den Fock Raum $\mathscr{F}$ über $L^2(\mathbb{R}^s)$ in Abschn. 12.3.1 konstruiert haben:

$$\hat{\mathscr{F}} = \overset{\infty}{\underset{n=0}{\oplus}} \hat{\mathscr{F}}_n, \quad \hat{\mathscr{F}}_0 = \mathbb{C}, \quad \hat{\mathscr{F}}_1 = L^2(\mathbb{R}^s, d\Omega) = \underbrace{\hat{\mathscr{F}}_1 \otimes_{\text{sym}} \cdots \otimes_{\text{sym}} \hat{\mathscr{F}}_1}_{\text{n-mal}}$$

Die Elemente aus $\hat{\mathscr{F}}_n$ sind symmetrische Funktionen aus $L^2(\mathbb{R}^{sn}, d\Omega_1 \ldots d\Omega_n)$, wobei $d\Omega_i = d\bar{k}_i/\sqrt{\bar{k}_i^2 + m^2}$; $i = 1, 2, \ldots, n$.

Der Hilbertraum $\hat{\mathscr{F}}$ heißt der relativistische (symmetrische) Fock-Raum. Sei weiter $\hat{\mathscr{S}}_{\text{sym}}$ die direkte Summe der Räume $S_{\text{sym}}(\mathbb{R}^{sn}) = S(\mathbb{R}^{sn}) \cap \hat{\mathscr{F}}_n$ (s. auch Abschn. 12.3). $\hat{D}_0 \equiv \hat{\mathscr{S}}_{\text{sym}} \equiv D_0$ liegt dicht in $\hat{\mathscr{F}}$. Die relativistische Invarianz des freien Feldes (s.z.B. [8], S. 19) läßt sich einfach im Rahmen des relativistischen Rock Raumes feststellen.

**12.4.2. Das freie skalare neutrale Feld.** Im folgenden werden wir den physikalischen Fall s = 3 betrachten. Sei $f(x) \in S(\mathbb{R}^4)$ und

$$\tilde{f}(k) = \frac{1}{(2\pi)^2} \int f(x)\, e^{ikx}\, dx$$

die Fourier-Transformierte[1]) von $f(x)$. Die Einschränkung von $\tilde{f}(k) \in S(\mathbb{R}^4)$ auf das Hyperboloid $k_0 = \pm\sqrt{\bar{k}^2 + m^2} = \pm\omega(\bar{k})$ wird eine Funktion aus $S(\mathbb{R}^3)$. Also sind die Funktionen $\dfrac{\tilde{f}(\pm k)}{\sqrt{\omega(\bar{k})}}\bigg|_{k_0 = \omega(\bar{k})}$ in $S(\mathbb{R}^3)$. Es folgt (s. Satz 12.2), daß

$$\Phi_+(f) = \sqrt{\pi} \int\limits_{k_0 = \omega(\bar{k})} \frac{d\bar{k}}{\omega(\bar{k})}\, \tilde{f}(k)\, a^*(\bar{k})$$

$$\Phi_-(f) = \sqrt{\pi} \int\limits_{k_0 = \omega(\bar{k})} \frac{d\bar{k}}{\sqrt{\omega(\bar{k})}}\, \tilde{f}(-k)\, a(\bar{k}) \tag{12.29}$$

dicht definierte Operatoren im Fock-Raum $\mathscr{F}$ sind mit Definitionsbereich $D_0 = \mathscr{S}_{sym}$. Weiter ist

$$\Phi(f) = \Phi_+(f) + \Phi_-(f) \tag{12.30}$$

für $f = \bar{f} \in S(\mathbb{R}^4)$ ein symmetrischer Operator mit Definitionsgebiet $D_0$. Aus (12.29), (12.30) und (12.10) bekommt man

$$(\Phi(f)\varphi)_n(\bar{k}_1, \ldots, \bar{k}_n) = \sqrt{\pi}\left[ \sqrt{n+1} \int\limits_{k_0 = \omega(\bar{k})} \tilde{f}(k) \right.$$

$$\times\, \varphi_{n+1}(\bar{k}, \bar{k}_1, \ldots, \bar{k}_n) \frac{d\bar{k}}{\omega(\bar{k})} + \frac{1}{\sqrt{n}} \sum_{j=1}^{n} \tilde{f}(-k_j)\bigg]_{k_{0j} = \omega(\bar{k}_j)}$$

$$\left. \times\, \varphi_{n-1}(\bar{k}_1, \ldots, \bar{k}_j, \ldots, \bar{k}_n) \right. \tag{12.31}$$

wobei $\varphi = (\varphi_0, \varphi_1, \ldots, \varphi_n \ldots) \in \hat{\mathscr{S}}_{sym} \equiv \hat{D}_0$ und $\bar{k}_j$ in $\varphi_{n-1}(\bar{k}_1, \ldots, \bar{k}_j, \ldots, \bar{k}_n)$ nicht erscheint. Der Operator $\Phi(f)$ bildet $\hat{D}_0$ in sich ab, so daß es sinnvoll ist, Produkte $\Phi(f_1) \ldots \Phi(f_m);\ f_1, \ldots, f_m \in S(\mathbb{R}^4)$ als dicht definierte Operatoren im Fock-Raum $\hat{\mathscr{F}}$ zu betrachten.

Aus (12.31) folgt, daß

$$(\psi, \Phi(f)\varphi) = (\Phi(\bar{f})\psi, \varphi) \tag{12.32}$$

wobei $\varphi, \psi \in \hat{D}_0;\ f \in S(\mathbb{R}^4)$. Weiter sieht man aus (12.31), daß aus $f_\nu \to 0$ in $S(\mathbb{R}^4)$ für $\nu \to \infty$ auch $(\psi, \Phi(f_\nu), \varphi) \to 0$ für $\nu \to \infty$ folgt; also ist $(\psi, \Phi(f)\varphi)$ für $\varphi, \psi \in \hat{D}_0$ eine temperierte Distribution aus $S'(\mathbb{R}^4)$. Wir führen nun die folgende Definition ein.

---

[1]) Die Fouriertransformierte in diesem Kapitel unterscheidet sich von der Fouriertransformierten aus Kapitel 10 um den Faktor $(2\pi)^{-2}$.

**Definition.** Eine schwach stetige lineare Abbildung des Raumes S der schnell fallenden Funktionen in den Raum der dicht definierten linearen Operatoren über dem Hilbertraum $\mathcal{H}$ mit Definitionsgebiet $D_0$ heißt **operatorwertige Distribution**.

Also ist die Abbildung $f \to \Phi(f)$, die oben eingeführt wurde, eine operatorwertige Distribution. Die operatorwertige Distribution $\Phi$ heißt **das freie skalare neutrale Feld** (der Masse m). $\Phi(f)$ ist das mit der Funktion f **verschmierte Feld** $\Phi$. das freie skalare neutrale Feld beschreibt in der Physik freie, skalare (d.h. ohne Spin) neutrale (d.h. ohne Ladung) Teilchen der Masse m. Andere freie Felder werden hier nicht betrachtet; der interessierte Leser kann sich über diese Felder in [26] informieren.

Wir bemerken hier, daß die Abbildungen $g \mapsto a^\#(g)$, $g \in S(\mathbb{R}^s)$, die in Abschn. 12.2 eingeführt wurden, auch operatorwertige Distributionen sind im Sinne unserer Definition.

In der Physik benützt man oft auch die folgenden Größen:

$$\Phi_+(x) = \frac{1}{(2\pi)^{3/2}} \int\limits_{k_0 = \omega(\bar{k})} \frac{d\bar{k}}{\sqrt{2\omega(\bar{k})}}\, a^*(\bar{k})\, e^{ikx}$$

$$\Phi_-(x) = \frac{1}{(2\pi)^{3/2}} \int\limits_{k_0 = \omega(\bar{k})} \frac{d\bar{k}}{\sqrt{2\omega(\bar{k})}}\, a(\bar{k})\, e^{-ikx} \qquad (12.33)$$

$$\Phi(x) = \Phi_+(x) + \Phi_-(x).$$

Die Integration in (12.33) läßt sich im Sinne der (schwachen) Integration von Bilinearformen verstehen (s. Abschn. 12.3.3). Also sind $\Phi_\pm(x)$ und $\Phi(x)$ dicht definierte Bilinearformen auf $D_0 \times D_0$. Der Leser kann sich überzeugen, daß die Integrale $\int \Phi_\pm(x)f(x)\, dx$ und $\int \Phi(x)f(x)\, dx$ mit $f \in S(\mathbb{R}^4)$ Operatoren liefern (s. Satz 12.2) und daß diese Operatoren genau die Operatoren $\Phi_\pm(f)$ und $\Phi(f)$ sind, die durch (12.31) definiert sind. Sei nun

$$K = \square + m^2, \quad \square = \frac{\partial^2}{\partial x_0^2} - \sum_{j=1}^{3} \frac{\partial^2}{\partial x_j^2}$$

der Klein–Gordon–Differentialoperator und sei $f(x) \in \mathscr{S}(\mathbb{R}^4)$. Aus (12.31) folgt, daß

$$\Phi(Kf) = 0 \qquad (12.34)$$

Die Gleichung (12.34) wird in der Physik symbolisch[1]) auch wie folgt geschrieben

$$K\Phi(x) \equiv (\square + m^2)\Phi(x) = 0 \qquad (12.35)$$

Das freie skalare neutrale Feld genügt also der Klein–Gordon–Gleichung:
$(\square + m^2)\Phi(x) = 0$.
Eine direkte Rechnung auf Grund der Gleichungen (12.31) zeigt weiter, daß

$$[\Phi(f), \Phi(g)]\,\varphi \equiv (\Phi(f)\Phi(g) - \Phi(g)\Phi(f))\varphi = i(\Delta(x - y), f(x)g(y))\varphi \qquad (12.36)$$

---

1) Eine mathematisch exakte Deutung der Gleichung (12.35) im Sinne der Theorie der Bilinearformen (s. Abschn. 12.3.3) ist möglich, ist aber für unsere weiteren Betrachtungen nicht erforderlich.

wobei $\varphi \in \hat{D}_0$; $f,g \in S(\mathbb{R}^4)$ und

$$\Delta(x) \equiv \Delta_m(x) = \frac{1}{(2\pi)^3 i} \int \epsilon(k_0)\delta(k^2 - m^2)\, e^{-ikx}\, dk$$

eine Distribution in $\mathbb{R}^4$ ist, die in 11.5 eingeführt wurde (s. (11.52)). Die Gleichung (12.36) kann man auch im Operatorensinne schreiben

$$[\Phi(f),\Phi(g)] = i(\Delta(x - y), f(x)g(y)) \tag{12.37}$$

Aus diesem Grund heißt $\Delta(x) \equiv \Delta_m(x)$ der Kommutator des freien skalaren neutralen Feldes (der Masse m). Wir wissen (s. Abschn. 11.5), daß der Träger von $\Delta(x)$ in dem abgeschlossenen Lichtkegel $x^2 \leqslant 0$ enthalten ist. Liegen supp f und supp g raumartig (d.h. $(x - y)^2 < 0$ für alle $x \in$ supp f, $y \in$ supp g), so gilt

$$[\Phi(f),\Phi(g)] = 0 \tag{12.38}$$

Symbolisch kann man die Gleichungen (12.37) und (12.38) auf folgende Weise schreiben (s. auch Fußnote S. 136)

$$[\Phi(x),\Phi(y)] = i\Delta(x - y) \tag{12.39}$$

$$[\Phi(x),\Phi(y)] = 0 \text{ wenn } (x - y)^2 < 0 \tag{12.40}$$

Die Gleichung (12.39) (oder (12.40)) heißt die lokale Vertauschbarkeit des Feldes $\Phi$ und steht in engem Zusammenhang mit der Einsteinschen Kausalität.


**12.4.3.  Die Zweipunktfunktion.**  Sei $\varphi_0 = (\varphi_0, 0, 0, \ldots)$ $(|\varphi_0| = 1)$ das normierte Vakuum in $\hat{\mathscr{F}}$. Eine direkte Rechnung auf Grund von (12.29), (12.30) zeigt, daß

$$(\varphi_0, \Phi(f)\Phi(g)\varphi_0) = i(\Delta^+(x - y), f(x)g(y)) \tag{12.41}$$

wobei $f,g \in S(\mathbb{R}^4)$ und

$$\Delta^+(x) = \frac{1}{(2\pi)^3 i} \int \vartheta(k_0)\delta(k^2 - m^2)\, e^{-ikx}\, dk \tag{12.42}$$

Die Distribution $\Delta^+(x)$ wurde in Abschn. 11.5 eingeführt. Wir können also im Sinne der Distributionen schreiben

$$(\varphi_0, \Phi(x)\Phi(y)\varphi_0) = i\Delta^+(x - y) \equiv \mathscr{W}_2(x,y) \tag{12.43}$$

Die temperierte Distribution $(\varphi_0, \Phi(x)\Phi(y)\varphi_0)$ heißt Zweipunktfunktion (des freien skalaren neutralen Feldes der Masse m).

Man kann natürlich auch die Distributionen $\mathscr{W}_n(x_1, \ldots, x_n) = (\varphi_0, \Phi(x_1) \ldots \Phi(x_n)\varphi_0)$ betrachten, die als n-Punktfunktionen oder Wightman-Funktionen bekannt sind.

Der Leser kann sich durch eine einfache Rechnung überzeugen, daß die folgenden
Formeln gelten

$$\mathscr{W}_n(x_1, \ldots x_n) = 0, \quad \text{wenn } n = 2m + 1, \, m = 1, 2, \ldots$$

$$\mathscr{W}_n(x_1, \ldots x_n) = \sum_{(i,j)} \prod_{\nu=1}^{m} \mathscr{W}_2(x_{i_\nu}, x_{j_\nu}), \quad \text{wenn } n = 2m, \, m = 1, 2, \ldots,$$

wobei die Summe $\sum_{(i,j)}$ über alle Zerlegungen der Indizes $1, \ldots, 2m$ in $m$ Paaren $(i_\nu, j_\nu)$;
$\nu = 1, \ldots, m$ mit $i_\nu < j_\nu$ genommen wird. Also bestimmt im Falle eines freien Feldes die
Zweipunktfunktion eindeutig alle n-Punktfunktionen.

# Literatur

[1] Bogoliubov, N. N.; Shirkov, D. V.: Introduction to the Theory of Quantized Fields. New York 1959.

[2] Friedman, A.: Generalized Functions and Partial Differential Equations. Englewood Cliffs, N.J. 1963.

[3] Gelfand, I. M.; Schilow, G. E.: Verallgemeinerte Funktionen (Distributionen) Band I. Berlin 1960.

[4] Gelfand, I. M.; Schilow, G. E.: Verallgemeinerte Funktionen (Distributionen) Band II. Berlin 1962.

[5] Gelfand, I. M.; Schilow, G. E.: Verallgemeinerte Funktionen (Distributionen) Band IV. Berlin 1964.

[6] Güttinger, W.: Generalized Functions and Dispersion Relations. Fortschr. Phys. 14 (1966) 14.

[7] Heinz, H.-P.: Lorenzinvariante Lösungen der Klein–Gordon-Gleichung. Diplomarbeit. Mainz 1970/1971.

[8] Hepp, K.: Théorie de la renormalisation. Berlin–Heidelberg–New York 1969. Lecture Notes in Physics, Bd. 2.

[9] Hörmander, L.: Linear Partial Differential Operators. Berlin–Göttingen–Heidelberg 1963.

[10] Jaffe, A.: Constructing the $\lambda(\phi^4)_2$ Theory. In: Proceedings of the International School of Physics "Enrico Fermi", Varenna 1968, Local Quantum Theory. ed. R. Jost. New York 1969.

[11] Jaffe, A.; Glimm, J.: Quantum Field Theory Models. In: Statistical Mechanics and Quantum Field Theory, Les Houches Summer School of Theoretical Physics 1970. ed. C. DeWitt, R. Stora. New York 1971.

[12] Jaffe, A.: High Energy Behaviour of Strictly Localizable Fields II, Mathematical Tools. Unveröffentlichtes Manuskriptum.

[13] de Jager, E. M.: Applications of Distributions in Mathematical Physics. Mathematisch Centrum Amsterdam 1969.

[14] Kantorowitsch, L. W.; Akilow, G. P.: Funktionalanalysis in Normierten Räumen. Berlin 1964.

[15] Kristensen, P.; Mejlbo, L.; Thue Poulsen, E.: Tempered Distributions in infinitely many Dimensions. Comm. Math. Phys. 1 (1965) 175.

[16] Ljusternik, L. A.; Sobolew, W. I.: Funktionalanalysis. Berlin 1955.

[17] Nelson, E.: Analytic Vectors. Ann. Math. 70 (1959) 572.

[18] Nussbaum, A. E.: Quasianalytic Vectors. Ark. Mat. 6 (1965) 179.

[19] Riesz, F.; Sz.-Nagy, B.: Vorlesungen über Funktionalanalysis. Berlin 1956.

[20] Riesz, M.: L'intégrale de Riemann–Liouville et le problème de Cauchy. Acta Math. 81 (1949) 1 bis 223.

[21] Rudin, W.: Principles of Mathematical Analysis. 2d. ed. New York 1964.

[22] Ryshik, I. M.; Gradstein, I. S.: Summen-Produkt- und Integral-Tafeln. Berlin 1957.

[23]  Schwartz, L.: Théorie des Distributions. Paris 1966.
[24]  Seeley, R. T.: Distributions on Surfaces. Report TW 78. Mathematisch Centrum Amsterdam 1962.
[25]  Simon, B.: Topics in Functional Analysis. In: Mathematics of Contemporary Physics. ed. R. F. Streater. New York 1972.
[26]  Streater, R. F.; Wightman, A. S.: PCT, Spin and Statistics and All That. New York 1964.
[27]  Treves, F.: Topological Vector Spaces, Distributions and Kernels. New York 1967.
[28]  Titchmarsh, E. C.: Introduction to the Theory of Fourier Integrals. Oxford 1937.
[29]  Vladimirov, V. S.: Methods of the Theory of Functions of several complex Variables. Cambridge, Mass. 1966.
[30]  Vladimirov, V. S.: Equations of Mathematical Physics. New York 1971.
[31]  Yosida, K.: Functional Analysis. Third Edition. Berlin–Heidelberg–New York 1971.

# Teubner Studienbücher  Fortsetzung

## Mechanik

Becker: **Technische Strömungslehre**
Eine Einführung in die Grundlagen und technischen Anwendungen
der Strömungsmechanik. 3. Aufl. 144 Seiten. DM 11,80

Becker/Piltz: **Übungen zur Technischen Strömungslehre**
120 Seiten. DM 10,80

Magnus: **Schwingungen**
Eine Einführung in die theoretische Behandlung von Schwingungs-
problemen. 2. Aufl. 251 Seiten. DM 18,80 (LAMM)

Magnus/Müller: **Grundlagen der Technischen Mechanik**
300 Seiten. DM 24,– (LAMM)

Müller/Magnus: **Übungen zur Technischen Mechanik**


## Physik   Elektrotechnik

Bourne/Kendall: **Vektoranalysis**
227 Seiten. DM 15,80

Heber/Weber: **Grundlagen der Quantenphysik**
Band 1: Quantenmechanik. VI, 158 Seiten. DM 12,80
Band 2: Quantenfeldtheorie. VI, 178 Seiten. DM 13,80
Vertrieb nur in der BRD und West-Berlin

Lautz: **Elektromagnetische Felder**
Ein einführendes Lehrbuch. 180 Seiten. DM 15,80

Leonhard: **Statistische Analyse linearer Regelsysteme**
266 Seiten. DM 18,80

Leonhard: **Regelung in der elektrischen Antriebstechnik**
216 Seiten. DM 22,–

Mayer-Kuckuk: **Physik der Atomkerne**
Eine Einführung. 2. Aufl. 288 Seiten. DM 19,80

Walcher: **Praktikum der Physik**
366 Seiten. DM 22,–


## Biologie

Françon: **Physik für Biologen, Chemiker und Geologen**
Band 1: 208 Seiten. DM 16,80
Band 2: 171 Seiten. DM 14,80

Vangerow: **Grundriß der Paläontologie**
132 Seiten. DM 14,80

Preisänderungen vorbehalten